Ditie Gaibian Shenghuo

地 铁 改 变 生 活

Beijing Guidao Jiaotong Shinian Chuangxin Chengguo Lilun yu Shijian (2003—2013)

——北京轨道交通十年创新成果理论与实践(2003—2013)

Guidao Jianshe Pian

轨 道 建 设 篇

北京市轨道交通建设管理有限公司

人 民 交 通 出 版 社

内 容 提 要

北京市轨道交通建设管理有限公司成立10年间,先后完成了八通线、5号线、10号线一期、机场线、8号线一期、4号线、大兴线、亦庄线、昌平线一期、房山线、6号线一期、8号线二期、9号线、10号线二期、14号线西段等15条轨道交通线路的建设管理任务。实现了从95公里到456公里的地铁跨越式飞跃。这种建设速度是历史上没有过的壮举,也是世界历史上罕见的。

本书收集了来自地铁建设管理者撰写的多篇论文,有城市轨道工程建设的管理模式、盾构施工技术及地下结构渗漏水防治技术、砂卵石地层地铁建设的难点等问题的经验总结及探讨,凝结了管理者及技术人员的心血和智慧。这些文章对同业者具有一定的借鉴和指导意义。

图书在版编目(CIP)数据

地铁改变生活——北京轨道交通十年创新成果理论与实践:2003~2013.轨道建设篇/北京市轨道交通建设管理有限公司编.—北京:人民交通出版社,2014.01

ISBN 978-7-114-11003-0

Ⅰ.①北… Ⅱ.①北… Ⅲ.①城市铁路-铁路工程-北京市-文集②地下铁道-铁路工程-北京市-文集 Ⅳ.①U239.5-53

中国版本图书馆CIP数据核字(2013)第270391号

书　　名:地铁改变生活——北京轨道交通十年创新成果理论与实践(2003—2013)　**轨道建设篇**
著 作 者:北京市轨道交通建设管理有限公司
责任编辑:尤晓暐
出版发行:人民交通出版社
地　　址:(100011)北京市朝阳区安定门外外馆斜街3号
网　　址:http://www.ccpress.com.cn
销售电话:(010)59757973
总 经 销:人民交通出版社发行部
经　　销:各地新华书店
印　　刷:北京盛通印刷股份有限公司
开　　本:787×1092　1/16
印　　张:17
字　　数:290千
版　　次:2014年1月　第1版
印　　次:2014年1月　第1次印刷
书　　号:ISBN 978-7-114-11003-0
定　　价:68.00元

北京轨道交通十年创新成果理论与实践(2003—2013)

编委会名单

编撰单位

北京市基础设施投资有限公司

北京市轨道交通建设管理有限公司

北京市地铁运营有限公司

指导委员会 （排名不分先后）

主　　任: 田振清　吴宏建　谢正光

副 主 任: 丁树奎　张树人

编 委 会

主　　编: 王文璇　寅燕燕　杜秀君

执行主编: 王燕凯　严志和　贾　鹏　王洪伟

编　　委: 何彦斌　刘　莉　康悦颖　吴　雷

李泽江　王晓慧　马　硕

序

同心共筑“轨道梦”

——写在北京市轨道交通建设管理有限公司成立十周年之际

在实现中华民族伟大复兴的“中国梦”征程中，北京市轨道交通建设管理有限公司(以下简称“轨道公司”)迎来了十周年华诞。十年前的2003年11月17日，经北京市委、市政府批准，原北京地铁集团公司改组，分别成立京投公司、轨道公司、运营公司。轨道公司作为北京市国资委出资设立的国有独资公司，主要担负首都轨道交通建设管理任务。

轨道公司成立十年间，先后完成了八通线、5号线、10号线一期、机场线、8号线一期、4号线、大兴线、亦庄线、昌平线一期、房山线、6号线一期、8号线二期、9号线、10号线二期、14号线西段等15条线路的建设管理任务，不仅为百姓出行提供了快速便捷的交通，而且更有效服务于2008年北京奥运会、2009年国庆60周年庆典、2013年北京园博会。

北京是国内最早修建地铁的城市。地铁1号线于1965年7月开工，1969年10月运营。北京市轨道交通运营里程2002年底95公里，到2008年底200公里，再到2012年底达到442公里，2013年5月，总里程已达到456公里。这种跨越式的建设与发展速度，是北京历史上没有过的壮举，也是世界历史上少见的。

十年间，从95公里到456公里，北京轨道交通为何发展如此快速？——创新！

轨道公司在发展中创新，在创新中发展。确立了“两保两抓”的工作方针和“统分结合”的管理思路，完善国有资产的运营、管理与监督体系，适应轨道交通建设快速发展的要求，实现了工程建设和企业管理水平新提升。

科技创新是轨道交通快速发展的制胜法宝，目前轨道公司初步形成了“自主立项—关键技术攻关—示范应用—国产化”的创新模式，自主立项100余项课题，主持承担近20项省部级以上科研课题，包括7项重大项目，荣获国家科技进步奖2项，北京市科学技术奖14项。十年来，北京市组织全国优势力量集中攻克了大量共性关键技术，实现了CBTC信号系统、B型电客车、车辆牵引和制动系统、综合监控平台等关键装备的国产化，完全拥有自主知识产权，彻底改变了国外技术垄断的局面。全自动驾驶技术、阻尼弹簧浮置道床减振技术等总体达到了国际领先水平。一大批成果已在成都、哈尔滨、武汉等城市轨道交通工程中推广应用。地铁14号线、7号线国产化率达到92%左右，关键系统和装备已全部实现国产化。

十年间，从95公里到456公里，北京轨道交通为何建设如此顺利？——安全！

轨道交通工程是一项点多面广的复杂系统工程，我们始终坚持把确保安全质量作为工程建设的第一要务，注重“工程安全、资金安全、人员安全”；坚持安全建设轨道交通，建设安全可靠轨道交通；强化全过程管理，确保各项工程质量；加强项目监察审计，对资金使用、材料采购、招标投标等重点环节严格监督，把项目建设成“阳光工程”、“廉洁工程”。

我们研编了国内首套系统的、贯穿地铁建设全过程的安全风险技术管理体系，并开发出信息化管理平台，有效提升了工程建设管理水平，大大提高了安全风险管控水平。项目成果已推广至国内多个城市的地铁建设中，并被吸收进入国家相关规范和行业管理规定中。

我们创新了北京轨道交通建筑的技术手段和施工工法，在国内率先建立了动车联调联试管理体系；首次研究创建了装配式铺盖法施工工法，实现了路面交通与地下施工并行的施工模式，提高了文明施工水平；攻克了浅埋暗挖法近距离穿越既有地铁构筑物关键技术，采用一系列的措施保证了诸多穿越工程的顺利实施；创造了20个月同步建成4条轨道交通线路的工程奇迹。

十年间，从95公里到456公里，北京轨道交通为何成效如此显著？——责任！

“天地生人，有一人当有一人之业；人生在世，生一日当尽一日之勤”。敬业才能成就事业，尽责才能赢得尊严。面对艰巨繁重的建设任务和纷繁复杂的建设环境，我们确立了“发展轨道交通，建设精品工程”的企业宗旨和“诚信、敬业、严谨、务实”的企业精神，筑强企之基，铺发展之路，积极拓展外埠市场，基本形成了专业齐全、适应需要的人才队伍，土建、设备专业处于行业领先，向打造国内一流、具有国际水平的专业管理公司迈出了坚实的步伐。

各设计、施工、监理单位以及数十万轨道交通建设者，履行职责使命，同心同德，砥砺奋进。他们用责任作为事业的准度，用真诚丈量事业的高度，用品质铸造事业的精度，实现了首都轨道交通建设的新发展。

十年发展历程，十年拼搏奋斗，我们风雨同舟，携手共进，用心编织轨道交通网络。在此，我们代表轨道公司向给予我们关心、支持、帮助的各级领导和社会各界表示崇高的敬意！向全体干部职工和已离开工作岗位的各位老同志表示衷心的感谢！向所有轨道交通建设者表示诚挚的谢意！

首都北京已经进入了建设中国特色世界城市的新阶段。按照市委、市政府、市轨道指挥部的统一安排，北京还将持续进行大规模的轨道交通建设。我们将深入贯彻落实十八大和十八届三中全会精神，把握机遇，迎难而上，坚持“人文轨道交通、绿色轨道交通、科技轨道交通”理念，持续总结创新，积极争取条件，勇做轨道网络建设的担当者，同心共筑“轨道梦”。

北京市轨道交通建设管理有限公司

目录

北京轨道交通新线建设投资概算分析与投资控制建议

规划设计总部　陈　曦　赵荣琴

摘　要：伴随北京地铁4、5、10号线等轨道交通线路的通车，自2007年起北京轨道交通建设迎来了新一轮的建设高峰，新城线（昌平、亦庄、大兴、房山）和城区线（6、7、8、9、10号二期）等11条线路陆续开展建设。地铁工程建设周期长、投资额度大，社会关注度高，因而除安全、优质、按期地保证各新线建成开通外，概算投资也是工程得以顺利实施的重要物质保障。本文以4条新城线与4条城区线为分析对象，通过对新线与建成线、外埠地铁造价进行对比分析，以及对新线概算中土建、设备、征地拆迁与前期准备等费用进行详细分析，合理、客观地评价了新线工程概算投资，查找出了造成新线投资增长的具体原因，并针对这些原因提出了进一步加强投资控制的措施与建议。

关键词：概算；对比分析；费用分析；控制措施

0 引言

北京地铁4、5、10号线等轨道交通线路的建成通车，有效地缓解了城市交通拥堵，改善了城市的生活环境，并有力地支持了奥运会顺利召开和国庆六十年庆典活动。目前在建的新城线（昌平、亦庄、大兴、房山线）和城区线（6、7、8、9、10号二期）等共计十余条轨道交通线路进展顺利。到2010年底北京将实现通车近330km，到2015年北京将实现通车561km（图1），远期规划将实现1000km，届时轨道交通将根本性改善城市交通出行结构，进一步支持城市基础设施的升级改造，同时进一步推动城乡一体化建设，加快世界城市建设与可持续发展，有利于打造低碳、节能、环保、和谐的社会环境。

图1　北京市2015年轨道交通线网图

除了安全、优质、按期地保证各新线建成开通外,投资控制既是工程的物质保障,也是建设管理过程中的重中之重,已经建成的4、5、10号线等概算内项目较好地控制了投资,在此基础上,在建的11条新线中的8条已完成并上报了初步设计概算。其中,新城线路4条(大兴、亦庄、昌平一期、房山)、城区线路4条(6号线一期、8号线二期、9号线、10号线二期)。

1 北京轨道新线概算投资总述

1.1 目前投资控制的主要措施

在整个建设过程中,主要从以下6个方面严格进行投资控制:

(1)在方案设计、初步设计、施工设计的各阶段,确定合理的建设标准、选择最优设计方案。

(2)编制合理的工程概算。

(3)努力协调控制好拆迁及各项前期费用。

(4)通过工程招投标选择队伍并降低工程成本。

(5)施工过程中严格控制工程变更。

(6)组织好竣工结算工作。

通过这些投资控制措施,使得4、5、10号一期除新增工程及追加征地拆迁费用外,投资得到了较有效的控制,其中,编制合理的工程概算是至关重要的环节。在总结已建成通车线概算编制中存在问题的基础上,我们编制了《北京轨道交通新线工程初步设计概算编制规定(试行)》,依据现行定额并结合实际情况,科学合理地编制新线概算。

1.2 4条新城线与4条城区线概算情况(表1)

4条新城线与4条城区线工程概算 表1

4条新城线			4条城区线		
新线名称	工程概算(亿元)	每公里指标	新线名称	工程概算(亿元)	每公里指标
昌平线一期	83.98	3.92	9号线	128.20	7.78
房山线	107.47	4.35	8号线二期	139.72	7.96
亦庄线	117.74	5.06	10号线二期	275.20	8.42
大兴线	123.30	5.67	6号线一期	275.59	8.98
小计	432.49	4.74	小计	818.71	8.41

1.3　4 条新城线与 4 条城区线建设成本构成情况

为更好地对概算数据进行分析，城市轨道交通建设成本可以直观地分为以下部分：

（1）土建工程。主要包括车站、区间、车辆段（停车场）、控制中心等，其成本主要由线路长度、敷设方式、车站设置、施工方法与工期筹划等决定，一般约占总成本的 35% ~40%。

（2）车辆及设备系统工程。除包括车辆、轨道、信号、供电、售检票、安全门、各类监控及机电设备等地铁传统系统外，还有如综合监控、安防通信、政务通信、乘客信息系统等逐步增设的新系统，其成本一方面与土建工程规模相配套，另一方面由设备系统完备程度与服务水平决定，一般约占总成本的 30% ~35%。

（3）拆迁、征地费用。

（4）前期准备费用。包括管线改移、交通导改、树木伐移、商业补偿等。

（5）其他二次费用。包括预备费、贷款利息、设计费、监理费、联合试运转等二次费用，其成本主要由前 4 项作为基数以及费率等计算决定。

第（3）、（4）、（5）项一般约占总成本的 35% ~25%。

1.4　建设成本构成的五大指标情况

4 条新城线与 4 条城区线建设成本构成的指标见表 2。

4 条新城线与 4 条城区线建设成本构成　　表 2

<table>
<tr><th rowspan="2">序号</th><th rowspan="2">项目名称</th><th colspan="2">新 城 线</th><th colspan="2">城 区 线</th></tr>
<tr><th>平均每公里指标</th><th>百分比（%）</th><th>平均每公里指标</th><th>百分比（%）</th></tr>
<tr><td>一</td><td>土建工程</td><td>1.38</td><td>29</td><td>2.58</td><td>31</td></tr>
<tr><td>二</td><td>车辆及设备系统</td><td>1.49</td><td>31</td><td>2.21</td><td>26</td></tr>
<tr><td>三</td><td>拆迁、征地费</td><td>0.69</td><td rowspan="3">40</td><td>1.32</td><td rowspan="3">43</td></tr>
<tr><td>四</td><td>前期准备费用</td><td>0.31</td><td>0.69</td></tr>
<tr><td>五</td><td>其他二次费用</td><td>0.87</td><td>1.61</td></tr>
<tr><td colspan="2">小计</td><td>4.74</td><td>100</td><td>8.41</td><td>100</td></tr>
</table>

注：①城区线比新城线土建、设备、拆迁、前期、其他费用指标高出 87%、48%、91%、122%、80%，且总指标也要高 77%。

②因征地拆迁、前期准备等其他费用增加，导致工程费用（土建 + 车辆及设备）占总投资的比例较以往约 70% 下降为 60%。

2 与建成线及外埠城市概算投资对比分析

2.1 与建成线概算的对比分析

已建成的4、5、10号线中,4、10号线为全地下线且位于市中心区,与6、8、9、10号线二期城区线基本相当,因此将4、10号线初步设计概算与城区线概算指标进行对比,见表3。

城区新线与4、10号线概算批复建设成本构成对比 表3

序号	项目名称	4、10号线概算批复平均指标(亿元/正线公里)	城区新线平均指标(亿元/正线公里)	差额	增涨比例(%)
1	土建工程	2.20	2.58	0.38	18
2	车辆及设备系统	1.92	2.21	0.29	15
3	拆迁、征地费	0.36	1.32	0.96	267
4	前期准备费用	0.28	0.69	0.41	146
5	其他二次费用	0.64	1.61	0.97	152
合计		5.40	8.41	3.01	56

注:①土建、设备专业略变化,同时考虑材料涨价及4、10号概算外增加的项目(预留换乘条件、安防系统等),新线工程费用与建成线基本相当。

②拆迁、前期准备等费用变化明显,变化最大的是征地拆迁费用。

2.2 5号线与10号线实际工程概算控制情况

为真实反映建设成本,除了分析批复概算,我们还对结算进行了统计分析,见表4、表5。

5号线概算批复与结算情况 表4

序号	项目名称	批复概算(亿元)	对应结算(亿元)	增涨比例(%)	新增项目结算(亿元)	结算合计(亿元)	比批复增涨比例(%)
一	土建工程	46.33	46.55	1	0.80	47.35	2
二	车辆及设备系统	44.98	40.66	-10	8.26	48.92	9
三	拆迁、征地费	12.89	15.55	21	21.759	37.31	189
四	前期准备费用	4.63	7.36	59		7.36	59
五	其他二次费用	18.78					
合计		127.61					

10 号线概算批复与结算情况 表 5

序号	项目名称	批复概算（亿元）	对应结算（亿元）	增涨比例（%）	新增项目结算（亿元）	结算合计（亿元）	比批复增涨比例(%)
一	土建工程	57.79	61.77	6.8	3.22	64.99	12
二	车辆及设备系统	41.11	40.42	-2	8.58	49	19
三	拆迁、征地费	6.47	2.75	-58	0	2.75	-58
四	前期准备费用	5.51	9.4	71		9.4	71
五	其他二次费用	19.77					
合计		130.65					

由表 4、表 5 可以看出：

(1)土建及车辆设备系统工程概算内项目考虑预备费实际工程费用基本上控制在概算内。

(2)概算外新增项目主要为：土建专业主要为换乘站预留、站外交通接驳设施等费用；设备专业主要是增加了轨道减震改造、综合监控、新增购车与车载信号系统、安防通信及政务通信等新增系统，以及变电所运营值守、运营筹备费和奥运保驾护航等费用。

(3)地铁 10 号线由于沿线全部为城市建成区，拆迁量较小，实际费用小于概算值；5 号线初期拆迁费用基本控制在概算内，后期由于振动、噪声引起拆迁（主要在东单～雍和宫区间），费用大于之前概算值，变化较大。

(4)前期费用由于现场实务量增加费用没有控制在概算内，变化约为 60%～70%。

2.3 与外埠地铁造价对比情况

我们初步了解一些外埠地铁工程的造价情况，由于了解渠道及数据采集有限，同时对各地的地铁建设的具体情况不完全掌握，我们选择与 6 号线（8 辆编组）、14 号线（7 辆编组）建设期较为相近的几个城市地铁线路（6 辆编组）相关数据作为参考，选择明挖车站、暗挖车站、盾构区间、暗挖区间、高架区间 5 种较为普遍的施工工法，对其造价指标进行比较，具体见表 6。

通过数据比较可以看出，北京地铁 7 辆、8 辆编组的线路，除暗挖法较外埠造价水平略高外，明挖车站、高架区间与外埠基本相当，盾构区间、暗挖区间较外埠明显要低。

北京与外埠轨道交通工程造价指标分析汇总表 表6

工法	地区	开标日期	单位工程数量(个)	指标平均值(元/m²)	工法	地区	开标日期	单位工程数量(个)	指标平均值(元/双线延米)
明挖车站	无锡	2009年10月	7	8753	盾构区间	郑州	2009年5月	15	89134
	苏州	2010年3月	2	8350		无锡	2009年10月	11	79387
	南昌	2009年10月	2	8624		苏州	2010年3月	2	85110
	郑州	2009年5月	13	8455		昆明	2010年4月	9	87032
	昆明	2010年4月	6	10320		西安	2009年12月	7	90953
	西安	2009年12月	15	6949		北京(6号线)	2009年3月	5	72818
	长沙	2009年5月	4	9566		北京(14号线)	2010年4月	6	70288
	北京(6号线)	2009年3月	10	8777	暗挖区间	西安	2009年12月	2	102484
	北京(14号线)	2010年4月	12	7929		郑州	2009年5月	1	91784
暗挖车站	长沙	2009年5月	1	11237		北京(6号线)	2009年3月	1	75942
	北京(6号线)	2009年3月	3	12418		北京(14号线)	2010年4月	2	77748
					高架区间	昆明	2010年2月	1	44277
						北京(昌平线)	2009年3月	4	45885

3 新线土建及设备工程概算费用分析

在工程成本几个组成部分中,土建工程及设备工程成本是总成本中比较稳定的部分,其总额主要由工程规模、线路敷设方式及环境条件、建设标准等确定。土建工程及设备工程费用有所增加,主要原因包括以下几个方面。

3.1 新线轨道交通与已通线、其他城市地铁建设标准的差异

(1)车站规模加大

为向乘客提供更安全舒适的候车空间,提高安全疏散水平,提高城市反恐等级,车站规模均有所增大,如已通车线均为6辆编组,平均车站规模为13660m²;而新线6号线为8辆编组,车站规模平均约为20122m²,其他为6辆编组的车站规模平均约为14471m²。新线车站整体规模较已通线增加了约6%。具体原因主要有:

①有效站台长度加大。已通车线均为6辆编组，而6号线为8辆编组，有效站台长度由120m增加为160m，由于车辆编组增加导致规模加大。

②站台宽度加大。较已通车线标准车站岛式站台宽度10～12m，新线标准车站岛式站台均不小于12m，站台宽度增加导致规模有所加大。

③换乘站。由于北京地铁网络逐步成形并加密，城区新线换乘车站比例大，如9号线的13座车站有换乘站8座，6号线的20座车站有换乘车站11座。为使乘客换乘舒适，满足安全疏散要求，宽度为14～16m，换乘通道也加宽至6～10m，而且与既有1、2、13号线车站的换乘均单独增设外部换乘厅。如图2所示。

图2　车公庄站(6号线和2号线换乘站)

④通道宽度。已通车线标准车站出入口通道宽度约4～5m，而新线已加宽至5～6m。

⑤周边规划一体化。地铁建设同时拉动城市规划建设，车站结合城市一体化规划设计为周边后续建设预留条件，如大兴线为一体化设计的高米店南站、枣园站、义和庄站、韩园子站，共增加站厅面积12006m^2，费用增加5661万元；又如五路停车场、平西府车辆段和郭公庄车辆段整体开发，地铁停车库为上盖建筑增加预留各种条件，引起土建造价大幅增加；如因拉开线间距，五路停车场停车库面积从50000m^{2}增加到58000m^2，因上部荷载增加梁板柱尺寸，土建单价从2500元/m^{2}增加到5500元/m^2，仅停车库一项造价即增加1.9亿元。

(2)设计标准

新线地铁设计规范有所更新，例如，由于新的耐久性规范要求混凝土强度等级普遍由C30提高至C40，仅此一项混凝土成本增加约10%；为提高安全防灾标准，区间增加疏散平台，城区线路增加造价约2.4亿元。

(3)施工及运营的安全措施增加

为保证施工安全增加措施:如增加地下空洞探测普查;增加施工现场门禁与视频监控系统;增加第三方监测约近2亿元。此外,贯彻工程与环境风险源防范体系,穿越或邻近既有地铁、国铁、桥梁通道、雨污管线、周边建筑物等,较地铁4、10号线大幅增加安全防护专项措施等。

(4)工程筹划调整增加措施费

如大兴线为变更区间施工工法并增加施工竖井,以及因开通前独立调试而提前实施900m站后折返延伸线,共增加费用约2.5亿元;又如亦庄线中基坑改用锚索,新城线路普遍增设制梁场、大面积冬季施工、桥梁现浇模板均一次摊销无法倒用等,粗略估计由此造成各新城线成本增加约1亿元。

(5)开通水平高,车辆数量增加和车速提高

概算中的车辆购置费均按初期购车数计列。外地开通初期行车间隔大,而北京新线均按照初期行车间隔3分钟购置车辆。为此4条城区线较外地粗略估计多购买车辆400余列,增加费用约27.7亿元,造价指标为此增加2900万元/公里。

目前各线车辆购置费见表7。

各线车辆购置费 表7

概算	已建成线路		城区线				新城线			
	5号线	10号线一期	6号线一期	8号线二期	9号线	10号线二期	亦庄线	昌平线	房山线	大兴线
总价(万元)	130410	89460	172200	78000	90720	222300	93840	53040	85680	128700
单价(万元/辆)	680	710	700	650	630	650	680	680	680	650
购车数	32列/192辆	21列/126辆	41列/246辆	20列/120辆	24列/144辆	57列/342辆	23列/138辆	13列/78辆	21列/126辆	33列/198辆

从表中可以看出,车辆购置费概算单价是减少的,但4、5、10号线均为三动三拖六辆编组的车辆,列车最高运行速度为80km/h;而昌平线、房山线均为四动两拖六辆编组的车辆,列车最高运行速度为100km/h,特别是6号线,近远期为六动两拖八辆编组,列车最高运行速度为100km/h。动车数量多意味着设备数量多,车辆的平均单价就高,因此车辆购置费需要适当调增。

(6)乘客服务水平提高

为提高服务标准,城区线站外无障碍电梯由每站一部增至每站两部;出入口扶梯由一部上行增至上下行各一部,站内也大幅增加了下行扶梯。为此,城区线

增设扶梯 424 部，电梯 91 部，概算约增加 3.4 亿元。另外，为实现人性化交通出行，增加了乘客信息系统。6 号线东西站站台如图 3 所示。

图 3　6 号线东西站站台

(7)环保标准提高

为打造安静、绿色的地铁乘车环境，所有新线均大幅提高轨道减振标准，高架线路大幅提高声屏障设置标准。如 4、10 号线概算轨道减振措施平均造价 400 万元/km，城区新线轨道减振措施平均造价已增至 1200 万元/km，总造价增加 5.4 亿元。

(8)运营管理标准提高

随着社会与行业发展，传统设备系统提高了服务标准，同时也增设了若干新的设备系统。如增加了综合监控系统、政务通信系统、公安通信系统、办公自动化系统、门禁系统、电容电能吸收系统、电能质量管理系统等。

(9)人防工程设防标准高

北京城区线设防标准远远高于国内其他城市，不仅人防等级最低为五级(外地为六级或不设防)，而且土建、设备均一次安装到位(外地仅预留土建接口)，城区线不计人防土建，仅人防设备总概算为 5.85 亿元，平均指标达到 600 万元/km。

(10)受新旧线路贯通运营影响，设备选型、系统调试受局限，同时设备系统也受限制，如大兴线与 4 号线贯通运营，10 号线一期与二期贯通运营，8 号线一期与二期贯通运营。

3.2　新线工程多条线受物价上涨因素不利影响

地铁 4、10 号线概算审核期为 2006 年 4 月，而在建新线概算编制期为 2008 年 11 月，在这两年半期间，工程材料及人工成本上涨引起成本增加约 6%。主要人工、材料价格对比情况见表 8。

主要人工、材料价格对比 表8

序号	名称	4、10号线概算审核期	城区线	差额	增涨比例(%)	备注
		2006年4月	2008年11月			
1	土建人工(元/工日)	46	58	12	26	
2	钢筋 ϕ10以内(元/t)	3260	4100	840	26	
3	钢筋 ϕ10以外(元/t)	3180	3950	770	24	
4	C40预拌混凝土(元/m^3)	360	415	55	15	
5	焊接钢管 DN25(元/t)	3400	4000	600	18	
6	设备安装人工(元/工日)	51	55	4	8	
7	钢轨(元/t)	4800	7500	2700	56	
8	道岔(万元/组)	10	21	11	110	
9	电费(元/度)	0.65	0.94	0.29	45	

综上所述,考虑规模加大、标准提高及物价上涨等因素,新线土建及设备工程成本与建成线基本持平,与外地地铁建设工程相比也基本相当,因此,新线土建及设备工程概算是合理的,也是必须的。

4 新线拆迁与征地费用分析

从表9、表10中数据可以看出,本次新线地铁征地拆迁费用增加显著。但从各线拆迁情况看,由于各区政府的有力组织,拆迁进度为地铁及时实施创造了难得的条件;而且各线主要经过城市待建设区,在满足地铁建设拆迁范围的同时推动了周边规划或建设项目的同步实现与实施。

4、5、10号线一期征地拆迁费用 表9

线名	征地		拆迁		费用合计(亿元)
	数量(亩)	费用(亿元)	数量(万平)	费用(亿元)	
4号	976	21.10	9.68	16.26	37.36
5号	927	5.35	27.74	31.90	37.25
10号线	0	0.00	3.06	2.75	2.75

新线概算征地拆迁费用 表10

新线名称	费用(亿元)	新线名称	费用(亿元)
6号线一期	40.64	大兴线	9.77
8号线二期	18.35	亦庄线	23.45
9号线	18.45	昌平线一期	10.61
10号线二期	51.58	房山线	18.73
小计	129.02	小计	62.56

具体情况包括：

（1）新线地铁沿线拆迁结合城市市政规划进行，使得规划市政道路、城市绿地、公交场站、河道与河湖等市政设施得以实现，加快了城市基础设施建设和改造。

9号线：促进了万寿路南延等道路工程。

10号线2期：通过对南部石榴庄路周边实施拆迁，使45m宽的石榴庄路规划道路提前实现；前泥洼路位于规划四合庄路上，宽度为40m，通过拆迁，为市政用地提前拆迁至两侧规划红线；车道沟站至火器营站水源三厂水源井等环境通过拆迁实现还绿。

亦庄线：宋家庄停车场东侧北侧地区代征半幅路；小红门地区对村庄80院落、130户自然户进行了临时占地拆迁，为后期市政绿化隔离带预留条件。对旧宫地区玻璃五厂3家濒临倒闭企业等拆迁1.6万平方米，既解决了历史遗留问题，也为后期市政用地绿化隔离带预留条件。

（2）新线地铁拆迁与地区改造结合，沿线整村拆迁较多，实现旧村改造整合村内土地，改善了地域环境，加快了城乡一体化建设。

6号线：五里桥停车场征地40.1公顷，拆迁2座村庄，其中代完成其他市政设施用地（公交场站、变电站、燃气调节站及绿地）征地13公顷。

8号线：平西府车辆段代征了地铁第二大修厂用地，并一并处理了农大试验田整体搬迁；霍营站结合交通枢纽规划同步实现站前广场、公交枢纽、P+R等配套工程一次征地完成。

9号线：郭公庄地区与土地一级开发整村拆迁相结合（历史遗留问题得以解决）。

10号线2期：五路停车场对待改造区进行了整体搬迁，同时提供了公交枢纽、变电站等配套设施用地以及二级产业开发用地。

亦庄线：配合亦庄东扩区规划建设用地，对同济南站到经海路区间穿越安定营村段扩大拆迁；在次渠站至亦庄火车站为“二站一街”规划实现创造了条件。

房山线：对阎村车辆段村庄实施拆迁，一方面解决了现场无梁厂、施工临时施工用地的现况，另一方面也解决了村庄边角地拆迁问题，同时考虑目前拆迁成本较低，为后期燕房线加站预留用地条件。

（3）地铁穿越城市中心区、商业区，拆迁成本较高，但提供了老城区的内部升级改造的难得机遇。

6号线、8号线涉及城市中心区、主要商业区地段有鼓楼大街、南锣鼓巷、美术馆、隆福寺等地区。

(4)随房价不断上调、社会平均补偿标准的提高,征地拆迁补偿的标准较以前也有明显增加。

新城线拆迁补偿约 8000 ~ 12000 元/m^2,城乡过渡段 10000 ~ 20000 元/m^2,市区补偿费用标准较过渡段要高,有些线路涉及市中心地段,已达到约 6 ~ 7.8 万元/m^2。另外,征地费也有不同程度的上调,为 80 ~ 140 万元/亩不等。

5 前期准备费用分析

市区范围内,尤其是老城区的城市基础设施严重老化,易造成路面塌陷、雨污水跑冒等情况,存在不良安全隐患,不能满足社会生活需要。同时,随着社会生活发展的需要,地铁施工力求尽可能减少对沿线居民的生活影响,因而,从地铁建设配合角度,在各管线产权单位、交通园林等管理部门的大力支持下,为地铁顺利实施创造了现场条件;新线地铁前期准备费用增加显著的原因,包括规模增大、安全标准高以及地铁建设同时推动了其他基础设施的同步实现或升级。另外,一些费用暂无标准,具体情况包括以下几个方面。

5.1 管线改移工程量大、标准提高

(1)新线车站因普遍采用占路明挖施工,城市道路与地下地面管线近年来建成规模也不断扩大,管线拆改移总量有所增加。以 6 号线为例进行管线改移费用分析,6 号线需改移管线 273 条,总长度 41317m,其中:

电力管线:如 6 号线车公庄大街电力管线改移,除满足地铁施工涉及的电力改移外,实现了永久沟道的规划。

电信:考虑传输质量的影响,改移长度一般情况下为 2 ~ 3km。

雨污水:通过地铁车站实施,对老旧城区管线进行换管、加衬等,如东四站,管径 ϕ1550mm 污水管为混凝土管,年久失修,现更换为管径 ϕ1550mm 钢管。

(2)新线地铁建设加快了城市配套基础设施的实现

以地铁建设发展为契机,同步带动电、水、热、气、通信等城市基础设施改造。有些方案结合了各产权单位自身远期规划加大了规模与容量,造成了投资增加,如电力、架空线均改为入地,而入地后要做管井或隧道,管井一般要有储备;如 8 号线林萃桥站自来水改移,在审批施工用水时,代建了 4 条上水,总计近 10km。

(3)提高了安全标准

原有管线不再允许悬吊,均采用二次改移,造成改移数量成倍增加,改移费用也明显增加,如 10 号线二期车道沟站 108 液化石油气管线原方案为悬吊,改移费用约 900 万;同时由于安全、质量原因,各产权单位单价标准较高,如自来水,为

保证管材及管件满足水压力要求和管材质量，避免使用未达到检测合理的管材，一般采用自来水集团认定的材料；电信调试费按行业内部标准收取调试费，基本按最大负荷收取；燃气管线改移属于危险作业行业，受专业技术影响，接切线费较高。

5.2 交通导改及安全出行

为避免对社会交通出行的影响，做到占一还一，地铁施工工法需要对道路进行多次导改，为减少地铁施工给沿线居民出行及交通影响降到最低，地铁施工结束后对道路路面的恢复不仅是施工作业面范围内的，也是对整条线路进行修补、恢复。为避免道路交通事故的发生，临时路面也按永久道路的城市主干道的标准施工，并增加了交通设施数量。另外，为了加强施工区域的交通管理，按交管局要求增派了协管人员，且协管工资的费用也随社会平均生活水平的提高而增加。这些投入对于保证城市交通的正常运转是必要的。

5.3 地上物拆除

地铁沿线涉及多处公交场站搬迁，为了改善公交运营人员的条件，提高了设计方案和建设标准。如6号线五路居、金台路公交场站搬迁。

5.4 商业补偿

为维护社会稳定，对受影响商户进行补偿是符合建设和谐社会宗旨的。随着社会经济发展与和谐社会建设等外部原因，各区、县政府做了大量工作，成绩是值得肯定的，但由于缺乏相关指导文件及标准，导致新线商业补偿费用大幅居高不下。

地铁5、10号线概算中未计列商业补偿，实际结算发生也较少，其中5号线仅发生636万元；10号线一期仅发生1921万元。新线由于缺乏相关的补偿标准，目前咨询单位的审核惯例多为参照[2001]87号文件"北京市城市房屋拆迁补助费有关规定"的相关标准；新线地铁穿越主城区，沿线大部分为成熟社区，地铁距离商户较近，现在商户的维权意识较强，影响商铺的数量较多(如6号线褡裢坡站影响60余户商户)，致使谈判难度大，费用高。例如地铁10号线二期，目前已经发生的商业补偿已经达到2.2亿元。其中，角门西站商业补偿，补偿合同值约1196万元；十里河站商业补偿，商户开始报价约8亿元，经过市、区建委历时一年多的多次协调，最终商业补偿合同值为18317万元。

5.5 园林绿化

地铁施工涉及园林绿化的范围大。如6号线沿城市的主干道敷设，道路已按规划实现沿线绿化,地铁施工涉及的园林伐移面积较大,如朝阳北路上的车站,每站的伐移面积在1万平方米左右,致使费用较大。

绿化管理的各区、各产权单位标准也不统一。如有的产权单位提出没有场地移植,需要另行租地并养护;如区政府普遍委托北京市林勘院出具的《森林(林木)损失鉴定报告》进行赔付,评估报告的费用远远大于北京市森林资源保护管理条例、北京市森林资源保护管理条例实施办法、北京市城市绿化条例中的计费标准。鉴定报告费用包含苗木移植费用、恢复费用、苗木的市场价、按园林绿化局2002年发布的(285)号文又计取了园林树木赔偿费用。

5.6 穿既有运营地铁、国铁、桥梁、河道等配合费

一些前期项目如穿越既有运营地铁、国铁、桥梁、河道、公园等配合费用,保证了这些设施保护措施到位,而且部分进行了整治。如:对地铁施工范围内涉及的河道进行了整治,满足了行洪要求,实现了河道的永久治理和规划;6号线五里桥车辆段内的常营中心沟实施;9号线在军东区间对玉渊潭公园进行改造。

5.7 关于占掘路收费,按地铁优惠政策文件,掘路修复费只应计取人工费和材料费,目前是全额支付。

6 其他二次费用

除因工程费用等计费基数增加导致工程建设其他费用、贷款利息、预备费等相应增加外(贷款利息、预备费等因基数增加而增加,所占比例较高),监理费、工程保险费等有些费率上调而费用相应增加。

7 分析结论与加强投资控制的建议

首先,虽然轨道交通工程投资较大,但是加大与加速建设轨道交通工程是改善城市交通与环境、建设环保和谐社会、推进城市升级改造与可持续发展正确且有效的手段。结合北京特定条件下,这些投入都是必要的。在工程建设中,应该也能够通过各种手段,严格有效控制工程投资。

其次,考虑北京城市独特的地位与特点,加之历史悠久、交通繁忙、管线众多等复杂外部环境条件,目前地铁土建工程与设备系统等成本是客观的,也是合理的;拆迁及前期费用虽然增长较大,一方面是客观上由于规模增大、单价增加;另一方面也带动了周边其他设施升级改造与规划实施,或降低了建设对社会与环境的负面影响。通过有力组织、及时规范、充分协调、合理分担、严格审计等措施,确保地铁拆迁及前期费用得到有效的控制。为此,提出进一步加强投资控制

措施建议如下：

(1)继续并依靠市轨道交通指挥部及资金保障组的组织领导，对概算编制与资金使用进行统一指导。

(2)借鉴外地城市概算编制的具体作法，对概算费用的组成内容、取费标准、费用列支进行学习，对公交场站、征地拆迁、前期准备等市政配套设施同步实施费用的列支情况进行研究，借鉴外地经验，以进一步提高北京地铁投资控制与管理的水平、经验。

(3)初期车辆购置拟与外埠城市采用同一标准，概算内不足的车辆另行立项增购；同步实施的交通衔接、公安通信、政务通信等可否另行立项审批，不纳入地铁概算。

(4)对于没有收费依据和标准不统一的问题，如商业补偿等，尽快以立法形式出台相关与地铁建设有关的计费标准。

(5)加强管线拆改移的协调工作。一般管线应允许悬吊，拆改管线及时编制计划并均采用原拆原建的标准，提高标准的另行立项。

(6)夯实设计基础工作，减少设计变更，加强对重大设计变更的管理并加强设计现状调查工作；在勘察设计阶段中增加对前期专项设计的审核工作，包括管线改移、征地拆迁、交通导改、园林伐移、商业补偿方案和工程筹划方案的专项设计审核，形成专题审核报告。

(7)对完成结算线路的管线改移等前期专项费用，进行总结、测算指标和制订补偿标准。尽量在概算编制时稳定前期工作，并量化前期费用指标。

管理创新　铸就辉煌

——丁树奎采访提纲

北京市轨道交通建设管理有限公司　丁树奎

记者：北京轨道交通建设管理有限公司成立于2003年，之后不久就迎来了首都地铁建设大发展的黄金时期，承担了多条地铁线的新建工作，作为掌舵者，您认为，贵公司能够承担起这些重大任务，凭借的是哪方面的能力和优势？

丁：首先要明确一点，任何事物的发展都不是一蹴而就的，我们北京轨道交通建设管理公司虽然成立于2003年，但北京的地铁建设管理工作从1964年即开始了，从那时候起，北京先后建设开通了地铁1号线、2号线、复八线、13号线、八通线，我们的工作是站在一代代北京地铁建设人奠定的坚实基础上展开的！前辈们的努力和奋斗，使我们的工作站在了一个很高的起点上，我们要对他们表示敬意和感谢！

2003年，市委市政府着眼于首都城市轨道交通的长远可持续发展，对北京地铁的建设管理体制进行了改革，实行了融资、建设、运营的三分开体制，北京市轨道交通建设管理公司就是在此时成立的，那时候，我们只负责建设5号线一条线，10年来，从建设管理一条线，到网络化多线同时建设，我们先后建成开通了5号线、10号线（一期）、4号线、大兴线、昌平线、亦庄线、房山线、9号线（二期）、8号线（二期）、10号线（二期）、6号线（一期）、14号线（西段），使首都的轨道交通运营里程由10年前的108km，达到目前的442km。同时，我们正在加紧建设的，还有6号线（二期）、6号线（西延）、7号线、14号线（东段），正在做前期准备工作的有燕房线、西郊线、昌平线（二期）、8号线（三期）、3号线、12号线、17号线、新机场线等。预计到2015年，通车运营里程将达到“十二五规划目标”。

之所以能取得这么大的成绩，我觉得有如下几点经验和做法：

首先要归功于市委、市政府的正确领导，政府相关职能部门和沿线各区政府的大力支持和协调，以及全体首都市民的理解和支持。如果没有这个基础保障，给我们创造一个良好的建设环境和氛围，个人和企业有再大的能力，也很难施展。

第二,北京轨道交通三分开的管理体制,促使我们建设管理的市场化、专业化。三分开的体制下,我们公司专注于轨道交通全过程的建设管理,对领域内的相关问题研究得更深入、更透彻、更细致,同时,处于上中下游的投资、建设、运营三家,有分工有协作,既相互配合,又相互监督和制约,这种工作环境下,逼迫和促使我们要不断地提高建设管理水平,我们行业里有句话,叫“建设为运营,运营为乘客”,建设水平的高低,设备设施使用情况的好坏,需要运营管理单位和乘客来验收和评判,我们如果不努力,产品质量不高,市场会立刻做出反应,迫使你不断提高工作能力和水平。

第三,十年以来,通过不断地实践和摸索,我们公司积累了丰富的管理经验,从安全、质量、进度、投资、功能五大方面,建立起了一整套标准化的管理体系、制度和流程,具有从城市轨道交通项目可行性研究、初步设计、施工设计、项目招投标、设备采购、施工安装,直至系统调试、项目验收、线路开通试运行并交付运营商的全面建设管理经验。主要包括网络化背景下,根据建设环境变化动态筹划工程建设的能力,建立了一整套工程风险源管理体系和一整套相应的合同管理体系,具备了设备系统总集成能力,动车调试、组织试运行的能力,设备国产化的能力,对轨道交通工程的总体把握和控制能力,对设计、施工、监理等全方位的总承包能力,并最终落实为给业主委托方提供轨道交通新线建设一揽子解决方案的能力。

记者:在轨道交通建设行业,还有一些其他的公司共同竞争,目前北京市轨道交通建设管理公司已经在行业中形成了哪些方面的特色和核心竞争力?

丁:都说同行是冤家,但具体到城市轨道交通这个行业,我们却不这么看,因为轨道交通的建设,每条线路所处的环境和特点都不一样,你可能每天都将面对不同的问题要处理,尤其在不同的城市里,不只是工程建设环境有所不同,政策环境、人文环境也会有差异,不同企业的文化也会有所不同,所以,你不可能像工业化车间生产那样,拿同样的方法去生搬硬套地处理千差万别的新情况。但反过来,在管理流程方面,我们可以把有自己特色的做法逐步标准化,也就是把我们提供的建设管理服务这个产品本身标准化,其实刚才已经谈到了,稍微展开一下,具体地说,主要是以下几个方面:

一是动态筹划工程的能力。最初,我们只做了5号线一条线,后来几条线同时做,再后来,连在建的,带收尾的,加上新开的,最多的时候,我们十几条线同时在运作。北京市域范围内全面开花,不同的线路所处的建设阶段又不同,千头万绪,纷繁复杂,需要管理协调的事情涉及方方面面、包罗万象,参与建设的各种资源,都被摊薄了,面对这种情况,怎么办?

我们首先是优化管理流程,明确责任分工,管理重心下移,缩短管理链条,提高管理效率,根据不同的建设阶段和建设环境,对管理机构进行优化调整,最初是每条线设立一个项目管理处,后来是设立了6个项目管理中心,每个管理中心负责若干条线路,再后来,又调整缩编为4个项目管理中心,去年因为外埠项目,又增设了第五项目管理中心。公司除了职能管理和规划、招投标、系统设备等部分项目管理外,其余大部分的项目实施的具体职责,都下放到了管理中心。

其次,这些年我们一直贯彻"两保两抓"的工作思路,即"保开工、保开通","抓安质、抓前期",以"两保两抓"为载体和思路来安排工作计划,为此,我们在公司机关设立了前期总部、计划调度总部、安质总部和安全监控中心,由他们具体负责把"两保两抓"当中的重点工作识别出来,重点调度和协调;在调度协调机制上,我们也是分级分层处理,调动各个层面的积极性和能动性,日常问题由项目管理中心协调处理,涉及对开工和开通目标形成重大影响的问题,由公司主要领导出面,定期召开各方面参加的高层调度例会,重点突破,针对不同的变化着的情况,及时调整策略和决策,有时候,甚至会请主管市领导出面协调,这个工作机制,对我们有效推进工程,起到了积极作用。

二是信息化指导生产的能力。这又分为两个层面的建设:第一层面是对施工生产的安全信息化监控;第二层面是我们公司自身的管理信息化系统建设。

2008年开始,以我们公司为主导,针对北京在建的轨道交通新线建设工地,进行了安全生产信息化监控系统的建设。在所有工地的各地掌子面安装摄像头,通过有线电视网络联接到终端,监控的终端又分三级,总包单位为三级,管理中心为二级,公司安全监督中心为一级,所有在施的掌子面,包括工班操作的情况,沉降的情况,盾构机推进姿态,等等,通过终端都能实时掌握,一目了然。我们有专门的技术人员,每周对采集的信息进行处理和分析,并建立了分级预警管理体系和机制,针对不同的预警级别,分层分级做出相应的响应。公司总经理每周召开专题会,针对安全生产信息分析报告,做出有关决策和处理决定。

这个信息化监控体系建立5年来,公司管理范围内的工地,基本杜绝了重大安全事故的发生,这个项目获得了北京市的科技进步一等奖。今年,在市科委和市国资委的支持下,我们将对这个系统进行升级,对安全监督体系的工作方案进行修编,升级的系统建成后,将集安全生产监近代、动车调试调度和空载试运行的行车调度功能于一身,全面提升我公司的建设管理水平,同时,这个系统也可以做为全市轨道交通安全生产的应急指挥中心来使用。

第二个层面的信息化，是我们公司自身管理的信息化建设。前面讲到了管理流程的标准化，管理信息化的前提和基础，首先就是流程的标准化。今年开始，我们启动了公司的管理三体系贯标认证，通过贯标认证，把我们这些年来积累下来的管理经验、体系、制度、流程和成熟做法，重新识别出来，固定下来，予以标准化，按照"有所为有所不为"的原则，清晰自身定位和目标市场，把自己定位在"城市轨道交通建设管理服务提供商"的角度，通过质量安全管理体系的贯标认证，以核心主业为支撑，培育以"总体主导能力、工程总包能力、系统总集成能力"为主要内容的工程建设管理服务的核心竞争力；通过核心竞争力的培育、强化、提高，把我公司的业务向地下空间开发、轨道交通外的地下工程建设管理、外埠轨道交通工程的建设管理服务等领域拓展，以"标准化、连锁店"的模式，实现业务扩张；通过核心主业的做大做强，核心竞争力的培育、强化、提高，核心业务能力的复制、拓展、扩张，实现我们在"工程建设、管理成本、经营效益、企业管理"四个方面的目标，最终把我公司打造成为"理念先进、体系规范、流程完善、文化优秀、信誉良好"，国内一流国际领先的城市基础设施建设管理领域专业化公司。

三是设备系统总集成方面的能力。我们公司在系统设备方面，聚集了一大批行业内的高端人才，尤其是车辆、通信、信号、AFC和综合自动化等方面。这些年，我们以车辆为核心，最大程度地对各个系统进行集成，这一方面是提高了全系统的集成度和匹配度，提高了新线开通的综合水平，同时也提高了建设管理的效率，尤其是适应工期短，建设环境复杂的情况，我们推行了样板段动车调试的做法，在全线没有实现轨通的情况下，拿出一段来进行动车调试，对开通所需的各个系统进行测试、修改和稳定，以稳定后的动车调试结果为样板，来指导后续的各系统综合调试工作，这个方法，我们在全行业中是开了先河的，这也是动态筹划工程的重要内容之一，这个方法现在我们在各条新线建设中都全面推行了，效果很好，确保了短期空载试运行的效果、效率和开通的高水平，我们新近开通的几条线路，都稳定在三分和三分半，十号线（二期）甚至做到了开通两分半的水平，这在行业内是少有的。

四是对轨道交通工程的总体把握和控制能力。随着北京城市建设的发展，首都轨道交通建设的规模也越来越大，越来越网络化，过去那种单纯就轨道研究轨道的做法，越来越不适应实践发展的需要，必须跳出轨道看轨道和研究轨道建设，必须深入研究轨道交通网络与城市总体规划的关系，研究轨道交通与土地利用的关系，研究轨道交通与其他交通方式的关系，研究轨道交通网络内部各线路之间的关系，各系统之间的关系，研究轨道交通网络内部资源集约利用和共享的问题。作为北京轨道交通网络最主要的建设管理单位,我们以全面落实城市轨道交通“绿色、人文、科技”的三大建设理念为切入点,要求自己做到未雨绸缪,有的放矢,超前安排,提高对轨道交通建设各阶段和各种资源的总体把握和控制能力,从而提高北京轨道交通网络化建设的总体水平。

记者:2011 年的 8 号线、9 号线,2012 年的 6 号线一期、10 号线二期等,2013 年 10 号线全线贯通,地铁的建设开通速度甚至有些超过了公众的心理预期,在紧迫的时间和强大的技术压力下,您们从哪些方面采取措施,以保证建设过程的安全高效,建设产品的安全舒适和相关技术的不断进步?

丁:首先,感谢您对我们工作的肯定!

管理,都是约束条件下的管理,都要考虑实际的环境和条件,在时间紧任务重的情况下,高水平建设和开通轨道交通新线,在管理和技术上的一些经验和做法,包括核心竞争力的培育方面,我刚才已经提到了,不再赘述了。

针对您提的这个问题,我想在刚才的基础上,再补充几点:

最开始的时候,我们更多的是就轨道交通研究轨道交通,研究城市不多,随着多线同时建设的情况越来越多,矛盾也越来越多,越来越突出,我们就更多地研究共性问题,跳出轨道交通来研究城市。因为做为城市的基础设施,轨道交通是为城市的发展和市民生活服务的,建设期间要最大限度地减少对市民正常生活和城市正常运行的干扰,建成运营后,要让乘客最大限度地体验轨道交通的人性化、高水平的服务,所以,要深入认真地研究地铁与城市的关系,要集约地利用有限的资源,要让城市整体增值,而且,不是简单的 1 + 1 = 2 的那种增值,而是呈几何级的核裂变式的那种增值。通过轨道交通的建设,不仅要实现它的交通功能,而且要带动沿线经济发展,优化城市功能布局,整合区域空间结构,弥补既有规划不足,改善城市微观循环,渠化引导无序客流,减少人车交叉干扰,缓解地面交通拥堵,改善空气环境质量。

为了做到轨道交通建设的高水平,我们主要在以下方面做了些工作:

一是要处理好轨道交通网络与城市总体规划、区域性规划、其他城市设施、其他交通方式的关系,使轨道交通网络与整个城市成为有机的整体。在既有城市总体规划和区域性规划的约束条件下,在可研阶段,即将轨道交通线路与周边可开发的地块进行统一的研究和策划,包括土地利用方式、开发规模、与地铁正线的关系整合、与周边交通的衔接、市政管线综合等内容,并把这些内容落实到地铁正线的报规方案中,通过线位、站位的优化选择和沿线土地的综合一体化开发,将地铁站点与周边公共建筑、其他市政设施、其他交通方式有机地衔接,互为补充，优化城市空间布局，整合区域空间结构，弥补既有规划不足，改善城市微观循环，提高地铁服务水平，渠化引导无序客流，减少人车交叉干扰，缓解地面交通拥堵，从而挖掘和发挥综合交通体系的整体优势，提高交通效率和服务水平。

二是要处理好轨道交通网络各线路间的关系，优化换乘条件，方便互联互通，实现资源共享，提高服务水平，降低运营成本。在换乘方式、导向标识系统、客服信息系统、换乘站建设、联络线建设、运营服务设施、车辆基地共用、变电站设置以及系统设备的标准、制式等方面，加强研究，将各条新线的建设放在全网的环境下予以考虑，超前预测，超前规划，超前设计，尤其对一些重点车站、重点系统、重点区域，要提前制定方案，充分考虑各线路间的互联互通性，尽可能地实现资源共享，提高网络的综合服务水平，最大限度地节约资源，降低运营成本，真正落实北京轨道交通"人文、科技、绿色"的三大理念。

三是在处理好上述关系的基础上，加强总体方案设计，充分做好工程总体筹划，最大限度地降低工程进度、投资、安全、质量控制的不稳定性、不确实性。要加强线路沿线的工程地质、水文地质和社会环境的调查，对周边的地层条件、交通环境、建筑环境、文物环境、社会人文环境、地上地下既有设施、施工水电条件等等情况，要充分掌握，并在此基础上，科学合理地确定线位、站位、工法、标段划分、施工工艺、设备造型、场地安排、征地拆迁数量等内容，增强总体方案、工程总体筹划与建设环境的针对性、适应性、匹配性，从而使工程进度、投资、安全、质量的控制更具可行性。

四是在加强总体方案设计和工程总体筹划的基础上，加强设计管理。加强设计标准、标准图集、限额设计等标准的系统建设，提高全线路各标段、各专业、各系统设计间的总体性、完整性、统一性。同时，对特殊工点和地段，加强专项方案设计，提高设计的针对性、适应性，从而使设计工作既有统一原则，又能因地制宜，既经济合理，又能充分运用建设当期的科技成果，科学合理地控制和节省投资，提高网络的整体建设水平。

记者：据了解，目前正在建设的 7 号线国产化率已经超过了 90%，这其中都包括哪些关键系统和核心产品？这一比率对于整个行业的发展意味着什么？从依赖进口到大比率国产化的跨越过程中，您所领导的团队付出了哪些努力？目前仍未国产化的系统和产品主要是什么？其实现国产化的难点是什么？目前攻关到了哪一阶段？

丁：7 号线的车辆、信号两个关键设备系统均选用了自主知识产权的国产系统及核心产品。

7 号线车辆为国产自主知识产权的 8 节编组 B 型电动客车,是在房山线示范应用国产 B 型电客车后的又一次大规模城区干线工程应用。

7 号线的信号系统,采用了国产自主知识产权的 CBTC 信号系统,是在亦庄线、昌平线和 14 号线之后的又一次大规模城区干线工程应用。

在北京市轨道交通建设管理过程中,我公司始终注重推进设备系统国产化与自主化,通过开展产学研结合,积极推进和参与自主创新,在政府的支持下进行车辆、信号等关键设备系统自主化技术设备的示范应用。

在全面落实"人文、绿色、科技" 轨道交通建设三大理念行动计划的过程中,"自主创新成果应用及关键设备部件国产化应用"是"科技轨道交通建设"的一项重要行动计划。通过自主研发以及"引进、消化、吸收、创新"国外先进技术和设备,研究应用了大量新技术、新工艺、新标准,重点开展了设备系统人性化、节能减排、减振、网络化、国产化等方面研究,大大提高了北京地铁关键设备的科技含量、国产化水平。

目前轨道交通自动售检票系统、无线集群通信系统和供电系统直流微机保护装置的自主化水平相对较低,但相关国内企业的研发工作也已经取得了重要进展,正在完善相关技术标准和检测认证制度体系,推动早日实现国产化系统的示范应用。

记者:在您们的建设规划中,今年北京还将开通哪些线路?同已开通的地铁相比,它们还会给乘客提供哪些新鲜的乘坐体验?

丁:跟 2012 年相比,2013 年新线开通的里程要少一点,不过这也算是正常状态。在我们行内,有个不成形的规律,就是开通里程有"大小年"之说,去年多一点,今年就相对少一点,到明年,开通的里程数又会上来。

今年的 5 月 5 日,我们已经建成开通了 14 号线西段,乘客可以坐地铁到园博园参观,另外 10 号线剩余站全部开通,10 号线实现环形运营;到今年年底,我们还计划开通运营昌八联络线、8 号线二期南段,届时将实现 8 号线与昌平线的换乘,以及 8 号线与 6 号线的换乘,通车运营的总里程将达到 465km。

14 号线的特点,主要是供电方式上应用了架空网的制式,不同于惯常的三轨供电,但这种新方式作为乘客感觉不会太明显,乘客感觉更明显的,可能是那些外在的更直观的东西,在这方面,我们主要会在民用通信(手机信号覆盖等)、客服信息、导向标识、车站装修和换乘的便捷性等方面,总结已开通线路的经验,在现有的基础上,进一步增强稳定性、可靠性、便捷性和人性化,让乘客有更舒适的乘坐体验和感受。

记者:服务北京,服务全国,从这一战略中我们已经发现,贵公司的目光已经延伸向全国各地,现阶段也是全国地铁建设大发展时期,各地都在规划或者上马地铁工程,具体地讲,贵公司在服务全国地铁建设方面有怎样的发展规划?

丁:未来十年,城市轨道交通将成为我们国家基础设施投资和建设的重点领域,目前,建设规划已经获得国家批复的城市,有近30个,市场容量很大。

北京是全国最早建设轨道交通的城市,目前的建设水平和规模也排在全国前列。在规划建设的过程中,我们积累了一些成功的经验,也有过一些遗憾和教训,但不管是经验、遗憾还是教训,对于建设城市轨道交通的后来者,都是可以借鉴的,让他们少走一些弯路,从这个意义上,我们非常愿意把自己的经验教训拿出来,与兄弟城市分享,为他们的城市发展和轨道交通建设,贡献我们的绵薄之力。

在这方面,我们已经进行了一些探索和尝试,前面讲了,我们把自己定位在"城市轨道交通建设管理服务提供商"的角度,我们的产品,提供的是专业化的"城市轨道交通建设管理服务"。去年以来。我们在新疆维吾尔自治区、乌鲁木齐市和北京市领导的大力支持下,"政府搭台、企业唱戏、市场化运作",与乌鲁木齐市城轨集团达成了《乌鲁木齐轨道交通1号线建设管理服务协议》,为乌鲁木齐市轨道交通1号线提供建设管理服务。

合作的主要模式是,乌鲁木齐城轨集团作为业主,主要负责项目立项、可行性研究、建设资金筹措、征地拆迁等前期工作,并做出线位站位、运营模式、建设标准、建设规模、参建单位的选择、建设资金拨付方式等等重大决策,在业主决策确定的原则下,我公司负责乌鲁木齐轨道交通1号线的实施阶段的全过程管理,包括初步设计、施工图设计、土建结构施工、车站装修、设备采购安装、系统调试、动车调试、配合全线空载试运行等内容。

这种模式既能保证业主的重大事项决策权,又能确保对各参建单位和线路建设的专业化管理,做到了决策权与执行管理权的统分结合。同时,通过合理的组织架构和议事规则的设计,业主可以有效地参与到项目建设管理的全过程,通过1号线的建设,积累经验,锻炼队伍,培养人才,为其独立开展其他新线建设奠定组织、干部和管理基础。

从2012年7月份以来,我们已经成立了专门管理机构赴乌鲁木齐市开始工作,目前双方合作非常愉快,工作开展非常顺利。

另外,在确保完成北京轨道交通建设任务的前提下,我们可通过其他的方式,如项目管理咨询、车辆监造等方式,为其他兄弟城市提供我们力所能及的服务。

记者:之前您在接受新华网采访时表示,正在规划标准制定方面的工作,现在有哪些新进展?统一标准的制定,对于整个行业的发展具有怎样的意义?

丁:作为重要的轨道交通技术力量,我公司计划结合轨道交通新线建设工作,组织编制一些标准和规范,为后续的轨道交通网络化建设和运营组织工作、国产化和标准化工作提供技术支撑,有助于推动整个轨道交通产业设计、管理水平的提高。目前我公司正在编制新一轮轨道交通新线建设科技行动计划,已将"轨道交通前瞻性基础研究及标准化建设"列为一项重要行动内容。

记者:请介绍一下贵公司的研发和技术团队,人才是推动企业发展的重要力量,贵公司在人才的选择和培养方面遵循哪些标准?就您个人而言,您认为从事这一行业,应该具备哪些基本的能力和素质?

丁:作为一个管理型和服务型的企业,人才永远是最重要的财富和资产,轨道交通是非常复杂的系统工程,专业繁多,靠单打独斗的个人英雄主义,根本无法完成一条轨道交通线路的建设。因为人的精力、能力和专业背景,都是有局限性的,我们更看重的是团队的力量,把最合适的人,放到最合适的岗位,取长补短,优势互补,集腋成裘,聚沙成塔,积众人之力,共襄盛举。

对于人才的选择,我们是个人素养和专业技术能力并重。一个人,专业技术能力再强,如果没有与人合作的意愿,没有综合协调的能力,没有吃苦耐劳的精神,没有忍辱负重的品格,很难适应轨道交通工程这种建设周期长、工作节奏快、工作压力大、综合性强的工作。从事轨道交通建设,对一个人的综合适应能力,是极大的挑战和考验。所以,这些年来,我们在选人用人方面,都是按这两条标准来综合考虑的。

应该说,这十年来,我们建设了一支作风硬朗的高水平专业团队,我们不断面向全国全行业,招聘高水平专业人才。目前,我们公司拥有轨道交通全过程的涉及规划、勘察、设计、经济、合同、前期、安全、质量、计划、设备等各方面的专业人才600余人,其中,博士后流动站进站人员1人,博士研究生14人,硕士研究生88人,大学学历405人,大专学历44人;具有正高级职称的6人,副高级职称的159人,中级职称的240人,初级职称的106人,可以满足各类城市轨道交通形式的建设需要。

记者:现在,我国把自主创新上升到了国家战略的高度,作为一线技术和管理人员,您认为创新的源动力来源于哪里?您是如何把创新融入到自己的科研工作中的?

丁:自主创新,永远是一个国家和民族可持续发展的源动力。就我个人而言，创新可能还是源于自己的专业兴趣和对这个行业的热爱吧。

如果往大了说，是要对国家和人民负责，组织上把这么重要的工作和任务交给了我，轨道交通建设又是这么大一个行业和市场，对于我们国家在这个领域的发展，是千载难逢的大好机遇，我们必须利用好这个机遇，使我们国家在轨道交通领域的建设管理、施工技术、设备国产化等方面，都要有所创新，有所进步，为乘客提供最好的服务，为国家发展交上满意的答卷。

这些年，在具体工作中，做为建设管理单位，我们主要是做一些推动和促进的工作。一是给机会，在参建单位的选择上，优先选用那些拥有新技术新工艺新方法的队伍，提高准入门槛的标准，选优汰劣；二是给市场，对于国产化的设备，同等条件下，优先选用。这些年，在这个市场里，国产的施工机械设备越来越多，尤其是盾构机，国产设备的市场占有率越来越高，运营系统设备方面，车辆、信号等的国产化率越来越高，而且，性能稳定，价格合理，售后服务更周到快捷，效果很好；三是科研服务于实际工作，要实用，要适用，比如前面提到的安全监控的信息化和内部管理的信息化等。

记者：日常生活中，您有哪些兴趣爱好？您对现在的生活状态满意吗？您理想中的状态是怎样的？您如何平衡工作和生活？

丁：呵呵，我个人没有特别的嗜好，烟酒不沾，除非有外事活动。平时工作太忙，闲暇时间太少，如果算兴趣的话，应该是读书吧，既能放松，又能充电，挺好！目前的状态挺好，人必须学会自我调适，再忙再累，也得让自己有时间放松，劳逸结合，这也是可持续发展的需要！逸的时间不一定太多，但要提高逸的效率。

关于城市轨道交通工程建设管理模式的思考

企业发展资源总部　贾敬东

未来二三十年内，城市轨道交通将成为我国建设的重点和热点，除了北京、上海、广州、深圳等一线城市正在按照计划逐步完成自己的轨道交通网络规划并不断加密外，大部分省会城市和计划单列市都在规划自己的轨道交通线网并得到了国家批准，在不远的将来，这些城市的线网都将逐步由蓝图变成实实在在的基础设施。

城市轨道交通项目投资规模大、专业系统多、建设周期长、施工风险大、网络性强、社会关注度高。城市首条轨道线路的建设过程中，需要立足于城市的总体规划和轨道交通线网的总体规划，进行规划设计和工程总体筹划，需要为城市轨道交通网络化建设和运营的可持续发展奠定坚实的基础。

为了高起点筹划、高标准建设、高水平管理好第一条轨道交通线路，必须立足当地实际情况，研究确定一个合适的建设管理模式，对于初次规划建设轨道交通项目的城市来说，显得尤为重要。

本文将根据我们自身的管理经验和认识，将国内城市轨道交通的建设管理模式的现状，进行简要回顾、梳理和归纳，并对初次建设轨道交通项目的城市就建设管理模式提出一些建议，供兄弟城市和同行们决策参考。

我们认为，研究建设管理模式，主要是研究管理主体、管理对象（被管理者）及二者之间的关系。

城市轨道交通项目的管理主体，非业主莫属。在建设过程中，业主承担多种角色，如项目法人（投融资主体）、招标人、各类合同的甲方及项目管理方等，其中，项目法人、招标人和甲方的角色是法定的，他人无法代替。实践中，只有项目管理方的角色，业主可根据资源情况从市场上引进。

管理对象（被管理方）主要包括勘察设计、施工、监理和设备材料供货方，基本上通过招标从市场上选择。

管理主体与管理对象的责、权、利通过合同明确。

目前，国内城市轨道交通的建设管理，主要有如下几种模式：

1 业主完全自建模式

这种模式从项目立项、可行性研究、建设资金筹措、勘察设计、土建结构施工、设备采购安装、系统调试、空载试运行，直至具备运营条件投入商业化运营，全部工作都由业主自行负责完成。这种模式下，业主集项目法人、招标人、甲方和项目管理方四位一体，国内大部分城市采用此模式。

该模式优点是业主可以掌握轨道交通全过程的建设管理技术，积累经验，培养人才，锻炼队伍，对于已具有管理基础的城市，这种模式是合适的；但对初次建设轨道交通的城市而言，因为资源不足，所有技术和管理要从头积累，从头建立技术和管理体系，耗时较长，往往或多或少走一些弯路，留下遗憾，甚至发生严重事故。包括北京、上海、广州在内等国内建设轨道交通较早的城市，在第一条线路建设时，因为经验不足，边学边干，也走过不少弯路。

2 借助咨询服务的业主自建模式

这种模式也是集项目法人、招标人、甲方和项目管理方四位一体，但为了弥补业主在项日管理方面的资源欠缺，业主引入部分或者整体管理咨询。

2.1 “借助咨询服务的业主自建模式”的内涵

由专业化的咨询服务单位制定建设管理咨询服务方案，业主方按照此方案，进行轨道交通新线建设管理，专业化的咨询服务内容和范围，又可以分为以下3个层次：

一是立足于首条线路并着眼于全网的整个线网建设的网络化和共性问题的研究和咨询服务，包括轨道线网整体架构与城市总体规划的关系，线网的指挥调度方式及指挥中心的设置问题，线网的车辆选型及车辆制式问题，线网资源共享问题，线网系统标准统一问题，线网车站分类分级及建设标准问题，首条线路建设中换乘站的建设处理方式，线路与其他市政公用设施的关系问题，首条线路建设中的施工资源专项研究等。通过这些问题的专题研究和咨询，使业主在首条线路建设之初，即着眼于城市和线网的总体建设，提早考虑一些深层次的网络专项规划问题，为整个城市和全线网的良性、长远的可持续发展，奠定坚实的基础。

二是针对首条线路建设的各阶段、全过程建设管理，制定整体的管理咨询方案，包括投融资模式、建设管理模式、运营管理模式的选择，采购策略和采购方式的选择（包括设计、施工、监理、材料、设备及其他服务提供商），标段的划分，合同的结构形式，设备系统选型，工程的安全、质量、进度、投资控制等管理体系的建设，工程建设指挥调度体系的建设，联合试运转的管理，以及各阶段、各专业的接口管理等，以供业主的管理和决策参考。

三是针对某个阶段的专项咨询管理服务。此类咨询服务阶段性和针对性更强,比如针对设计管理,咨询单位会编制专项咨询报告,包括设计管理的体系设置,标段及专业的界面划分及接口,调度管理模式等;又比如地铁车辆监造,咨询单位会编制车辆造型和制式标准,车辆监造的方案,车辆与信号、供电等系统的接口,车辆验收的标准等。咨询报告编制完成后交予业主,作为业主开展该项管理工作的参考或依据。

2.2 “借助咨询服务的业主自建模式”的实践案例

借助于不同层次的咨询服务由业主自建的模式,在目前国内的轨道交通项目建设中,有过一些实践和应用。

针对整条线路的建设管理,中咨公司为贵阳地铁1号线、香港地铁公司为上海9号线、上海申通公司为昆明轨道公司提供过类似服务。

北京城市轨道交通咨询公司为成都、武汉、长春、哈尔滨、大连、青岛等城市的地铁公司提供过车辆监造的专项咨询服务。

2.3 “借助咨询服务的业主自建”模式的特点

(1)专业咨询公司提供给业主的咨询报告对业主的工作有一定的指导意义,可以帮助业主较快地、系统地了解部分或整体情况。

(2)咨询单位只负责编制管理咨询的工作方案和报告,成果文件完成后,咨询单位的责任和义务即基本完成,具体的实施与管理,由业主方自行组织与负责,咨询单位不与各承包人发生合同关系,不直接负责对各承包人的指挥、调度和管理,咨询服务单位的职责仅止于顾问和咨询,所有的建设职责和决策仍由业主做出,尤其对初次建设轨道交通的城市而言,服务深度不够。

(3)这种模式如想取得成功,需要业主方有基本的组织机构、工作流程、一定数量的管理人员,有相对完整的指挥调度体系,保证咨询单位编制的工作方案得到有效落实。

3 借助于“建设管理服务外包”的业主自建模式(即建设管理服务模式)

这种模式下,业主仍承担项目法人、招标人和合同甲方的角色,为了弥补业主在项目管理方面的资源和经验不足,业主引入项目“建设管理服务方”,让渡部分项目管理权,将项目管理服务外包,项目建设管理服务方作为“合同第三方”,行使合同甲方的授权,承担对各类承包商(乙方)的管理责任。

3.1 “建设管理服务”模式的内涵

改革开放以后,尤其近20年来,随着国家的大规模建设,国家相关主管部门出台了一些文件和指导性意见，积极推进工程建设领域专业化服务市场的培育，推进 EPC（设计—采购—施工）、BT（建设—移交）、工程总承包等模式试点。这些模式虽然也含有“服务”方面的内容，但承包人更多地是着眼于承包工程，从合同关系角度看，承包人与业主实质上处于一种管理与被管理的矛盾、博弈状态，真正意义上的“代建”市场尚未形成。

在国内城市轨道交通领域，北京进行了“建设管理服务”市场化或者准市场化的探索。其基本做法是，专业化的轨道交通建设管理单位按照项目业主的需求和委托，对轨道交通项目的初步设计、施工设计、项目招投标、设备采购、施工安装，直至系统调试、项目验收、线路开通试运行并交付运营商的建设全过程，实施系统而有效的计划、组织、控制、协调等管理活动，实现安全、质量、进度、投资、功能等五大方面的管理目标，真正实现给业主的交钥匙工程。

在“建设管理服务”模式下，业主作为委托方，建设管理单位作为受托方，虽然双方客观上也存在合同关系，但不是发包人与承包人的关系，建设管理单位实际上是业主的委托代理人，在业主授权的范围内，代表业主对设计、施工、监理、材料供应商、设备供货商及其他服务的提供商等所有参建的承包人进行建设的全过程管理，为业主的需求提供一揽子的解决方案，并最终交付符合业主要求的工程。在这个意义上讲，建设管理单位与业主是目标一致的。打个比方，在工程建设过程中，业主如果是董事长，建设管理单位就是聘用的总经理，双方共同负责对所有承包人的管理，只不过分工有所侧重而已，业主是决策者，建设管理单位是执行者和管理者。

3.2 “建设管理服务”模式的实践案例

（1）北京轨道交通项目最早是在机场线实行了“建设管理服务”模式。北京东直门机场快轨公司作为业主，负责机场线的投资、建设、运营，但因为其缺乏轨道交通工程的建设管理经验，实践中将该项目的建设管理委托给北京市轨道交通建设管理公司，由北京市轨道交通建设管理公司负责该项目从征地拆迁、土建结构、车站装修、设备安装、系统调试和空载试运行的全过程建设管理，北京东直门机场快轨公司支付给北京市轨道交通建设管理公司相应的建设管理服务费用。

（2）北京地铁 4 号线和 14 号线是按照 PPP 模式建设的，京港公司（香港地铁子公司）做为上述两条线路 B 部分（车辆、信号等主要的系统设备和通风空调等部分机电设备）的投资方，负责 B 部分的投资、建设和运营，为了方便工程的整体协调和管理，京港公司将上述两条线路的 B 部分建设管理委托给北京市轨道交通建设管理公司，由北京市轨道交通建设管理公司负责 B 部分的设计、采购、施工、监理、安装调试、空载试运行的管理,以及B部分与工程A部分的接口管理,京港公司支付给北京市轨道交通建设管理公司相应的建设管理服务费用。

(3)乌鲁木齐城市轨道交通1号线是全国同行业第一条真正意义上按市场化的"建设管理服务"模式进行建设的轨道交通线路,由乌鲁木齐城市轨道集团公司作为业主委托方,委托北京市轨道交通建设管理公司进行建设管理。其主要合作模式如下:

①将乌鲁木齐轨道交通1号线的全部工作划分为A、B两部分。

②A部分工作内容包括立项文件的取得、可研批复、征地拆迁、资金筹措、施工水电、交通导改、占路掘路、地上物拆除、市政外网及永久外电源等,由业主方负责。

③B部分工作内容包括初步设计、施工图设计、土建结构施工、车站装修、设备采购安装、系统调试、动车调试、配合全线试运行等,由建设管理方负责。

④对于业主方负责的A部分工作,建设管理方可协助业主方工作,包括编制相关文件、完善项目总体方案、前期工作各专项方案、工程总体筹划等。

⑤在B部分建设过程中,线位站位、运营模式、建设标准、建设规模、参建单位的选择、建设资金拨付等等重大决策,均由业主做出(按照业主方要求,建设管理服务单位可以制定备选方案供业主方决策);在业主决策确定的原则下,由建设管理服务单位负责项目建设的具体实施和执行,对所有参建单位进行日常管理;业主、参建单位和建设管理服务单位签订三方合同(见表1),建设资金由业主直接拨付各参建单位,计量支付资料和文件由建设管理服务单位负责管理和审核。

乌鲁木齐市轨道交通1号线建设管理服务合同结构示意表 表1

<table>
<tr><th>单 位</th><th>业主方</th><th>建设管理方</th><th>各服务提供方(承包人)</th></tr>
<tr><td>土建结构施工方</td><td rowspan="6">负责所有参建单位产生方式的确定和中标单位的最终确定</td><td rowspan="6">(1)制定施工、设计、监理、供应商、供货商等采购招标的策略、方案并报业主审批;
(2)业主方审批同意后负责采购招标具体事宜执引和办理;
(3)在经采购招标产生设计、施工、监理、供应商、供货商后,负责对上述个相关单位的管理</td><td>负责相应标段结构施工工作</td></tr>
<tr><td>设计单位</td><td>负责相应标段设计工作</td></tr>
<tr><td>监理单位</td><td>负责相应标段监理工作</td></tr>
<tr><td>材料供应商</td><td>负责相应标段材料供应工作</td></tr>
<tr><td>设备供货商</td><td>负责相应标段设备供货等工作</td></tr>
<tr><td>其他服务供货商</td><td>负责相应的需其提供的服务</td></tr>
</table>

3.3 "建设管理服务"模式的特点

(1)该模式对业主而言,可以真正实现覆盖"设计、施工、安装、调试、试运行"全过程的交钥匙工程。

(2)该模式既保证了业主在项目建设过程中的重大事项决策权,又能确保对各参建单位和线路建设的专业化管理，做到了决策权与执行管理权的统分结合。

(3)对初次建设轨道交通的城市而言，在人员、技术和管理储备都不太充足、管理体系尚未形成的情况下，通过专业化的“建设管理服务”模式，可以充分发挥“后发优势”，借助外力，为己所用，少走弯路，站在国内轨道交通先行城市的高水平、高起点上，来筹划第一次轨道交通线路建设。

(4)在“建设管理服务”模式的框架内，通过设计科学的管理流程、议事规则，采取合理的组织结构方式，在建设第一条轨道交通线路的过程中，业主方管理人员全面融入到建设管理方的日常管理活动中，以干带学、带训，为业主方培养一支集投资、建设、运营于一体的全方位的管理团队，为将来业主方独立进行后续新线的建设和运营奠定坚实的基础。

(5)轨道交通先行建设城市，因为建设历史长，其专业化的建设管理单位手中掌握了一大批全国最优秀的设计、监理、施工、设备、材料等服务提供商和供应商，因此，除了专业化的能力外，他们还具有对各类服务提供商和供应商的议价能力，这是初次建设轨道交通的城市和业主所不具备的优势，借助专业建设管理单位的能力和优势，可以在全国范围内整合最优秀的轨道交通建设资源，并有效控制成本。

4 关于工程总承包模式

从合同关系上讲，工程总承包模式本质还是承包模式，合同中虽然包含有部分的服务因素，可以减轻业主的部分协调工作量，但由于不能减轻业主作为项目管理方的责任，行业内对其是否归类为建设管理模式，尚未形成共识。

4.1 “工程总承包”模式的内涵

按照中华人民共和国《建设项目工程总承包管理规范》(GB T50358—2005)的规定，所谓“工程总承包”模式，是指“工程总承包企业受业主委托，按照合同约定对工程建设项目的设计、采购、施工、试运行(竣工验收)等实行全过程或若干阶段的承包”“工程总承包企业在总价合同条件下，对所承包工程的质量、安全、费用和进度负责”“工程总承包企业应建立覆盖设计、采购、施工、试运行全过程的质量管理体系、职业健康安全管理体系和环境管理体系，以保证项目产品和服务的质量、功能和特性，满足合同及相关方的要求”。

4.2 “工程总承包”模式的实践案例

(1)由于城市轨道交通项目建设涉及的专业众多、门类齐全，建设内容涉及规划设计、土建结构、车站装修、设备安装、系统调试、联合试运转等内容，设备系统又包括轨道、车辆、机电(通风、空调、电梯等)、供电、通信、信号、综合监控、客服信息、自动售检票等系统,联合试运转阶段又需要对上述众多的设备进行系统总集成,因此,目前国内还没有一条轨道交通线路,实行由承包人进行项目"设计、采购、施工、试运行全过程"的总承包。

深圳等城市结合 BT 模式(承包人负责阶段性融资)在运用总承包,总承包人实际上 BT 项目公司的业主,仍属于业主自建。

(2)国内城市轨道交通行业普遍运用的是局部总承包方式,只不过在实践中,总承包的范围有的大一些,有的小一些。目前国内某些城市已经实施的所谓"工程总承包",只是土建结构施工阶段性的总承包。下面,以郑州市轨道交通 2 号线为例,对土建结构工程总承包的合同及管理模式,如图 1 所示。

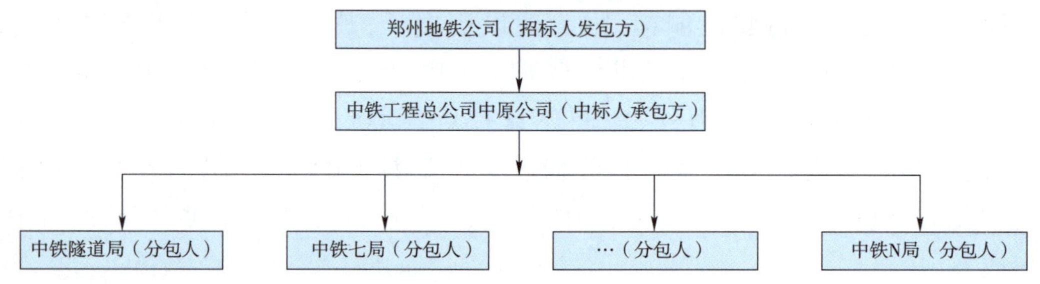

图 1　全线结构工程总承包再分包方式

该总承包方式下,由郑州地铁公司作为招标人和委托方(甲方),把郑州地铁 2 号线的土建结构工程总体发包给中铁工程总公司的中原公司,中铁工程总公司中原公司再把土建结构工程分为若干个标段,分包给若干个工程局。

青岛地铁 N 号线的土建结构施工目前也采取了这种总承包模式。

4.3 "工程总承包"需要研究的问题

对于第一次建设轨道交通的城市而言,由于人才、技术、管理等方面资源准备不足,采用承包范围相对大一些的"总承包"方式,可以减少业主的一部分协调工作量,不失为一种选择。但鉴于国内目前工程总承包领域的实际情况和轨道交通项目本身的一些特点,整条线路实行"工程总承包"模式,在城市轨道交通项目建设中尚有一些课题需要研究。

(1)目前国内的大型工程承包人,包括中铁建、中铁工、中建、中交、中土、中水等央企及北京、上海、广州的某些地方国企,目前也只是具有城市轨道交通项目建设的部分阶段性总包经验,较多的是体现在土建结构施工阶段,对于轨道交通项目的系统设备的选型、采购、制造、安装、系统总集成以及联合调试和试运行,业绩还不多,国家铁路项目多在野外施工,与"城市"的关联较少,对于城市轨道交通线网与城市总体规划的关系，轨道交通与其他市政设施的关系，轨道交通线网中各线路之间的关系，线路中各个系统之间的关系，轨道交通项目建设与土地等资源的综合开发之间的关系，缺少系统全面的研究和考虑，如何在城市轨道交通项目实现业主所希望的“覆盖设计、采购、施工、试运行全过程”交钥匙式的总承包，尚需研究。

（2）由于“工程总承包”合同双方是管理与被管理关系，业主的管理人员很难全面融入到总承包单位的日常管理活动中，难以积累全过程的建设管理经验，不利于业主单位管理队伍的锻炼成长和未来的可持续发展。

（3）对于土建结构施工阶段的总承包，由于轨道交通项目是线性工程，建设规模大，中标的总承包单位仍需要将工程分包给有关工程局（图1），相对于业主直接发包（图2）而言，实际上多了一个管理层次，并增加了管理成本。

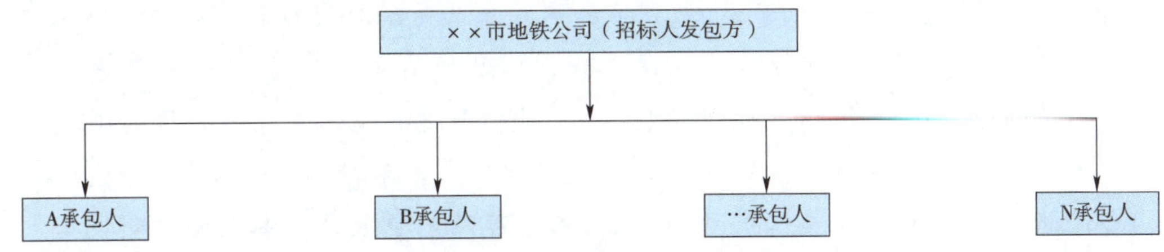

图2　常用的业主划分标段直接承发包方式

（4）同时，由于总承包单位只负责土建结构施工，项目前期工作由业主负责，设备系统安装调试由业主另行委托其他单位实施，客观上讲，前期工作、土建施工、设备安装三个阶段，仍需由业主来统一管理、统一调度，统一协调各阶段之间的接口关系和综合筹划。

（5）目前国内某些城市实施的土建结构“工程总承包”模式，由于多采用初步设计甚至是方案设计招标，而“工程总承包”又需要以总价合同包干，二者之间的矛盾和差距较大，实施过程中的设计变更量较多，投资控制和未来的项目审计存在隐患和困难，如何有效控制投资尚需研究。

综上所述，我们建议，初次建设轨道交通的城市，其首条轨道交通线路的建设模式可以采用“借助咨询服务的业主自建模式”，或者采用“借助建设管理服务外包的业主自建模式”。为减少业主部分协调工作量，在设计达到一定深度的情况下，适当扩大“土建总承包”合同的范围。同时，尽快建立、健全、充实地铁公司的组织机构和各专业的管理人员，在咨询机构或建设管理服务方的辅助下，自行开展第一条轨道交通线路的建设管理。

关于北京地铁施工降水引发的对施工工艺与施工方法的几点设想

第三项目管理中心　李　飞

摘　要:北京是个缺水的城市。目前北京地下水资源已处在多年超量抽排开采、地质环境质量不断下降的状况,北京地铁施工降水对地下水资源的过度抽排和浪费已越来越受到各界人士的关注,可对于目前北京地铁繁重的建设任务和成熟的施工设计等方面来看,做到不降水施工又是很难实现的。本文结合北京地铁14号线降水施工所产生的降水费用以及所引发的官司,通过对传统施工工艺的分析研究,提出了采用动态降水、衬砌跟进的施工工艺进行区间暗挖施工,此种施工工艺可以做到尽量的减少抽排地下水和降低降水费用,并能达到保证施工安全、提高施工质量、加快施工进度的多重效果。本文还对明挖车站降水施工进行了分析和比较,并提出了优化设计、降低造价、广泛采用地下连续墙施工的设想。最后本文在无需降水施工的盾构法中针对一些问题进行了简单分析,并就盾构隧道后期维护和修缮问题提出了一些亟待改进的想法,望能在目前的形式下引起建设管理方、设计和施工人员的重视,并能够对提出的一些设想进行深入的研究,使这些新的施工工艺和方法得以更好的实施。

关键词:地铁施工;动态降水;衬砌跟进;地下连续墙;盾构

2013年1月份北京晚报报道了这样一条新闻:“地铁建设仅一个标段,一年抽取的地下水就达到360万m^3,几乎相当于一个半的昆明湖”。令人震惊,北京10年抽干地下2800个昆明湖,地下水水位已由1999年的平均12m左右,下降到2010年的平均24m左右,已形成了2650km^2的沉降区。不可否认,抽取地下水是造成北京地面沉降的原因之一。

此前,有专家称,建筑、道路和基础设施相当密集的北京市区受沉降影响已逐渐显现,其中地下管道面临着最大挑战,因沉降、弯曲、变形甚至破裂。比如自来水管,2000年以来,超过1/3的北京市自来水供水管线破损开裂是由地面下沉引起的,其他如燃气管破损、路面塌陷等市政设施的破坏事件,也有地面沉降的潜在影响。

目前,北京地铁的车站和暗挖区间的施工,均采用降水法施工,这也导致了地铁沿线路面、市政管线的沉降以及周边建构筑物的沉降、倾斜等风险。而地铁施工又使这些风险加大，为处理这些风险又无疑增大了地铁投资，如何减少降水量和降水时间，是我们应该考虑的关键问题。

近期，我公司承接管理的北京地铁 14 号线部分标段收到北京市水务局开具的《行政处罚决议书》，水务局要求 14 号线涉及施工降水标段办理施工取水许可证并交纳水资源费，并因此起诉到区人民法院，我中心高度重视并就地铁施工的实际问题和困难上报到市重大办和市轨道交通建设指挥部，如按水务局要求交纳水资源费的话，将会是一笔惊人的数字，计算如下：按 14 号线初步设计，全线施工各标段累计要抽取地下水 11340 天，总计抽取 3.2 亿 m^3 的地下水，按水资源费 4 元/m^3 计算的话，则 14 号线因施工降水要付出 12.8 亿元的水资源费用。这仅仅是水费，而目前北京地铁施工打降水井和抽水的费用也在不断提高，14 号线目前在 1 年半的降水周期内费用已达到 3.81 亿元，见表 1。

14 号线降水周期内费用　　表 1

区间车站数量	工 程 规 模	降 水 费 用	费 用 指 标
20 个区间	15.14km	1.96 亿元	1.36 万元/m^3
24 个车站	37.5 万元 m^2	1.8 亿元	750 万元/一个车站

表 1 只是全线平均的降水费用统计，某些区间降水费用最高的已达到 2.75 万元/m^3，在北京市的政协会议上，政协委员提交了《关于进一步加强节水型城市建设，避免施工尤其是地铁施工降水对地下水资源浪费的提案》，并建议科研人员应研究制定合理的避免施工降水的措施与技术。而对于北京地铁建设来说，目前做到不降水施工，从繁重的建设任务、已经很成熟的施工设计等各方面来说又很难做到。因此改变现有的一些施工工艺和施工方法来达到尽量少的降水施工是目前形式下可以做到的。下面就对改进的施工工艺和施工方法作详细的分析。

1 动态降水，衬砌跟进

目前北京地铁在暗挖隧道施工中采用的几乎全是区间全线降水法，即隧道开挖后只进行初期支护，待整个区间全部贯通后再进行防水施工和二次衬砌施工，降水在开挖时就要提前实施，且要待二衬施工完成后才停止，可以说降水一直伴随隧道施工的始终，此种方法延续至今已形成一种施工惯例。6 年前北京地铁施工降水费用不高，周边环境风险的防范与处置成本不是很大，但现在已不是这样了。第一，5 年前北京就已经出台了相关规定，明确要“限制施工降水”。第二，国家对地铁施工的安全生产更加重视，要求更加严格。第三，对施工区域范围和降水范围内(甚至是范围外的周边)的已有建构筑物、各类管线等的保护及安全要求更高,导致对建构筑物及管线的加固或拆改的费用更大。第四,前期征地拆迁、管线拆改移以及交通导改等情况更加复杂,不可控因素增多,使地铁施工工期不可控,则降水工期不可控,全线降水法的降水费用随工期大大增加。同时为打降水井也会产生占地、掘路(恢复)、商业补偿等前期费用,此费用也会随着降水井的长时间存在而递增。从这些因素来看,如果依据暗挖区间隧道施工的进度而进行动态降水,则可改善降水量大、降水时间长的问题。

首先是隧道开挖面(又称掌子面)降水,依据地质情况只提前一段距离超前降水,并随掌子面向前开挖而超前;其次是二衬跟进掌子面 100 ~ 120m 施工,待二次衬砌封闭后的一定距离,依地质情况可停止降水,这样就将降水动态的控制在一定长度之内,如图 1 所示。

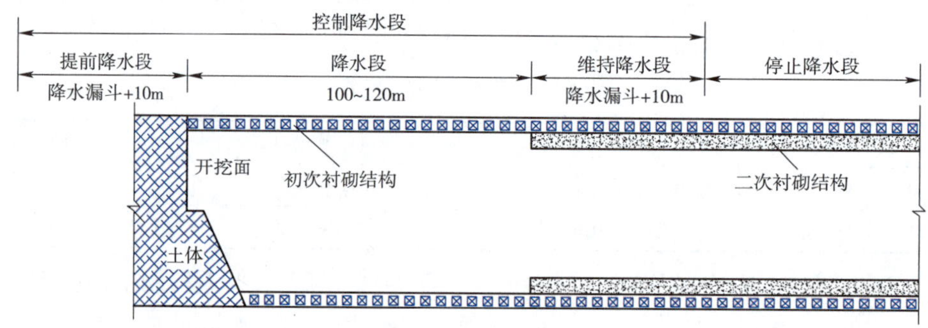

图 1　动态降水示意图

图 1 中的提前降水段和维持降水段长度可由降水单位依据现场地质、水文情况结合降水经验来确定。目前北京地铁 14 号线降水工程各标段在综合考虑各方面因素下,提前降水段长度平均一般控制在超过掌子面 60m 左右的距离。

新规范规定,新奥法施工的隧道要根据监控量测测定围岩及初衬的稳定性,然后才可做二衬。就北京的地质情况和初衬的施工设计来看,一般初衬施工完成后在 1 到 2 个月的时间内即可达到相对稳定的状态,按照这个时间段能完成的开挖支护一般在 100 ~ 120m 左右,则据此分析二衬与掌子面的距离选择在 100 ~ 120m 范围较为合适 。

依据图 1 所示分析,动态降水法由于做到了降水范围的缩小和降水时间的缩短,使降水费用和抽排水量减少很多,根据此种方法与目前 14 号线的降水工程来比,降水费用预计能减少 40% 左右,而降水所抽取的地下水总量预计能减少 65% 左右,而且二次衬砌施工以后的部位和区段就可以停止降水了,降水井可以废弃,那么降水井的占地费、商业补偿等费用即可终止,这也节省了一部分费用。这还不算不可预见性的各种因素导致的区间停工而带来的降水工期增加引起的不断增加的降水费用(工程施工停工但降水不能停,停工越长降水周期也越长)。

要实现动态降水,前提条件是必须二次衬砌跟进掌子面施工,那为什么北京地铁各施工单位不采用这种施工方法呢?从目前北京地铁设计院调查,部分设计院在设计图里仍是要求施工单位施工时要二衬混凝土施工跟进掌子面的,并根据施工监测调整跟进距离,同时我也咨询了北京地铁专家和设计人员,他们也是认为可以或者应该跟进的,但为什么没有呢?通过施工现场的分析,不采用二次衬砌跟进的主要因素大致有以下几个方面:①开挖土方和钢格栅、喷混凝土料、小导管等施工材料的运输与施工防水铺设、二衬钢筋绑扎、打二衬混凝土等施工工序之间相互干扰大,施工效率低,影响施工进度;②二衬紧跟掌子面施工的话,不能实现贯通测量,这是要害点。施工单位担心洞体开挖后如果产生较大偏差,二次衬砌跟进后线路不好调整;③暗挖区间不长,有的甚至几百米,没必要,如有长大区间受工期影响那首先也是考虑加个竖井增加掌子面就解决了;④北京地铁暗挖区间一直这样施工,管理思路和工程统筹也是老路子,较成熟,如改变工序打破常规,则不利于各方面施工管理。但就目前的形式来看,二衬跟进施工应该也必须在地铁施工中推行并严格执行,二衬跟进施工有如下优点:①施工安全更加可靠。如不跟进防水和二衬施工,初衬面长期暴露,降水需要不停地进行,则此部分区间的泥沙易流失形成空洞,易造成路面塌陷或地面沉降,使已有建筑物发生损坏、倾斜甚至倒塌的重大事故,造成的经济损失也是不可估量的;②工程质量有保障。二衬跟进的话能有更多的时间保证混凝土灌注、振捣以及达到设计强度后脱模的质量要求,以防止后期进行二衬施工时由于压缩工期而出现的混凝土质量问题(按设计要求二衬混凝土在正常情况下要 5 ~ 7 天左右才能真正达到强度的 70%,台车才可以脱模,但目前为了工期,施工单位采取一些技术措施,如添加一些混凝土外加剂等,这样二衬混凝土最快在一天就可脱模,给施工质量和安全带来风险);③利于安全文明施工。如降水不到位则初衬结构渗漏水严重,洞内积水,路面泥泞,环境脏乱差,易造成电路短路、漏电,施工人员易受伤且施工难度加大、工效降低,施工机械也易造成损坏;④利于二衬施工完成后对衬砌混凝土出现的各种质量问题进行修补和处理,并有充足的时间监测隧道沉降,这样也利于运营单位的管理,减少了运营后出现的各种漏水和沉降裂缝等质量问题,如运营后再处理这些质量问题则时间长,花费成本大,处理效果不好且返工量大;⑤科学管理,统筹安排,抓好关键线路,这样二衬跟进的话更能缩短整体施工工期。如果按 1km 暗挖隧道进行测算,无论这 1km 隧道开挖进度有多快(如加设竖井,增加掌子面),二次衬砌跟进施工比传统施工方法在衬砌施工环节会节省大量时间,按照目前14号线一个衬砌台车完成二次衬砌的时间,综合指标平均在1.5～2天左右的时间,那么要完成1km的二衬则至少要在4个半月左右(这是按照台车长度是12m长计算的,如果采用的是9m长的台车则要近6个月的时间),按二衬跟进施工的话,则初衬完成后15天就能完成整个区间的二次衬砌。从这点分析要节省4～6个月左右的时间。当然如果增加竖井多开设施工掌子面,同时增加台车进行衬砌跟进的话,那么整个区间总的施工时间更会大大节省,而跟进时采用动态降水法则抽排的地下水总量和降水费用也会大大减少。

前面分析了施工单位不愿意采用二衬施工跟进的方法施工,主要原因是采用跟进后暗挖隧道现场施工中各工序间相互干扰,施工效率低,因此必须解决这个问题。目前主要是进行仰拱施工和仰拱以上二衬施工时运输车辆不能正常通过台车进行渣土和施工材料的运输,原因是二衬台车的中间洞体有一排由工字钢做成的横梁支撑(过河支撑)阻断了出渣车辆的通行,而且台车的中间洞宽尺寸不能满足出渣车辆通行所需要的宽度(目前施工中用的出渣车宽都在1.6m以内),不足以能通过出渣车辆,因而导致开挖面停工,这是绝对不能允许的,因为开挖面一停整个区间施工工期就会延长,如何解决出渣车能顺利通行台车呢?首先对衬砌台车进行改造,通过和台车制造工厂技术人员的沟通和分析,经反复测算和检测,台车中间的通道是可以做到畅通,并且能达到2m的宽度的,改造后的台车可称作为通过式衬砌台车,如图2、图3所示。

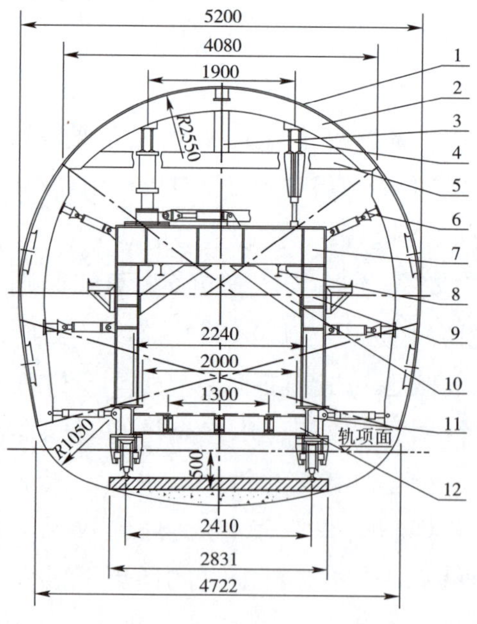

1	面板	φ8
2	拱板	φ12
3	吊梁立柱	工18 φ12
4	台梁	工30 φ12
5	吊梁	工20 φ12
6	模板通梁	工18 φ12
7	门梁	φ12组焊
8	锁梁	工14
9	立柱	φ12组焊
10	斜撑	工20 φ12
11	底纵梁	工36 φ12
12	桥面	工25 φ10φ12

图2 通过式衬砌台车横剖面图(尺寸单位:mm)

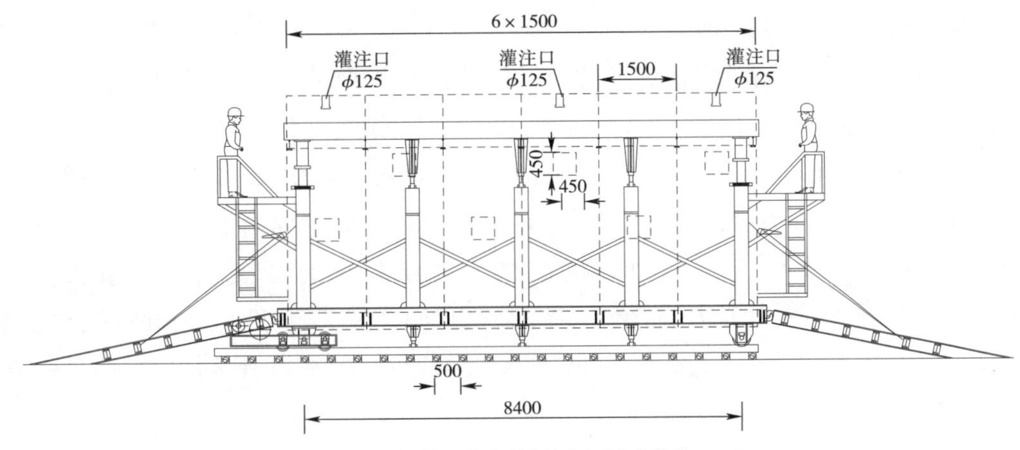

图3　通过式衬砌台车纵剖面图(尺寸单位:mm)

本台车行走方式为电力驱动自行式,就位脱模方式为全液压就位、脱模。图中方案是在常规台车方案基础上进行调整,将原来的过河支撑调整为型钢(Ⅰ25)的梁进行连接,由型钢(Ⅰ25)作为桥的主体,桥面用钢板(φ10)进行铺设,经检算,桥面能承重3t以上,满足出渣车的满载重量。前后端引桥部分采用型钢(Ⅰ25)和钢板(φ10)进行组拼,引桥的提升采用手拉葫芦,每端两侧各一个1t的手拉葫芦。通过改造行车净空为2m×1.9m(宽×高)的尺寸,这样完全可以通过出渣和运输材料的车辆了。需要说明一下,就是刚打完二衬混凝土后,车辆通过台车时产生的振动可能会对刚打完的混凝土表面产生影响,最好在打完混凝土待凝固一定时间后再通过车辆,具体时间还待通过现场实施验证。

台车通道的问题解决了,第二个问题是衬砌仰拱的施工,打仰拱是影响出渣车辆通行的另一个难题,但这也是很好解决的,就是研制一个新型施工设备,此设备可称作为综合台架,如图4、图5所示。

本方案为栈桥+仰拱模板+台架综合体,行走方式为机械式,仰拱模板采用组合钢模的形式,脱模为液压式就位脱模,在架体的上部预留1.7m的操作空间,栈桥前后分别设有行走胶轮和支撑,引桥通过手拉葫芦进行升降。通过这个综合台架,既能实现底部仰拱防水板铺设、钢筋绑扎、浇筑底部仰拱衬砌混凝土的工作,同时通过架体左右的支撑架和顶部的平台可以用于施工人员对侧墙和拱顶部位的防水板铺设和钢筋绑扎作业,施工高效而且方便。经分析,用此综合台架只需要5天左右的时间就可以完成上述所有工作,同时此综合台架行车的净空设计为2m×2.1m(宽×高),在对上述工序施工时可以通过出渣车辆,不影响掌子面的正常开挖支护施工。等隧道洞体全部防水板铺设、二衬钢筋绑扎以及底部仰拱衬砌混凝土浇筑并达到设计强度后,综合台架通过行走系统向前推进开展下一循环施工,二衬台车后续进入已施工完防水板和二衬钢筋的洞体部位进行二衬混凝土施工。这一系列的施工既能循环有序高效的开展，又不影响掌子面的正常施工，大大提高了施工速度。那么这样做会使施工单位增加大的投入吗？错了，正好相反，下面来看看增加的费用，上面提到的台车改造后重量约为42t左右，目前9m台车约34t左右，按每吨购买价格8400元(目前加工制造厂市场均价)计算，则增加6.72万元，新设计的仰拱栈桥支架综合台架约30t左右，则增加25.2万元，总共施工单位只需增加约31.92万元则可实现这个做法。而这增加约32万元的投入却给施工单位带来了更快的施工速度，更好的安全文明施工环境和更有保障的施工质量。而对于大大降低的降水费用和最大限度地避免

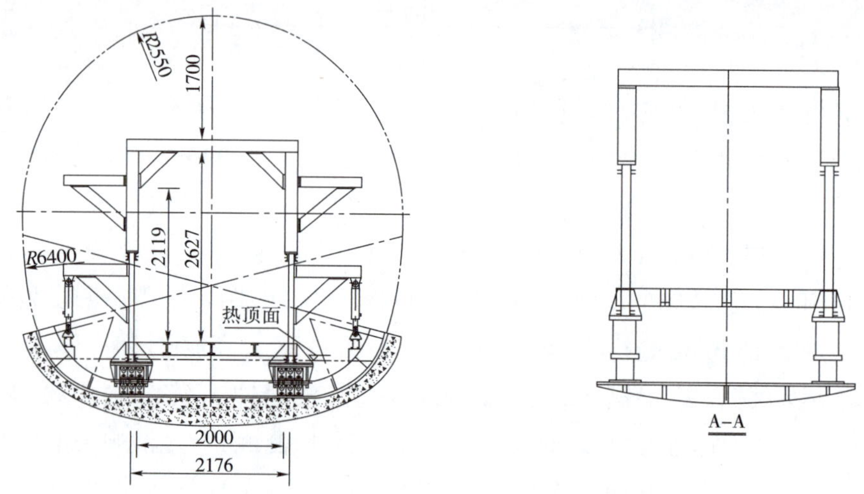

1	桁架1	I16 φ12	4	桥	I16 I14 φ12
2	桁架2	槽8 φ12	5	行走系统	
3	支撑架	I16 φ12	6	仰拱模板	φ12 φ10 φ8 I14

图4 横剖面图(尺寸单位:mm)

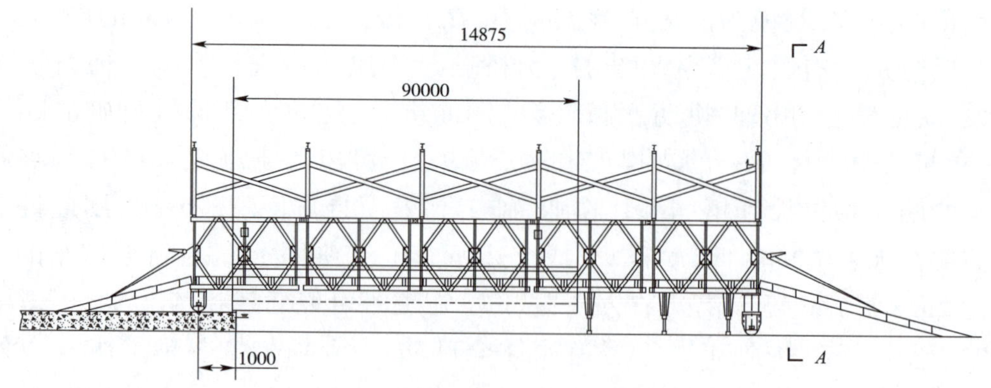

图5 纵剖面图(尺寸单位:mm)

了地下水资源过多浪费来说，就显的更加微不足道了。更何况这些台车、台架还是可以多次重复使用的。

下面来看看另一个更为要害的关键点，即贯通测量的问题，目前在施工隧道测量过程中由于存在联系测量等环节，控制测量在由地面向地下传递时存在测量精度损失，加之在隧道贯通之前，地下控制网的形式是支导线，误差不易控制，使得初支施工中包含较大的测量误差。因此现行的一些规范和技术规定要求：采用矿山法施工的隧道，一般情况下必须在初支完全贯通，经过贯通测量和控制平差对误差进行分配后，方可进行二衬施工，以保证二衬施工不侵入限界。那么在二衬跟进掌子面施工中怎么使测量误差得以控制保证测量精度呢？其实通过联系测量也可以有效解决隧道施工距离较长后测量误差问题，主要有一井定向、两井定向、多点投孔定向等方式，由地面高等级控制点做加密点投入地下隧道内。所采用仪器也为施工单位所常用的 2s 级全站仪就能完成上述工作，操作较为简单，精度也能够满足隧道贯通的要求，如图 6 所示。

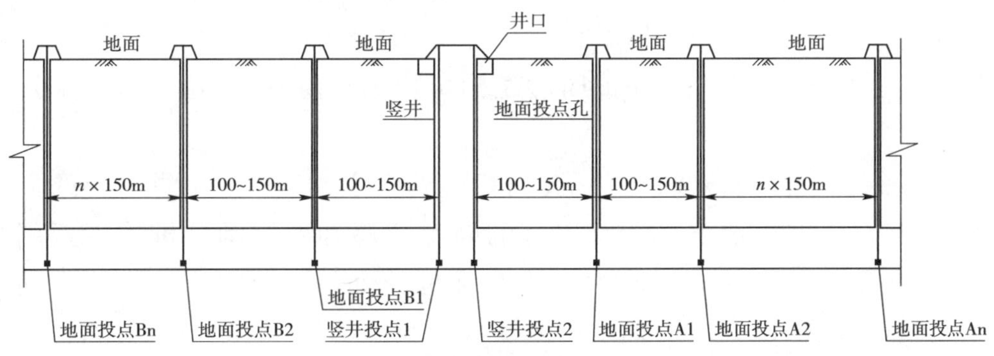

图 6　测量示意图

通过定向测量就将地面控制网的边角要素传递至地下埋设的导线点，通过严密平差计算即可得到地下控制点位的坐标。由于相邻投点孔所投控制坐标点距离不超过 150m，能很好地解决二衬跟进掌子面并实现贯通。

另外因测量技术的进展，如新的联系测量方法出现，高精度全站仪和高精度陀螺经纬仪的使用，使得隧道内控制测量的精度与原来相比有了较大提高（如单向掘进距离 1000m 甚至更长，且衬砌一次成型的盾构隧道就能较好的保证限界要求），那么采用高精度全站仪与陀螺经纬仪等高精仪器就可在上述方法中因地面条件不具备完全打设投点孔的前提下，结合部分投点孔进行联系测量，也能很好地解决贯通测量的问题。因此，现有的测量技术是可以满足矿山法施工中二衬及时跟进施工的要求，但是还是需要采取一些技术措施来防范施工的风险，如要切实提高隧道控制测量的精度，加强对测量成果的第三方检测，在贯通面附近要预留一定长度的调整段以利衔接(前面提到了预留跟进的长度控制在120m范围,还可与限界专业人员沟通适当调整预留长度的范围)。

因此,对于区间暗挖隧道选择矿山法施工时,为了节约投资并加快施工速度、保证施工安全和质量,则应尽量采用动态降水、二衬跟进的施工方法,这样既减少了降水的周期和范围,同时又最大限度地降低了抽排地下水的总量,保护了我们宝贵的地下水资源。

2 优化设计,降低造价,广泛采用地下连续墙施工

对于明挖车站来说,要做到更好地降低基坑的降水费用和减少抽排地下水的总量,保护地下水资源,地下连续墙+疏干井的基坑围护形式将是目前较好的选择。相比采用围护桩+降水井的形式,地下连续墙整体性强,墙体刚度较大,在基坑开挖过程中可承受很大的土压力,特别是止水防渗性能效果极佳。如果把墙底伸入到隔水层中,更是可以大大减少基坑内的降水、排水工作量,对施工安全更加可靠。而且地下连续墙在施工过程中不会有较大的噪声和振动,对周边建筑物影响甚微,能更好地保护周边建构筑物的自身安全,这些都是围护桩支护形式所无法做到的。

经测算,地下连续墙+疏干井的降排水费用要比围护桩+降水井的方式节省大约一半以上,但是地下连续墙本身的施工费用却要比围护桩施工费用高出1~2倍,因此想办法降低地下连续墙的造价是一个新的研究方向。北京地铁现在地下连续墙墙厚800mm,而车站主体结构墙厚也都是800mm厚,是否可以在保证基坑支护安全的同时进行一下优化,把墙厚变薄一些,钢筋含量变低一些呢?这样就能降低一部分工程造价了。现在国外已越来越多地把地下连续墙用作结构物的一部分或用作主体结构,这样的话,地下连续墙和车站主体结构墙的墙厚都能变薄,那么将在费用方面与围护桩形式的差距大大缩小,甚至有可能比采用围护桩形式的车站从整体施工费用上更低,这样也就更能体现出地下连续墙的优越性了。但由于北京地下车站的设计理念是要做到全包防水,那这就使地下连续墙与车站主体结构墙间通过植筋或地下连续墙预留连接套筒等方式变得不可能实现,这也就给我们留下了一个新的课题,就是亟待去研究使用一些新的施工方法和技术、新的材料和设备降低地下连续墙的工程造价,使地下连续墙能得以真正的广泛使用。

在施工工期方面,现用北京地铁目前在施的一个车站作一个比较,地下连续墙一幅长6m,平均深34m,正常情况下平均24小时(一天时间)可打一幅,如按同

样深度直径为1m的围护桩，间距按1.4m来算，一天可打2根左右，从这点看地下连续墙施工速度和打同样的桩是一样的。如果考虑围护桩在开挖过程中挂钢筋网和喷射混凝土所占用的施工时间，那么地下连续墙施工无疑会更快一些。

虽然连续墙单位造价过高，但其抽水量少，降水费用更低，施工工效高、工期短，施工质量可靠，特别是在对周边建构筑物的安全保护方面更加放心，总的来看地下连续墙的综合经济效益更高。

3 加大盾构洞体直径，预留二衬尺寸

区间隧道施工还有一种施工工法，即盾构法。这种方法施工时无需进行降水，是保护水资源最好的一种施工方法，但应注意的是盾构管片隧道是柔性连接体，而矿山法施工的二次衬砌是刚性连接体，相对来说，二次衬砌的结构整体性更好，而时间长久以后盾构管片的不均匀沉降和扭曲变形要比二次衬砌的结构严重很多，更重要的是管片上的橡胶密封条由于长时间老化（地铁结构耐久性按100年考虑）和管片沉降扭曲变形后对橡胶密封条的破坏，致使盾构管片的防水会出现更大的问题，这样对于以后维护和修缮盾构管片出现的各种问题而付出的远期费用则要大很多，而且修缮周期长，难度大，效果难以保障，特别是对安全运营会产生会较大的影响。而综合来看在管片内部再次进行二次衬砌应该是解决上述问题的最好办法，因此加大盾构洞体直径，预留一定的二衬尺寸就显得尤为重要和迫切。

以上是北京地铁施工降水所引发的对施工工艺、施工方法的几点设想，还有不成熟的地方，有些数据还需要进一步验证，恳请读者批评指正。

装配式铺盖法设计、制造及施工成套关键技术

北京市轨道交通建设管理有限公司　罗富荣
北京交通大学　袁大军
总工程师办公室　吴林林

未来一段时期是地铁建设的黄金时期，如何在地下工程的实施中确保施工安全和质量，同时要减小对交通的干扰，是地下工程建设面临的难题。且城市地铁工程很多处于热闹繁华的中心地带，且地上、地下环境十分复杂，现有的明挖法、传统盖挖法、暗挖法施工不但对交通影响较大，且成本高、噪声污染、粉尘污染严重。为此，2006 年 1 月起，由北京市轨道交通建设管理有限公司牵头，组成产、学、研、用的研究团队，通过国内外调研、理论分析和数值模拟、室内实验、现场试验等手段，创造性地对“装配式铺盖法设计、制造、施工成套关键技术”进行了系统研究，取得系列成果并成功应用北京地铁 9 号线丰台北路站建设（图 1），在保证施工安全和工程质量的前提下，把施工对交通与环境的影响降到了最低，做到施工不误通行。该成果获得了 2012 年度北京市科技技术奖一等奖（图 2）。

图 1　丰台北路站铺盖法临时路面

荣誉证书

北京市科学技术奖

为表彰在推动科学技术进步、对首都经济建设和社会发展作出贡献的集体和个人，特颁此证，以资鼓励。

获奖项目：装配式铺盖法设计、制造、施工成套关键技术研究

获奖等级：壹等奖

获奖单位：北京市轨道交通建设管理有限公司、北京市政建设集团有限责任公司、北京市市政工程设计研究总院、北京交通大学、北京首钢机电有限公司

NO. 2012 城-1-001

二〇一二年十二月

图 2　获奖证书

1 “工法”创新，推动行业技术进步

装配式铺盖法即以标准的铺盖板铺设临时路面，维持路面交通畅通，凭借各种标准临时支撑及支护，保证围岩稳定，并用标准构件保护地下构筑物及管线，进行施工开挖。课题组历时 6 年，在装配式铺盖法设计、制造、施工成套关键技术上取得了 5 大创新性成果：

(1)国内首次采用钻孔灌注桩+桩间支撑体系与铺盖体系相结合的形式,研究创建了一整套装配式铺盖法施工工法(图3~图5),成功应用于9号线丰台北路站工程,达到国际领先水平。这种施工工法既科学又经济,保证了地面交通的畅通,减小了对周围环境的影响,实现了绿色施工。

(2)研制了具有自主知识产权,表面采用特殊防滑凸凹处理的可重复使用的标准铺盖板,研究创建了自主设计、加工制造及快速拼装技术,研编了专业技术标准。

图3 装配式铺盖板

(3)首次研究开发了装配式铺盖法的结构体系,提出的设计原则、设计和施工技术标准在实际工程中得到了验证。

图4 铺盖板荷载试验

图5 铺盖板现场试验

(4)研发了铺盖板间隙和吊装孔的防水技术(图6),国际上首次解决了雨、雪水向基坑内渗漏问题,提供了文明的施工环境,该技术达到了国际领先水平。

(5)在国内首次研发并实施了与铺盖体系相匹配的管线原位处置技术,可减少管线迁改费用投入、缩短工期。可产生较大的经济效益和社会效益。如图7所示。

研究成果在北京地铁9号线丰台北路站成功应用,实现了在复杂环境条件下装配式铺盖法施工技术的重大创新和突破,节支总额达1500万元(与明挖法相比),推动了地铁建设朝经济施工、环保施工方向发展,提升了设计、制造、施工、检测等地铁参建单位的技术水平。

图6 防水效果

图7 管线悬吊

2 标准化施工，让地铁施工绿色环保

基于该研究成果及其成功的实践，课题承担单位研编了2本专业技术标准(《钢制铺盖板制造》、《钢制铺盖板验收》)，申请6项发明及3项实用新型专利，提出了一套铺盖板制造、检测和验收的标准体系，推动了我国地下工程建设的技术进步。如图8所示。

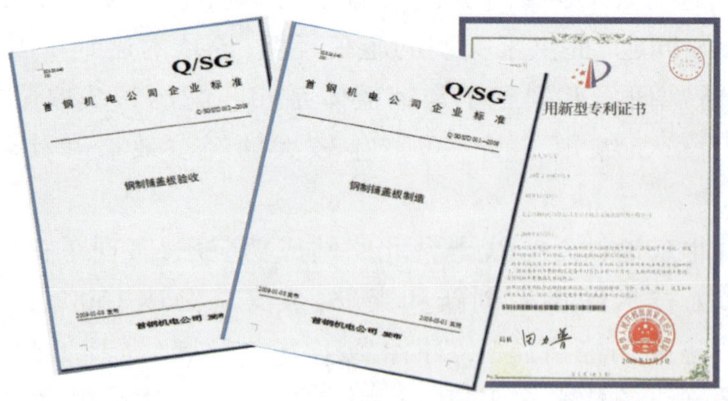

图8 技术标准及专利证书

目前，城市建设高速发展，地铁等市政设施建设也处于高峰期，采用装配式铺盖法施工，不但有效解决了地铁工程建设与地面交通和环境存在的矛盾，将既有地下管线悬吊和采取保护措施，避免改移管线带来的风险，还可以缩短工期达一半以上。搭建的临时路面与永久路面顺滑连接，表面防滑及涂膜设计的降噪声效应明显，减小了行车造成的噪声污染，施工造成的扬尘扬沙等不良影响，把工程施工对居民工作生活的影响降到了最低。同时，标准的地下支撑体系及临时路面，像儿童的积木玩具一样，可回收重复利用……

装配式铺盖法施工，推动了我国地下工程建设的技术进步，提升了安全建设、环保建设的理念和措施，充分践行了“人文北京、科技北京、绿色北京”理念。科技为解决城市中心区地下工程建设提供了一种新的安全、环保、便捷、经济的施工方法，提高了地下工程建设技术水平，推动了技术进步与行业发展，也推动了北京宜居城市建设和经济社会的可持续发展。

该成果在解决城市中心区地铁车站及其他地下工程建设过程中减少对环境影响、减少管线拆移等方面均有突破，具有重要的理论和工程实用价值，社会效益和经济效益显著。

浅埋暗挖法近距离穿越既有地铁构筑物（区间与车站）关键技术研究

北京市轨道交通建设管理有限公司　罗富荣
北京交通大学　张顶立
第四项目管理中心　张成满

随着轨道交通线路的不断增加，新建轨道交通工程不可避免地需要穿越既有地铁工程，而这些正在运营的地铁线路对于新建工程的变形控制要求比较严苛，这就给地铁新线的建设带来了一个新的难题——如何在保证运营线路安全的前提下完成新建地铁工程的建设。

5 号线崇文门站位于崇文门内外大街、崇文门东西大街及北京站西街五条路的交叉路口地下，成南北走向。车站与既有地铁 2 号线崇文门站东端区间立交，并从其下方穿过，以两条换乘通道相互联接。该站结构为双柱三跨岛式暗挖车站。车站为端进式，两端为双层结构，地下一层为站厅层，地下二层为站台层；中间为单层结构，系站台层。有效站台中心里程为 K6 + 960，车站总长度 202.9m，总宽度 24.2m，站台宽度 14m，轨面高程 21.805m，建筑面积 14932㎡。车站顶板覆土：双层结构为 8 ~ 9.3m，单层结构为 13.5m。车站共设置 4 个出入口，2 条换乘通道，2 座风道，其中北换乘通道增设了一条紧急疏散通道。如图 1 所示。

崇文门站中间单层段以 24.2m × 11.42m 的大断面下穿既有环线区间（过渡段），结构最小间距仅为 1.98m 。同期的类似工程有：东单车站以最小间距 0.5m 上穿既有 1 号线区间；雍—和区间以 0.30m 的间距下穿环线雍和宫站。

地铁隧道施工不可避免引起近邻既有线结构产生附加内力和变形，从而影响既有线列车的正常与安全运营。因此，依据既有线保护的要求，采取有效措施来减小变形，确保既有线的安全运营就显得非常必要。另外，由于既有线重要性高，对附加变形要求严格，使得穿越工程难度大、风险高，尤其是浅埋暗挖大跨度车站下穿既有线工程。这几项工程与以往的穿越工程实例相比都不同程度地存在以下问题：新线与既有线间距小；新建结构跨度大；穿越既有地铁工程，既有结构施工年代久远，且处在交通主干线上，控制指标更为严格。以上种种因素都增加了问题的难度，同时解决这几个方面的问题在国内外地铁建设史上可借鉴的工程实例不多，所面临的技术难度也是很大的。

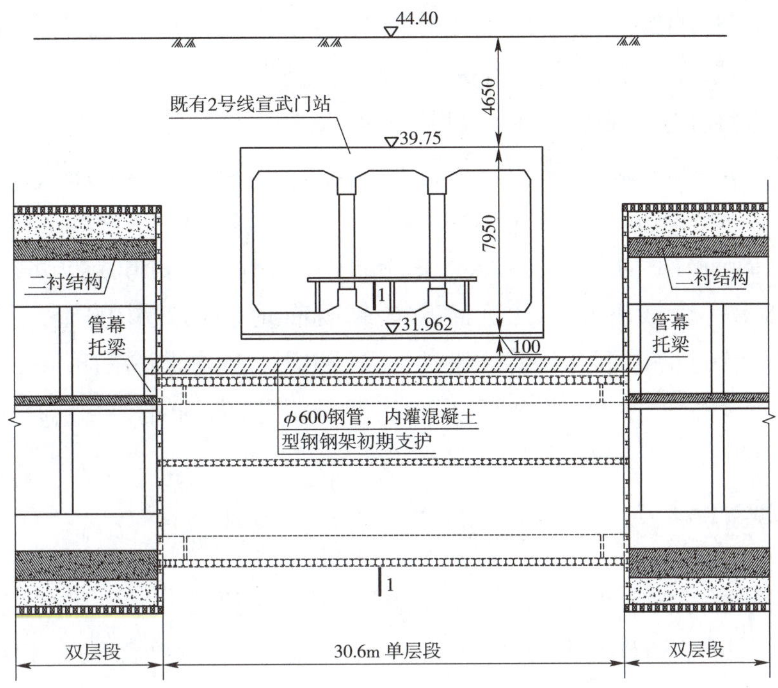

图 1　5 号线崇文门站与既有 2 号线区间位置关系图

为确保工程建设的安全，由市科委和北京市轨道交通建设管理有限公司共同出资 280 万元开展了浅埋暗挖法近距离穿越既有地铁构筑物(区间与车站)关键技术研究的科研项目，课题以北京地铁 5 号线的崇文门、东单和雍和宫穿越既有地铁区间和车站作为工程背景，分别对下穿、上穿和侧穿既有线的技术难点和关键问题进行系统研究。

经过课题组成员共同的研究与努力，课题研究首次明确提出了浅埋暗挖法上穿、下穿既有正常运营地铁构筑物的工作内容和程序，创造了浅埋暗挖法穿越既有线结构的技术模式。课题研究成果成功的应用于地铁 5 号线工程建设中，并获得了 2006 年度北京市科学技术奖二等奖。如图 2 所示。

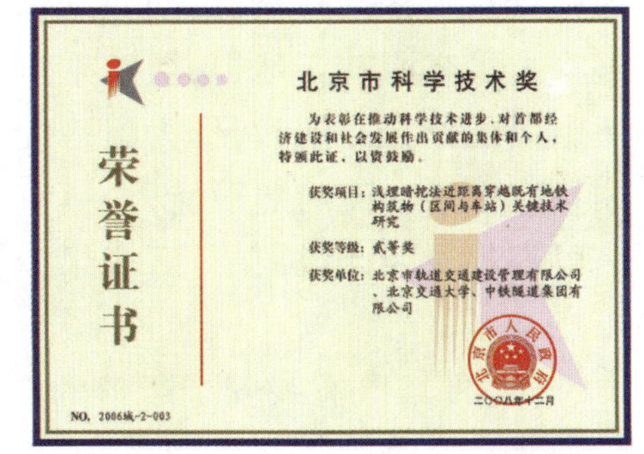

图 2　获奖证书

1 穿越工程核心技术

课题研究首次明确提出了浅埋暗挖法上穿、下穿既有正常运营地铁构筑物的工作内容和程序，创造了浅埋暗挖法穿越既有线结构的技术模式，其核心技术主要包括：

(1)建立完整的穿越既有线的工作程序。

(2)提出地层及结构变位分配的原理和方法。

(3)提出穿越既有线工程中合理厚度的概念。

(4)研究浅埋暗挖隧道施工对地铁构筑物影响的主要规律、应力应变反应模式。

(5)建立既有建(构)筑物现状评估和相应控制标准的确定方法。

(6)总结出一套浅埋暗挖法近距离穿越既有地铁构筑物的施工技术。

在课题成果的指导下,几项新建地铁5号线工程如期完工,同时也保证了既有地铁线的运营安全,并可为今后类似工程提供借鉴和指导,其社会效益重大、经济效益可观。

2 指导穿越工程,意义重大

通过本课题的研究,形成了一套穿越既有线的关键技术,并在工程中得到了很好的应用,保证了新建地铁5号线崇文门站、东单站的施工安全和按期完工,同时也保证了既有地铁线的运营安全,并可为今后类似工程提供借鉴和指导,其社会效益重大、经济效益可观。

(1)保证新线建设安全与按期开通的意义

北京地铁5号线全长27.6km,为奥运会重大配套设施工程。当时5号线沿线地面交通状况十分混乱、拥挤不堪,堵塞情况非常严重。近距穿越既有地铁线这类难点工程的安全、按期完工,必将使全线的安全、按期完成成为可能,从而能够将大量客流转入地下,缓解乘车难和减轻地面交通混乱而拥挤的状况,大大方便市民的出行。同时,作为奥运配套设施工程,它的完成也向国际社会证明了中国具有世界一流的建设能力,具有通过科技攻关解决工程难题的能力,中国是诚信可靠的。因此说,在科研成果指导下,近距穿越既有地铁线的成功实施具有重要意义。

(2)保证既有线安全运营的意义

北京地铁既有1、2号线,承担着北京市11%以上的公交客运量。由于其快捷、准时,且随着地铁线路逐渐增多成网,其乘坐更加便利,客运量呈逐年增加趋势。显然,如果新建地铁施工不能保证地铁的安全运营或正常运营,必将致使市民出行不便,进一步增加北京市的交通拥堵现状。因此,在科研成果指导下,近距穿越既有地铁线的成功实施,确保了市民正常出行,没有为本已十分拥堵的北京交通增加负担,意义重大。

(3)对今后类似工程的借鉴与指导意义

随着地铁建设的发展,地铁网线之间相互交叉现象逐渐增多,由于受地下空间的限制以及换乘的需要等,新建地铁车站不可避免要近距离穿越从既有地铁线路。而地铁隧道施工不可避免引起近邻既有线结构产生附加内力和变形,从而影响既有线列车的正常与安全运营。该项目的研究实施,形成了近距离穿越既有地铁线路的系统关键技术,不仅直接指导了北京地铁5号线崇文门站下穿既有环线施工和东单上穿既有1号线施工,而且对后续类似穿越既有地铁工程的建设都具有借鉴和指导意义。应该说,该成果将具有非常广阔的推广应用前景和应用价值。如图3~图7。

图3 管幕顶进施工

图4 ϕ600大直径管棚及跟踪补偿注浆管

图5 地层跟踪补偿注浆浆脉效果

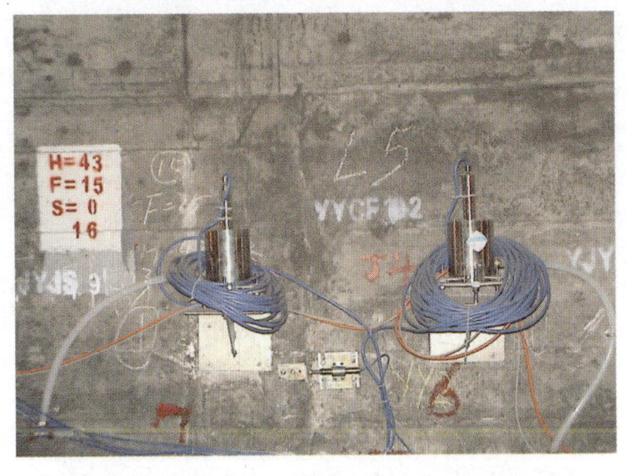

图6 结构侧墙远程自动化监测设备

图7 结构底板和轨道远程自动化监测设备

困难条件下(小间距、长距离)盾构隧道工程施工关键技术

北京市轨道交通建设管理有限公司　罗富荣
中国矿业大学(北京)　江玉生
第四项目管理中心　徐　凌

地铁新线建设中,将大量遇到穿越地上、地下建构筑物的情况,尤其是城中心区的地铁线路将穿越北京市核心区,地面楼房、地下管线密集,文物古建众多。为了避免在地铁建设过程中对既有建构筑物造成不良影响,地铁线路势必避让既有建构筑物,地铁区间应尽量采用对地面沉降控制好的盾构法施工。在这种困难条件下,不可避免会出现地铁区间盾构隧道线间距很小且长距离平行的情况,必须对此提出系统、完善的解决措施。

紧密结合这一需求,依托北京地铁10号线三元桥站—亮马河站区间盾构隧道旁穿南小街8号楼等建筑群的设计与施工实践,对小间距、长距离盾构隧道施工先行左线隧道和邻近楼群的影响、平行盾构隧道设计计算理论、先行盾构隧道加固防护措施及后行右线盾构施工参数和监测等进行了系统的研究。从设计和施工两方面提出了一整套的解决方案,首次对这一难题做出了解答,并在地铁10号线一期工程成功实施,效果良好。研究成果获得了2007年度北京市科学技术奖一等奖。如图1所示。

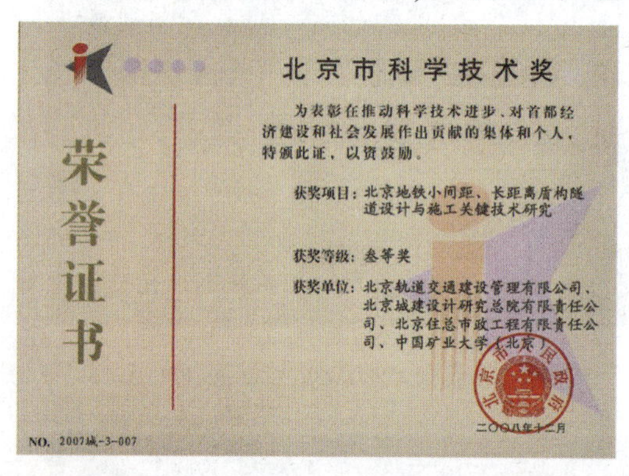
荣誉证书

北京市科学技术奖

为表彰在推动科学技术进步、对首都经济建设和社会发展作出贡献的集体和个人,特颁此证,以资鼓励。

获奖项目:北京地铁小间距、长距离盾构隧道设计与施工关键技术研究

获奖等级:叁等奖

获奖单位:北京轨道交通建设管理有限公司、北京城建设计研究总院有限责任公司、北京住总市政工程有限责任公司、中国矿业大学(北京)

北京市人民政府

二〇〇八年十二月

NO. 2007城-3-007

图1　获奖证书

1 技术创新,攻克盾构小间距长距离平行难题

北京地铁10号线三元桥站—亮马河站盾构区间在东三环北路临近南小街8号楼,该楼经过现状检查检测结果表明:整体倾斜允许值宜控制在0.001m以内,且临街外墙下基础的最大沉降量应小于10mm,变形控制要求非常严格。为了减小盾构推进对南小街8号楼的影响,线路尽量远离楼房,因而盾构隧道左右线最小净距为1.7m,且小间距平行距离长,其中两隧道间净距小于2m的长度达

80.1m,净距小于 0.5D(D 为隧道外径)的长度达到了 237.5m,突破了《地铁设计规范》隧道间净距不易小于 1D 的规定,如此小间距、长距离双线平行盾构隧道的设计和施工在国内尚属首次。如图 2 所示。

图 2　隧道及楼房相互关系图

经过系统研究,首次在北京地铁成功实施了小间距、长距离盾构隧道的设计和施工,研究提出了一套小间距、长距离平行盾构隧道防护加固方案和措施、设计分析方法、并成功实施,总结出一套较完整的设计、施工与监测技术,既保证了两隧道的安全也保证了邻近楼房的安全,确保了地铁 10 号线三元桥站—亮马河站区间隧道施工如期完成,从而保证了北京地铁 10 号线工程总工期。

主要创新性成果包括:

(1)首次在北京地铁成功实施了小间距(最小净距 1.7m)、长距离盾构隧道的设计和施工,总结出一套较完整的设计、施工与监测技术,既保证了两隧道的安全也保证了邻近楼房的安全,为国内首创(创新点所属学科分类:地下工程)。

(2)将增量法和盾构隧道结构设计中常用的修正惯用法有机结合,提出了能够反映小间距、长距离盾构隧道施工全过程的计算方法。同时结合地层结构数值模拟计算,也解决了对邻近楼房安全预测问题。

(3)研究提出了一套小间距、长距离平行盾构隧道防护加固方案和措施、设计分析方法,并成功实施。加固措施全部在隧道内部完成,对地面和周边环境影响最小,除了辅助性的注浆加固和土体改良外,未对先行和后行隧道作永久性的加固。该措施提出解决了三个难题:第一,先行隧道已施工完成,无法通过改变隧道自身的刚度或强度来抵抗后行隧道施工带来的影响;第二,盾构隧道上方地面有需要严格保护的楼房;第三,由于扰民和民扰等原因,对楼房的防护措施无法在地面实施。

(4)研究总结了施工全过程先行隧道的变形、内力和临时钢支撑轴力之间的关系,并创造性地提出了采用钢支撑轴力作为加撑及拆撑控制指标的方法。如图3所示。

图3 隧道内钢支撑实际安装图

由于先行隧道已经施工完成,无法通过监测其管片内部钢筋的应力应变来反应管片的受力状况。对此,本研究找到了先行隧道加固措施之一的钢支撑轴力变化与管片内力变化之间的相关关系,从而把难于实施的管片内力监测代换为简单易测、结果可靠性高的钢支撑轴力监测,并将其作为设计、施工中及施工后处理措施的关键依据,提出了先行隧道内加撑、拆撑施工阶段钢支撑轴力的具体控制值。

(5)通过后行盾构的施工实践,总结形成了一套完整的后行盾构施工保障措施,确保后行盾构施工对先行隧道及其周围土体以及地面环境的影响最小,相关的组织措施和现场管理方法行之有效,可供其他类似项目参考借鉴。

(6)根据设计分析、施工监测结果及监测结果的反分析,发现后行盾构推进对先行隧道的影响主要表现为先挤压后卸载作用,在本工程中最终主要表现为挤压状态。该项目成果和经验可以应用于北京地区地质条件相近的类似工程;并对盾构类型、地质条件等参数类似地区的相关工程决策和施工具有一定的参考价值和指导作用。

2 推动盾构行业技术进步,指导新线施工

本项目研究成果在北京地铁10号线三元桥站—亮马河站区间临近南小街8号楼处成功实施,将对北京其他新线的设计、施工提供有价值的指导作用,尤其是当前全国各大城市纷纷进行地铁建设,而盾构工法由于其安全性好、适用范围广、施工速度快等特点,已成为地铁区间施工的首选工法,并且随着城市地下空间开发研究和工程实践的发展,处于城市各种建筑物、市政管线、地下通道、既有地铁隧道纵横交错的条件下,盾构隧道近距离施工的要求也会越来越多,更多突破现有设计规范的设计要求势必也将越来越多。本研究形成的应对近距离盾构施工影响的一套完整的分析设计方法、加固防护措施、施工技术措施等的研究成果经过了实际工程的检验,在一定程度上对小间距、长距离平行盾构设计及施工这一工程难题做出了解答,具有广泛的推广应用前景。本项目的研究对完善小

间距、长距离平行盾构设计理论和方法,提高我国盾构施工水平,将在理论和实践方面起到巨大的推动作用。

本项目研究成果和经验可以直接应用于北京地区相似地层的类似工程,并对盾构类型、地质条件等参数类似地区的相关工程也有指导作用。

本研究采用的分析思路和方法,尚可推广到不同直径、不同埋深盾构隧道推进对邻近盾构隧道或其他地下构筑物的分析计算中,并在不同条件下的分析中进一步检验和优化。

本研究提出的一套盾构隧道内防护加固措施,全部在隧道内部完成,对地面和周边环境影响最小,避免了施工队城市地面、道路的占用,保证了城市地面交通畅通,确保了城市的生态环境。同时,此方法避免了因地面施工产生的振动、噪声、粉尘等污染,避免了对周围居民生活的干扰,解决了扰民及民扰问题。

由于隧道内除了辅助性的注浆外,未对先行隧道和后行隧道作永久性的加固,对其将来的使用没有任何影响。

采用本研究成果,确保了地铁地铁 10 号线三元桥站—亮马河站区间隧道施工如期完成,从而保证了 10 号线工程总工期,使地铁 10 号线按期为北京 2008 年奥运会服务。

研究的创新点为地铁盾构隧道设计、施工提供可靠的决策依据和技术指标,推动了新技术的发展,社会效益显著。

阻尼弹簧浮置道床隔振系统成套技术研究与应用

北京市轨道交通建设管理有限公司　丁树奎
北京市劳动保护科学研究所　邵　斌
总工程师办公室　朱胜利

地铁出行，不仅绿色、快捷，而且不怕拥堵。但地铁建设有些路段不可避免地要从文化区、科技区、居民稠密区和文物古迹保护区的地下穿过，这些敏感地区对噪声振动的要求相对要高，振动与噪声对环境的污染就愈显突出。这也是我国现阶段城市轨道交通工程面临的主要问题——列车运行振动控制和环境影响问题。

此前，国内应用的弹簧浮置道床系统均为德国进口的独家技术和产品，且对我国实行价格、技术双重垄断，大大提高了工程建设成本。国内部分研究单位也尝试对弹簧浮置道床开展了一些研究，但由于系统复杂、牵涉面广，研究只停留在探索阶段，并没有实质性的进展或成果。2007 年，北京市科委将“轨道交通阻尼弹簧浮置道床隔振系统成套技术研究及产业化”项目列为北京市重大项目正式启动，并由北京市轨道交通建设管理有限公司等 7 家单位联合攻关。

荣誉证书

北京市科学技术奖

为表彰在推动科学技术进步、对首都经济建设和社会发展作出贡献的集体和个人，特颁此证，以资鼓励。

获奖项目：轨道交通阻尼弹簧浮置道床隔振系统成套技术研究及产业化

获奖等级：壹等奖

获奖单位：北京市轨道交通建设管理有限公司、北京城建设计研究总院有限责任公司、北京市劳动保护科学研究所、北京市科学技术研究院、北京九州一轨隔振技术有限公司、北京世纪静业噪声振动控制技术有限公司、中铁一局集团有限公司

北京市人民政府

二〇一二年十二月

NO. 2012 城-1-002

图 1　获奖证书

在课题负责人丁树奎的倡议和全力推动下，经过项目科研人员长达 4 年的不懈努力和艰苦拼搏，课题研究在 2010 年取得了重大突破：产生了多项自主知识产权阻尼弹簧浮置道床系列产品、编制了与之配套的一系列规范和标准，部分产品技术超过了国外同类水平，并获得了 2012 年北京市科学技术奖一等奖。如图 1 所示。

1 自主创新获 10 项专利

该成果首次对弹簧浮置道床系统设计进行了系统研究，创造性地提出了适用于阻尼弹簧浮置道床的设计计算方法和仿真计算模型：

（1）首次研发了具有多项自主知识产权的弹簧浮置道床隔振系统的成套技

术和产品体系；当地铁经过时，阻尼弹簧浮置板隔振器(图2)会随着列车重量动态下沉4毫米，减少振动产生的噪声20分贝。

(2)首次研究并制订了支撑和指导产业化应用弹簧浮置道床成套技术的系列标准规程，为弹簧浮置道床的快速、规范化施工和推广应用打下了基础。如图3所示。

(3)对研发的系列产品及实铺线路进行了系统的测试、考核，为推广应用提供了科学依据。

图2　阻尼钢弹簧隔振器疲劳测试

图3　阻尼钢弹簧浮置板道床施工现场

在产业化进程中，紧密结合市场需求，深入研发了一系列关联关键技术，不断提升产品质量和施工效率。该成果共获得2项发明专利和8项实用新型专利，形成了我国自主知识产权的高等级减振产业链。

2 民族品牌占领35%市场

几年来，研究团队从满足市场需求和成套技术服务的双向着手，培养了一支整合多方资源、集产学研用一体的创新型产业队伍，创建了大型国有控股专业化公司——北京九州一轨隔振技术有限公司(图4)，推进创新成果推广应用的产业化进程和市场化服务；积极开展产品系列化、标准化、批量化的深度研发和不断完善升级，已形成年产30km阻尼弹簧隔振器暨配套产品的产能；并入选《国家先进污染防治示范技术名录》和技术依托单位名单，推动了轨道交通行业的技术进步。

在工程实践中，与各设计院和施工单位紧密合作，逐步实现技术集约化、设计配套化和服务规范化；成功实现了从“单纯依赖进口→自主知识产权的系统研发和全面创新→产业化”的转化和突破，变简单的“中国制造”为更高层面的“中国创造”，填补了自主研发轨道交通顶级隔振技术的行业空白；开创了轨道隔振技术新局面,塑造出环保产业民族新品牌,而且大幅度拉动行业价格的合理化回归,为国家节省了大量外汇和工程建设资金,为推进我国的轨道交通建设和环境保护事业做出了重要贡献。

图4 北京九州一轨隔振技术有限公司

目前,该成果已先后在北京、哈尔滨、武汉、西安、郑州、无锡、长沙、大连等地轨道交通工程中得到成功应用,累计合同额超过4亿元,市场占有率超过35%,真正做到了服务北京、辐射全国。

盾构长距离下穿古旧平房群综合技术研究

北京市轨道交通建设管理有限公司　潘秀明
第一项目管理中心　雷崇红

摘　要:以北京地铁8号线二期盾构施工长距离下穿古旧平房群为研究对象,系统分析了该区域的工程地质、水文地质特点、地面环境条件、周围古旧老式平房群状况,结合现有盾构设备选型情况,就复杂环境条件下盾构下穿古旧平房群风险评估技术、施工变形影响分析及控制技术、施工振动影响及隔振减振技术、施工安全监控与反馈机制等进行研究,形成一套适合北京地区特点的盾构长距离下穿古旧平房群综合技术,以确保8号线南段盾构隧道顺利、安全施工,同时进一步提升北京地铁盾构施工下的环境影响安全控制技术水平。这不仅对8号线二期南段下穿古旧平房群提供重要的技术支撑,还将对未来其他大量类似工程提供借鉴示范,具有重要的理论和实践意义。

关键词:盾构;古旧平房群;工程地质条件;变形;振动;风险控制;综合技术

0 工程概况

北京地铁8号线二期工程鼓楼大街站—中国美术馆站区间段沿中轴路向南,途中绕避鼓楼沿地安门内大街南行,至地安门东大街西折,在北河沿大街交叉口处折向西南至中国美术馆站,该区间盾构段线路总长4.04km,二期工程南段大部分区间盾构下穿大量古旧平瓦房,穿越段占线路总长80%以上(图1),形成了该区段显著的工程特点:盾构隧道长距离连续下穿成片古旧平房群,这些古旧平房结构以砖混、砖木结构为主,并有少量的木结构,大部分房屋使用年限超过50年,部分房屋建于清末或民国时期,历史超过100年。由于大多建成年代久远且缺乏必要的修缮维护,很多结构安全状态相对较差,对变形及振动影响敏感,上述环境条件显著增加了盾构施工的风险和难度。

盾构施工卸荷引起周围土体应力重分布,土体会产生附加应力和变形。土体中的变形会引起隧道周围管线和结构物的变形,地面变形则有可能会使上述古旧建筑由于不均匀沉降而产生裂缝。同时,盾构施工时会产生环境振动,使隧道周围土体发生沉降,进而影响周围建筑物的安全;另外振动达到一定的能量,传到地面,使地面振动,会影响到人们的日常生活。

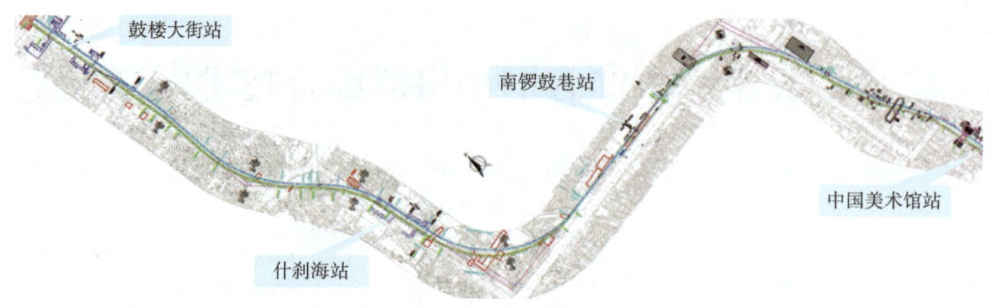

图1 盾构长距离穿越古旧平房群工程平面图

在此背景下,本项目进行了详细的分析和策划工作,开展了系列研究工作,针对北京地铁8号线二期南段各区间工程(包括南段安德里北街站—鼓楼大街站区间、鼓楼大街站—什刹海站区间、什刹海站—南锣鼓巷站区间和南锣鼓巷站—中国美术馆站区间)及在其影响下的古旧平房群为研究对象,分析具体工程地质、水文地质情况、地面环境条件、周围古旧老式平房群状况,结合现有盾构设备选型情况,就复杂环境条件下盾构下穿古旧平房群风险评估技术、施工变形影响分析及控制技术、施工振动影响及隔振减振技术、施工安全监控与反馈机制等进行研究,形成一套适合北京地区特点的盾构长距离下穿古旧平房群综合技术,确保8号线南段盾构隧道顺利、安全施工,同时进一步提升北京地铁盾构施工下的环境影响安全控制技术水平。

1 古旧平房群穿越段沿线地质条件

1.1 区域地质条件背景

北京地铁8号线二期南段呈南北走向分布,沿线跨越台地与古金沟河故道两个微地貌单元,地质条件十分复杂。工程沿线下穿大量旧平房区,盾构施工对地质环境的扰动(如地层变形、施工振动等)可能会对地面建筑造成不利影响,因此进行沿线的地质及岩土环境分析对指导沿线盾构施工设计显得十分重要。

同时,由于本工程沿线地面建筑密集,现场钻探工作受到很大限制,针对本工程沿线钻孔数量有限,需要借用已有资料利用地质3D建模技术进行分析,另外,由于沿线钻孔取样和测试数量有限,因此本项目在有限的土工试验资料基础上进行了各个指标的相关性分析工作,以取得相关物理力学指标的经验值。

1.2 基于地质3D数字模型的地层条件研究

本区段跨越不同的地质单元,地层条件复杂多变,为方便施工设计,综合沿线钻孔资料和各区间段的地层研究成果，在区域地质条件研究基础上，利用北京市勘察设计研究院有限公司的地质三维数字建模技术，进行了本工程沿线50m深度范围内地层三维模型建立工作，并实现了沿线地层的统一划分，根据地层的物理力学性质共划分为13大层和38层。利用上述工程沿线地质3D数字模型，可以便捷和准确的获取沿线任意位置处盾构掌子面的地层分布情况，以便更好的指导盾构施工和环境风险控制。

1.3 基于相关分析方法的岩土物理力学特性研究

本工程沿线主要地层涉及黏性土、粉土、砂土和碎石土等，由于不同类型土的特征物理力学参数类型不同，如黏性土的物理力学特征对液性指数、塑性指数比较敏感，粉土对孔隙比比较敏感，砂土对标准贯入比较敏感等，因此分别进行了研究。

从统计结果可以看出，液限指数与塑性指数之间的相关性最好，其他参数与塑性指数之间相关性相对较差，但在统计上仍然存在比较明显的相关关系，这些规律对本工程施工具有指导意义。

2 平房群穿越段设计与施工关键技术

基于盾构区间进入北京旧城核心区，长距离穿越平房群，沿线周边环境复杂，对设计及施工均提出了较高的要求，因此车站及区间多处采取了非常规设计。本文主要介绍穿越段盾构工程设计中风险高、施工难度大的联络通道、进出洞等方面的一些设计和施工技术进行简单总结。

2.1 盾构区间联络通道及泵房设计与施工要点

(1)联络通道周围地层加固

联络通道的施工是盾构区间的主要风险。设计和施工应引起必要重视，在没有条件地面降水的情况下，北京地区京通常采用地面旋喷加固或洞内注浆加固。8号线二期南段区间穿越于北京老城区地表条件有限，采用洞内注浆加固，具体加固方法如下，首先从洞内对洞门周边2～3m范围内土体进行加固处理，浆液采用水泥—水玻璃双液浆，应确保区间与联络通道角部的加固效果，必要时在通道施工过程中对角部进行补浆。

通道开挖过程中采用深孔注浆方式对通道进行全断面帷幕注浆加固，先施工通道后施工泵房，带通道施工完毕后再竖向打设袖阀管对泵房处底层进行加固。

(2)开洞处临时支撑

联络通道开洞处以及相邻两环采用连续四环标准管片，管片配筋采用加强衬砌环配筋；在联络通道开洞处以及相邻两环管片内部及时设临时支架及钢箍，避免管片变形过大。在施工过程中，由于工筹交错，支撑的架设会影响区间出土或铺轨的施工，此种情况下的施工需对内部支撑进行调整，以满足台车的作业空间。

(3)管片切割及开挖

管片破除前应事先对洞外土体的加固效果及水囊进行探测，如有空洞及水囊应通过管片上探空进行二次补浆及排水处理。区间管片切割宽度一般在1.5～1.8m，通道开挖宽度一般在3.7m左右。通道开挖时宜由小断面做2～3榀钢架过渡至正常通道断面，然后对通道与区间夹角处进行反掏施工，并对角部进行补浆，以确保施工安全及后期防水效果。

2.2 盾构进出洞技术

(1)进出洞加固

8号线进出洞多采用地面垂直旋喷加固方法，加固后的地基具有良好的均匀性和自立性，其无侧限抗压强度≥0.8MPa，渗透系数≤1.0×10^{-6}cm/s。南中区间盾构吊出井处，地面大型管线较多，地面旋喷加固施作空间不足，采用洞内水平注浆加固，以避开上方管线。注浆采用ϕ68袖阀管，扩散半径0.8m，排距1m，孔距1.2m，梅花型布置，浆液采用水泥水玻璃双液浆。

(2)洞门围护结构的破除

本段盾构区间涉及到地下连续墙与排桩两种形式支护结构的凿出。由于连续墙凿出难度较大因此分块较多，整体破除顺序为从上至下从两边至中间，并注意对洞门钢环及止水帘布的保护，按照分块顺序继续凿除两层钢筋间的混凝土，直至连续墙迎土侧钢筋外露。

(3)始发洞门反力架及基座的安装

反力架应具有足够的刚度和强度。反力架支撑在盾构始发井结构墙上或通过斜撑支撑在底板上。当始发线路为平曲线，且反力架和洞门端墙不平行时，为了保证盾构推进时反力架横向稳定，应用膨胀螺栓和型钢对反力架进行横向的固定。反力架的纵向位路应保证负一环混凝土管片拆除后浇筑洞门时满足洞门的结构尺寸和连接要求以及支撑的稳定性。反力架的横向位置应保证负环管片传递的盾构推力准确作用在反力架上，反力架在安装前需要进行盾构主机姿态的测量，根据测量结果精确安装、定位反力架及钢环。

(4)洞门接口设计

为了防止盾构始发及到达时泥土、地下水从盾壳和洞门的间隙处流失，以及盾尾通过洞门后背衬注浆浆液的流失，在盾构始发时需安装洞门临时密封装置。临时密封装置由帘布橡胶、扇形压板或合叶式压板、垫片和螺栓等组成。为了保证在盾构机始发及到达时牢固地安装密封装置，应在车站施工时在预留洞门处预埋洞门钢板环，即洞门钢环。

(5)进洞处纵向拉紧

盾构机到达时，由于前方失力，易引起盾尾管片松动，使得管片环与环之间的间隙被拉大，造成漏水或漏泥现象，故在盾构主机到达前采用槽钢加强连接条将盾构出洞位置20环范围内管片连接拉紧。联系条固定利用圆管片吊装孔，每片管片处，每环固定6处。

3 平房群穿越段沉降风险控制关键技术

3.1 长距离穿越平房群的风险评估特点

地铁建设中对邻近建筑物的变形损坏风险评估工作已得到了越来越多的重视，随之而来的，盾构施工对建筑物影响的科学评价方法，也逐渐成为了城市隧道施工领域的重要研究课题。然而，不同于盾构单独下穿某一风险建筑物，长距离穿越古旧平房群工程具有许多特有的技术特点和难点，包括：

(1)北京旧城平房群由于建设历史复杂，房屋建筑结构形式、建筑材料等均没有统一的标准，加之旧城内平房数量众多、分布密集，形成了所谓的“大杂院”。盾构长距离下穿古旧平房群时，往往难以实现对所有的平房进行具体的结构调查与检测，也无法针对每一间平房确定具体对应的变形控制标准。事实上，盾构长距离下穿古旧平房群风险评估，更应注重对盾构施工影响范围的预测，结合房屋现状检测和调查工作进行分类，分析确定某一类别房屋的变形控制标准。

(2)当盾构隧道下穿或侧穿某一多层或高层等建筑物时，可以采用数值分析方法的手段预测施工对既有建筑物的变形影响。然而，对于数量众多的平房群均采用数值分析方法预测施工变形影响是不现实的。

(3)盾构长距离下穿古旧平房群工程受沿线场地条件限制，通常无法采用地表注浆、施工隔离桩等方式对穿越段工程进行加固，更多只能采用洞内施工控制(即选取合理的施工参数)来达到变形控制的目的。

上述技术特点和难点决定了需要有针对性地提出长距离穿越古旧平房群工程的风险评估技术方法。

3.2 古旧平房沉降控制指标

建筑物的变形控制标准是盾构穿越工程风险评估中的核心工作之一。北京地区对于大片的古旧平房的沉降控制指标的研究还是首次开展。

研究中对北京古旧平房的建筑历史、建筑形式、结构构造进行了调查总结,对北京旧城古旧平房的地基基础条件、建筑材料特性进行分析。特别是利用北京市在1970年代对建筑裂缝控制的研究基础和工程应用经验,建立了古旧平房变形控制指标的确定方法,并确定了变形允许控制标准。

3.3 盾构施工影响下的古旧平房沉降特性及沉降预测方法

盾构穿越工程风险评估的核心工作,还包括对盾构施工过程可能引起的地面、建筑物沉降进行合理的预估,因此工程中迫切需要一种可以预估盾构施工下古旧平房变形的简便、实用方法。

要实现这一目标,首先基于大量的地表、建筑物沉降的观测数据,对比分析盾构施工影响下天然地表沉降规律与古旧平房群沉降规律的差异,研究古旧平房结构刚度对建筑物沉降曲线的影响;然后研究古旧平房沉降自有的规律特点,并提出适用于古旧平房群变形预测的沉降预估方法;最后基于实测沉降数据,验证了该方法的适用性。

此外,基于古旧平房沉降控制标准,避开不容易准确估计的建筑材料模量、截面惯性矩等参数,结合盾构施工影响下古旧平房群沉降预测方法研究,研究直接用建筑物沉降曲线形态,得到用最小曲率参数来控制隧道施工沉降的有效方法;在此基础上,通过研究曲率半径与建筑物沉降曲线参数的关系,确定盾构施工的横向影响范围。

3.4 盾构施工影响下的地层沉降特性研究

盾构隧道开挖所引起的地层位移影响的不仅仅是对地表及地表建筑物,还会影响甚至损坏地面以下的各种结构。特别是在北京市旧城区,各类地下管线由于埋设年代已久,不少管线已开始老化,更易受到盾构施工影响而发生破坏,因此从这个角度来说,对地表以下的位移规律的研究具有更普遍的工程意义。

以往在深层土体位移规律方面的研究缺乏北京地区的第一手实测资料,因此基于8号线二期长距离穿越古旧平房群工程,设置了分层沉降监测断面,监测在不同深度处的土体的沉降情况。通过对盾构推进过程中现场分层沉降监测结果的分析,得出盾构施工引起的不同深度处地层沉降规律,并在以往工作的基础上,提出适用于北京地区深层沉降的预测公式。

3.5 盾构施工参数控制及变形规律敏感性分析

盾构长距离穿越古旧平房群工程,盾构施工控制是地表沉降控制的决定因

素,以下两个方面的施工控制管理对减少地层变形至关重要:

(1)优化配置盾构掘进参数,采用"适当推进力,匀速通过"的方式组织盾构施工,设定合理的土仓压力、出土量等掘进参数,尽量减少盾构施工前期地层变形。

(2)同步注浆及时跟进,保证填充密实,缩短衬砌脱出盾尾的暴露时间,并改良浆液配比,缩短浆液凝固时间。及时进行二次注浆及多次注浆,合理控制注浆压力,严格控制盾构施工后期地层变形。

基于8号线二期长距离穿越古旧平房群工程,从盾构掘进参数和盾构注浆管理参数两方面确定施工参数的合理设定范围,并研究施工参数控制与地表、古旧平房群变形规律的关系。

3.6 盾构施工变形影响数值模拟技术

在古旧平房风险分析中,数值模拟方法是重要的分析手段,但这种方法是否能真实的再现工程的实际情况,很大程度上取决于数值模型的建立和模型参数的正确性。总体来看,针对于本文所研究的隧道—土—建筑物相互作用的数值分析方法,其研究的重点在于以下几个方面:

(1)材料的仿真模拟:与其他岩土工程问题的模拟相同,在数值分析中,采用何种模型和参数模拟各种材料(包括不同的土层、各类衬砌结构、古旧平房结构等),是数值分析中的一个重点问题。

(2)施工过程的仿真:以盾构法隧道为例,对一个完整的施工过程的数值模拟应该包含以下几个方面:①初始应力场;②隧道的开挖;③盾构推进系统的加载;④衬砌的施加;⑤壁后注浆等。

3.7 盾构施工变形控制效果

目前该区间段已全部贯通,根据现场实际监测情况,盾构施工引起的地表沉降整体趋势一致,区间段地表沉降整体可控,绝大部分在6~10mm,局部监测点由于环境、机械操作等多方面因素影响,沉降值偏大,但地面结构安全性在控制之中。

4 盾构施工引起的环境振动及其控制

4.1 研究现状

目前,国内外对于地铁项目建设施工期的振动问题特别是盾构隧道施工所引起的周围环境振动问题的相关研究还非常少见,仅有个别的研究还是重点关注岩石地层中的TBM掘进机在掘进过程中所引起的振动问题,对于城市土中盾构隧道施工引起的振动方面的研究几乎为空白。

作为城市的主要交通干线,地铁线路往往要通过城市人口密集区、建筑物林立的商业区、拥有精密仪器的机构和以及包括古、旧建筑群的老城区等对振动和噪声比较敏感的区域。类似于运营期地铁行车振动产生的影响,当盾构施工特别是在相对坚硬的地层(如密实的卵石地层)中掘进时,其上部建筑、设施或者人们就会受到其所引起的地基或者地表的振动和噪声以及由此产生的二次振动和二次噪声的影响,它的循环效应会对建筑物特别是对于古、旧建筑的结构安全带来影响,同时会对建筑物内人们的正常工作和生活、精密仪器的正常使用等带来影响。目前,国内外,对于这种地铁施工期盾构隧道施工振动引起的周围环境影响问题开展的研究还很少,针对盾构施工振动产生的机理、振源模型、影响规律以及周围地层响应计算方法等方面的研究更是罕见或者是空白。

本文以北京地铁8号线二期工程为背景,通过对振动检测技术、盾构施工振动振源、盾构施工引起的环境振动、控制标准以及减振隔振等方面的研究工作,对盾构施工所引起的相关振动问题进行了系统研究。

4.2 盾构施工振动监测技术

利用可靠的现场振动监测设备,包括:941B(新)型速度和位移传感器、INV3060A24位网络分布式采集分析仪、高性能笔记本电脑(数据采集处理)等以及检测数据处理与分析软件DASP - V10工程版平台软件等,选取典型地层断面与工况,对各区间涉及到的主要对象盾构、沿线平房结构和地质体进行振动监测,为后续的振源分析与模拟、振动响应规律分析、容许振动控制标准的确定等提供了可靠的数据基础。

4.3 盾构施工引起环境振动的振源

基于10组典型盾构施工作业面振动的现场监测及其幅频特性分析,首先利用灰关联熵分析方法对影响盾构施工振动振源的因素进行了敏感性分析;其次利用多元回归分析及多元逐步回归分析方法对盾构施工振源振动进行了回归分析。在这些工作的基础上,对盾构施工引起环境振动的振源机理进行了分析,并对振动振源进行了有效识别,为盾构施工引起环境振动的分析与预测确立了基础。

4.4 盾构施工引起的环境振动

基于125组典型断面(包括横向与纵向)的地表及建筑物的振动响应的现场

测试，首先，对地表及建筑物的振动响应的幅频特性及时域、频域的振动传播规律进行了分析；其次建立了盾构—隧道结构—环境地层振动模型预测分析模型以及盾构—隧道结构—环境地层—建筑物振动模型预测分析模型，并利用现场实测数据验证了模型的有效性。通过这些工作，实现了对盾构施工引起周围环境振动响应规律的掌握与预测。

4.5 盾构施工振动对旧城区环境的影响及其控制指标

在对现有的国内外建筑物安全容许振动控制标准、广义环境保护(包括人和建筑物内)容许振动标准进行整理与分析的基础上，首先分别按照国内与国外的标准，对实测的盾构施工引起的环境振动进行了评价；其次，选取合理的振动控制指标，针对不同工况，对适合盾构施工振动控制指标的确定方法及其实施步骤进行了研究，从而建立了确定盾构施工引起广义环境振动影响控制标准的基本方法与流程。

4.6 盾构施工环境振动的控制

在前述工作的基础上，首先，确立了包括初步评估与详细评估两阶段内容的盾构施工引起环境振动风险评估的基本方法和流程；其次，在对现有减振与隔振技术，包括振源减振、传播路径减振隔振以及建筑物减振隔振等方面，进行充分研究的基础上，探讨了适合减轻盾构施工对古旧城区振动影响的减振隔振措施。

5 结语

以北京地铁8号线二期南段盾构工程长距离下穿古旧平房群为研究背景，开展了系统深入的研究工作，主要完成的主要工作及成果包括：

(1)从古旧平房群变形控制的角度，在工程设计、施工中采取了专门的措施，上述措施可行有效，很好地控制了地表沉降和古旧平房群的变形。

(2)首次从古旧平房群的调查、结构检测分析、古旧平房结构变形规律预测方法、变形控制指标的确定等方面，进行了系统的分析和研究工作，从而建立了系统的盾构工程下穿古旧平房群的风险控制方法体系。

(3)首次系统研究了城市盾构施工阶段引起的环境振动问题，通过对振动检测技术、盾构施工振动振源、盾构施工引起的环境振动、控制标准以及减振隔振等方面的研究工作，对盾构施工所引起的相关振动问题进行了系统研究，为今后城市盾构施工引起环境振动的有效控制打下了坚实的基础。

参考文献

[1] 潘秀明,雷崇红.北京地铁砂卵砾石地层综合工程技术,北京:人民交通出版社,2012.

[2] 张恒,陈寿根,邓稀肥.盾构掘进参数对地表沉降的影响分析[J].现代隧道技术,2010,47(5):23-28.

[3] 周海群.软土地层盾构施工中掘进速度对地面沉降的影响分析[J].铁道建筑,2012,(3):45-48.

[4] 司翔宇,杨平,邵光辉,等.隧道盾构施工参数对地表沉降影响的实测研究[J].湖南大学学报(自然科学版),2008,35(11):167-170.

[5] Peck, R. B. Deep excavations and tunnelling in soft ground[J]. ICSMFE. Proc. 7th Int. Conf. SMFE. State of the Art Volume, Mexico :Balkema,1969, 225-290.

[6] 韩煊,李宁,Standing J. R. Peck公式在我国隧道施工地面变形预测中的适用性分析[J].岩土力学,2007,28(1):23-28.

[7] O'Reilly, M. P. , New, B. M. Settlements above tunnels in theUnited Kingdom-their magnitude and prediction[J]. edited by Michael Jones. Proc. Tunnelling 82, London:Institution of Mining and Metallurgy 1982,173-181.

[8] 张凤祥,朱合华,傅德明.盾构隧道[M].北京:人民交通出版社,2004.

[9] 王鑫.黄土地区地铁行车荷载作用下隧道结构及其周围土层的动力响应研究[D].西安建筑科技大学,博士学位论文,2010.

[10] 仇兆明.地铁工程对微电子工业区的振动影响与对策[D].大连理工大学硕士学位论文,2009.

[11] Nelson, P. N. O'Rourke, T D, Flanagan, R F, etc.. Tunnel boring machine performance study[R]. Report No. 06-0100-84-1, 448pp, US Department of Transportation, Washington, DC, 1984.

[12] New, B M. Vibrations caused by underground construction, proceedings, Tunnelling'82,London, 1982: 217-229.

[13] D. M. Hiller. Groundborne vibration generated by mechanized construction activities[J]. Proc. Instn Civ. Engrs Geotech. Engng, Groundborne vibration From mechanized Construction works, 1998:223-232.

[14] T. L. L. Orr, M. E. Rahman. Prediction of ground vibrations due to tunnelling[J].

[15] R. F. Flanagan. Ground vibration and shields[J]. Tunnels & Tunnelling, 1993,10: 30-33.

[16] 王鑫,韩煊,等.盾构施工引起周围建筑物振动响应的数值模拟研究[J]. 隧道建设, 2013.

[17] Xin Wang, Xuan Han. Field Testing Research on the Vibration Influence on the Historic and Old Buildings Induced by Metro Shield Construction[J]. 6th International Symposium on Environmental Vibration, 2013.

北京地铁地下结构渗漏水防治技术浅谈

第一项目管理中心　徐俊峰

摘　要:北京地铁建设速度快、质量要求高,但其普遍存在的渗漏水现象却时刻困扰着建设者们。本文通过总结北京地铁8、9号线部分区段在建设过程中对渗漏水的治理工作,分析了地铁地下结构产生渗漏水的原因及对渗漏水采取的一系列有效治理措施,提出了预防结构渗漏水的措施。

关键词:地下工程;结构;防水;渗漏水;防治

0 前言

水,在生活中是生命之源;但是在地下工程中,则成为百害之源。防水工程是地下工程中的一项重要工程,"材料是基础、设计是前提、施工是关键、管理是保证"。结构渗漏水一直是地下工程中的一个难题,如能在防水、堵漏工程诸多方面做到科学先进、经济合理、确保质量,将对整个地下工程质量起到保障作用。

北京地铁8、9号线部分区段于2012年年底通车,车站和区间隧道都不同程度地存在结构渗漏水现象,不仅影响竣工验收,如果治理不好,还会影响到地铁的使用和运营功能。我们对8、9号线6个施工标段(9站11区间)渗漏水,组织进行了专项治理工作,取得了较好的效果。

1 防水设计情况

1.1　防水设计原则

北京地下结构防水设计遵循"以防为主、刚柔结合、多道防线、因地制宜、综合治理"的原则。

确立钢筋混凝土结构自防水体系,采取有效技术措施保证防水混凝土达到规范规定的密实性、抗渗性、抗裂性、防腐性及耐久性;加强变形缝、施工缝、穿墙管、预埋件、预留孔洞、各型接头、各种结构断面接口、桩头等细部的防水措施。

地下车站及机电设备集中区段的防水等级为一级,不允许渗水,结构表面无湿渍。暗挖段、盾构区间隧道,联络通道的防水等级为二级,顶部不允许滴漏,其他不允许漏水，结构表面可有少量湿渍，总湿渍面积不应大于总防水面积的2/1000；任意100m^2防水面积上的湿渍不超过3处，单个湿渍的最大面积不大于0.2m^2。隧道工程中平均渗水量不大于0.05L/(m^2·d)，任意100m^2防水面积上的渗水量不大于0.15L/(m^2·d)。

1.2 主要采用防水方法及材料

(1)大面防水方法及材料

明挖车站、暗挖横通道等结构设计建立抗渗等级P10的防水混凝土自防水体系，并在外部设置由膨润土防水毯、防水涂料、EVA防水板等防水材料组成的外包防水层。

盾构区间主要采用抗渗等级P12的防水混凝土管片，并在衬砌管片侧面靠外弧侧沿管片四周设置一道封闭的防水弹性密封垫，对每一个螺栓孔、注浆孔设置缓膨胀型遇水膨胀橡胶密封圈，并及时向盾尾地层和衬砌管片间的环形孔隙适量地均匀注浆。常用的防水材料见表1。部分材料现场情况如图1～图4所示。防水材料做法示意图如图5所示。

图1 SBS卷材

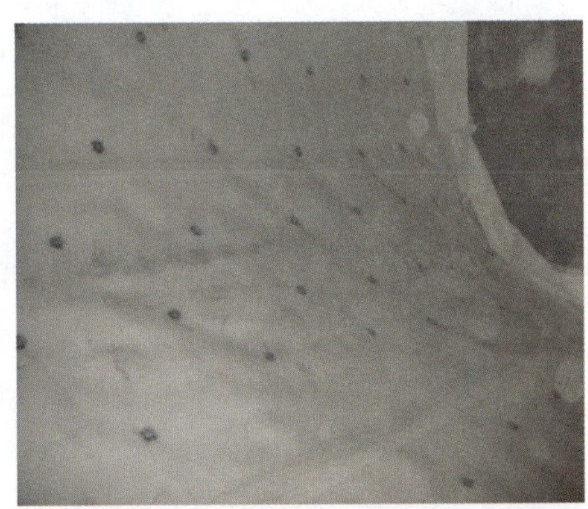

图2 EVA防水板

图3 聚氨酯涂料

图4 膨润土防水毯

常用防水材料　　表1

工　　法	常用防水材料
明挖法	抗渗等级 P10 的防水混凝土自防水体系
	膨润土防水毯,SBS 卷材,聚氨酯防水涂料
	膨胀止水胶条,钢边止水带
暗挖法	抗渗等级 P10 的防水混凝土自防水体系
	EVA、ECB 防水板
	膨胀止水胶条,钢边止水带
盾构法	抗渗等级 P12 的防水混凝土管片
	防水弹性密封垫,缓膨胀型遇水膨胀橡胶密封圈

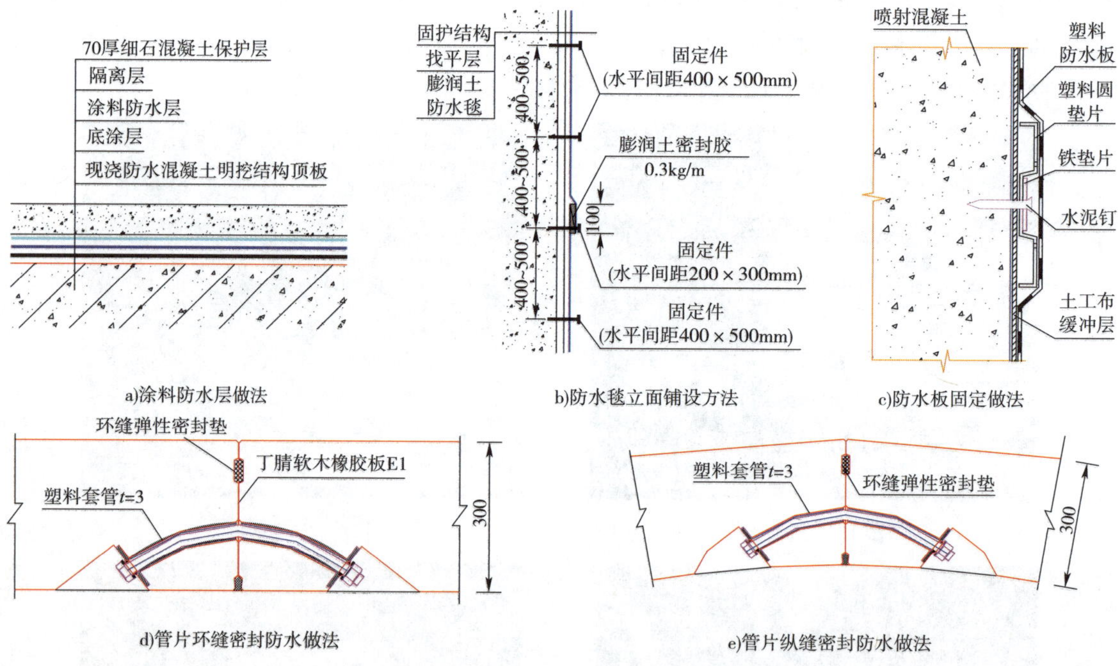

图5　防水材料做法示意图(尺寸单位:mm)

(2)细部防水施工方法及材料

①变形缝。明挖结构变形缝采用背贴式橡胶止水带+中空性钢边橡胶止水带,变形缝部位的防水层与结构之间增设防水加强层,背贴式橡胶止水带背部为防水毯时可采用水泥钉和铁垫片固定止水带,并设置接水盒;暗挖结构变相逢同样采用背贴式橡胶止水带+中空性钢边橡胶止水带,背部使用反水板采用粘结法与防水板固定;盾构法变形采用粘贴丁腈软木橡胶板,外加嵌缝处理。变形缝

防水示意图如图 6 所示。

②施工缝。明挖结构环、纵向施工缝均采用钢边橡胶止水带 + 注浆管，暗挖隧道为水泥结晶材料 + 注浆管 + 单道止水胶。施工缝防水示意图如图 7 所示。

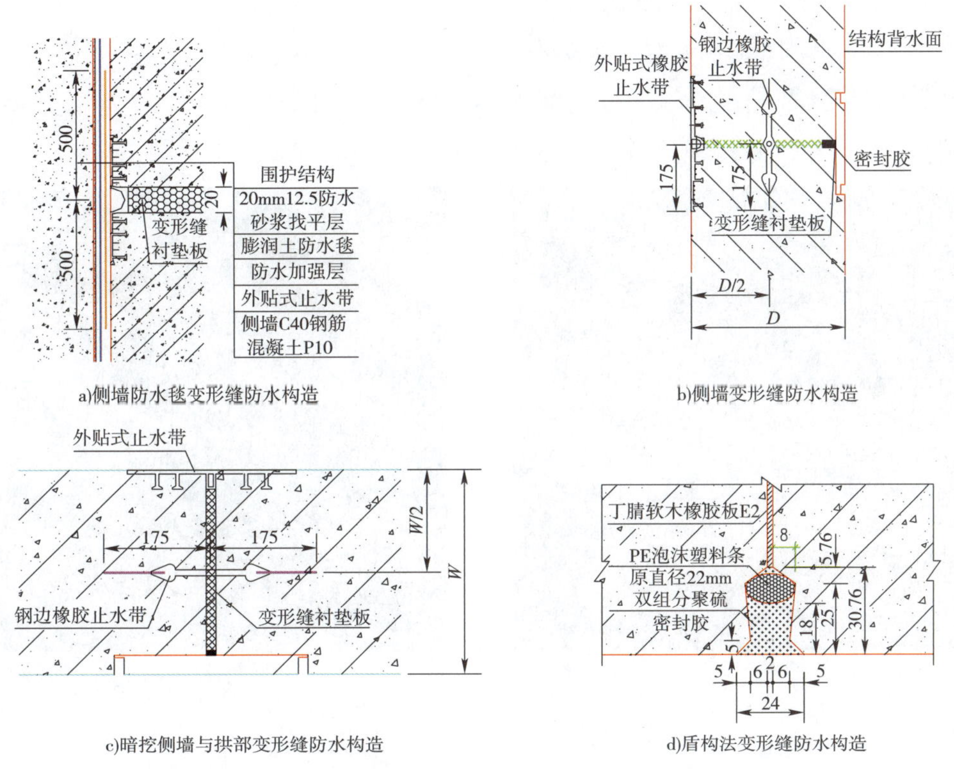

图 6　变形缝防水示意图（尺寸单位：mm）

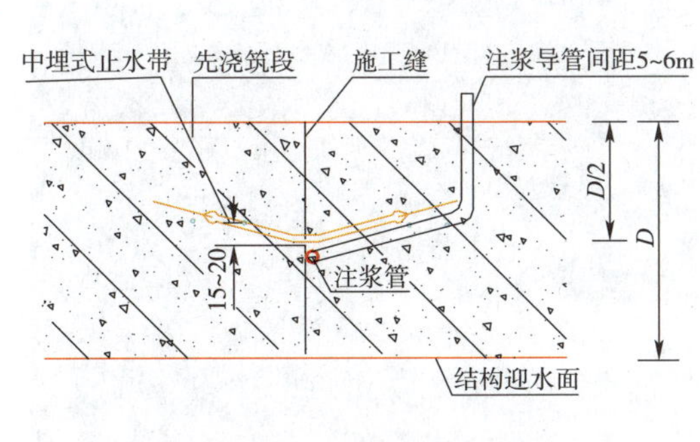

a)明挖结构环、纵向施工缝防水构造

b)暗挖结构环、纵向施工缝防水构造

图 7　施工缝防水示意图（尺寸单位：mm）

2 渗漏水情况

2.1 常见渗漏部位和类型

渗漏常发生的部位有变形缝、沉降缝、冷缝、收缩裂缝、穿墙管道等。

一般表现为点渗漏、线渗漏、面渗漏。

按水量可分为渗水、漏水、涌水等。

2.2 明挖车站结构渗漏现场实例

明挖车站结构渗漏现场实例,如图8、图9所示。

图8 横向施工缝渗漏

图9 顶板收缩裂缝渗漏

2.3 暗挖法施工渗漏现场实例

暗挖法施工渗漏现场实例,如图10、图11所示。

图10 侧墙收缩裂缝渗漏

图11 底板施工缝渗漏

2.4 盾构区间渗漏现场实例

盾构区间渗漏现场实例，如图12、图13所示。

图12 管片接缝渗漏

图13 管片螺栓孔渗漏

3 渗漏水原因分析

渗漏水原因分析，见表2。

渗漏水原因分析 表2

序号	原因类型	原因分析
一	主观原因	管理人员主观上不重视施工质量，对过程质量控制存在不足
二	工期原因	由于工期过短，存在工艺不到位等施工缺陷
三	工艺、材料和管理原因	
1	混凝土浇筑	结构混凝土位浇筑时，各段界面之间连接面处理不到位；混凝土浇筑过程中造成停顿、振捣不充分等原因均会造成混凝土结构出现缝隙、孔洞等缺陷
2	混凝土供应	(1)市区中心的混凝土浇筑过程中，因交通问题导致混凝土供应不及时，墙、板出现冷缝。 (2)商品混凝土的质量，尤其是外加剂对混凝土收缩的影响
3	背后注浆	预留注浆管质量，注浆参数、数量和时机等影响注浆效果都会影响防水效果
4	交叉作业	矿山法隧道，二衬施工时，在时间及空间上造成了多种作业交叉。一旦缺乏配合，易造成防水体系的破坏
5	成品保护	对已完的防水材料、盾构管片等部位的成品保护不力，修补不及时
6	盾构掘进	掘进参数不合理造成管片之间接缝不紧密，特别是盾构始发、接收段及曲线段，管片上下及左右错动，相邻管片的防水接触不密实
7	空洞封堵	各种设备穿墙管、盾构管片嵌缝及手孔封堵遗漏或封堵不严

续上表

序号	原因类型	原因分析
8	土方回填	结构顶板或出入口侧墙封闭回填,未按照规范要求回填一定厚度的黏土并分层夯实,未形成有效的隔水层
9	水文地质	(1)工程完工后,因降水井停止或其他因素造成地下水位上升,地下水的压力增大,可能造成结构的渗漏。 (2)因地质情况或其他原因,导致车站不同部位的不均匀沉降,沉降缝变形量超出原设计允许的量
10	防水材料	
10－1	基面处理	防水基面处理不到位,是造成防水材料效果不好的重要原因。通病有不平整、不干燥,凿毛不规范,含有木屑、废弃彩条布等杂物,存在冰冻、积水等现象等
10－2	膨润土防水毯	搭接不规范,密封胶用量不足或涂抹位置有误,搭接边固定间距过大,甩槎临时保护措施不力,底板卷材保护层厚度不够,侧壁渗漏水或雨水、下雪等原因,致使膨润土防水毯提前膨胀并失效
10－3	遇水膨胀止水胶	挤出断面不均匀、断断续续,基层未做清理干净,与基层粘接不牢固,未采取保护措施而提前膨胀
10－4	止水带	止水带固定不牢造成倒伏或扭曲变形,位置不准确与混凝土咬合宽度不足,对接接头设置位置有误,遭到破坏,外贴式止水带在混凝土保护层内或表面杂物较多
10－5	SBS 改性沥青防水卷材	阴阳角加强层与防水层之间空鼓,卷材搭接边焊接不密实,两层卷材之间空鼓,甩槎未采取临时保护措施,卷材保护层厚度不够
10－6	单组份聚氨酯防水涂料	阴阳角未做圆角或钝角处理,基层表面气泡过多,涂层针孔或鼓包、厚度不足或厚薄不均,保护层浇筑不及时,堆放杂物
10－7	塑料防水板	搭接缝现场焊接不合格,曲墙垫片固定间距过大,铺设过紧,甩槎长度不足,未采取临时保护措施,底板防水层保护性厚度不够
10－8	水泥基渗透结晶型防水材料	无法判断是否涂刷厚度、用量是否满足设计要求

4 治理措施

4.1 组织措施

(1)早启动。对8、9号线2012年年底的通车段,从5月份正式启动渗漏治理专项活动,早启动可以有较为充足的时间和空间进行更彻底的治理,并降低不良社会影响。

(2)定机构。成立专项工作领导小组,各线分管生产副经理作为第一责任人组织实施渗漏治理,设专人负责督办治理工作。各监理和施工单位成立相应的管理机构，专人负责。

（3）专业化。各施工单位择优选择专业的堵漏分包单位，选用应用广泛、效果较好的灌浆材料和工艺。

（4）建台账。制定专项方案，建立台账制度，每周开展排查并更新台账，全面及时掌握渗漏点分布和治理进度情况。

（5）多交流。在各单位制定堵漏方案的基础上，组织开展渗漏治理技术交流会和现场观摩，互相交流渗漏治理技术，促进共同提高。

（6）勤督促。根据台账和现场的变化，设专人随时督促检查施工现场堵漏的进展、工人和设备数量，现场存在的问题等。

（7）重效果。根据渗漏部位及渗漏特点，针对性的研究堵漏方式和注浆材料，分别采取强堵、疏导、堵排结合等不同的措施，不拘一格，注重实效。

4.2 技术措施

（1）注浆堵漏工序（图14）

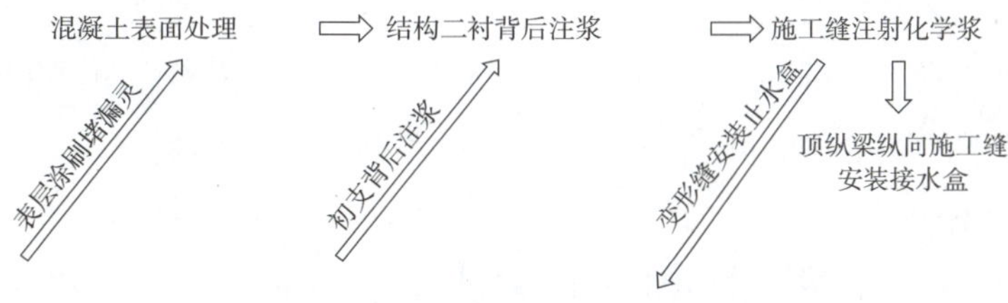

图14 注浆堵漏工序示意图

（2）注水泥浆

①注射水泥浆液一般采用复合水泥浆。注浆材料为普通水泥或超细水泥、FS-1防水剂和聚丙稀酰胺，按照试验确定的配比和注浆压力实施。

②注浆孔和注浆顺序如下：

优先采用预留注浆孔。注浆孔至少应有两个：一个用于注浆；另外一个起到排气或排水的作用，同时也能检验注浆是否到位。

注浆顺序是：先低后高、由无水段向有水段间隔跳跃式注浆，以利于提高封闭渗水点效果。

（3）注射化学浆液

①化学浆液具有膨胀系数大的特点，治理效果速度快效果显著，适合对结构表层渗漏治理。化学浆液渗漏治理，一般由专业施工队施工。

②处理流程：基础处理→钻孔→安装灌浆阀和导管→封闭针孔→压注聚氨酯→清理表面→止水胶分层密封变形缝。

③采用的化学浆液主要有水泥基渗透结晶型防水材料及粉状堵漏剂、聚氨

酯灌浆材料。

4.3 试验和检验

防水和堵漏过程中需要做的试验和检验主要有:各种防水材料的性能试验,注浆材料的性能试验,洞内堵漏效果巡视观察,明挖结构和出入口结构顶部闭水试验等。

4.4 治理效果分析

通车运营之前,结构二衬出现渗漏点治理的主要措施是注水泥浆,复合水泥浆液治理渗漏水显现效果较慢,但能起到标本兼治的效果,治理完毕,以后再发生渗漏的几率较低。

单纯注射化学浆液治水,见效快,但失效也快,以后出现渗漏反复的可能性较大。

5 工程实例

5.1 基本情况

本节以北京地铁8号线二期工程10标段为例,在调查研究的基础上,对目前采用的防水材料的性能、效果进行分析。防水材料类型及数量统计情况见表3,渗漏点数量统计情况见表4。

北京地铁8号线二期工程10标段处于二环以内,包含什刹海站、南锣鼓巷站,鼓—什区间、什—南区间和南—中区间,线路总长3.17km。

防水材料类型及数量统计　　表3

类　型	应用部位	数　量
膨润土防水毯(天然钠基膨润土防水毯膨润土颗粒≥5.5kg/m^2)	鼓—什区间明挖段	10734.1m^2
	什刹海站主体结构+2号风道	13503.51m^2
	南锣鼓巷站主体结构	17149.3m^2
塑料防水板(1.5mm厚EVA防水板)	鼓—什联络通道	109.77m^2
	什—南联络通道	215.7m^2
	南—中接收井横通道	856.394m^2
EPDM弹性密封垫及丁腈软木橡胶板	鼓—什区间	1508环
	什—南区间	1226环
	南—中区间	1483环
钢边橡胶止水带+注浆管	明挖结构环纵向施工缝、变形缝	7138.7m
	暗挖结构变形缝	106.6m
双道遇水膨胀止水胶+水泥基结晶材料	暗挖结构环纵向施工缝	157.6m

渗漏点数量统计　　表4

类　型	部　位	渗漏点累计数量
膨润土防水毯（天然钠基膨润土防水毯 膨润土颗粒≥5.5kg/m^2）	鼓—什区间明挖段	59
	什刹海站	34
	南锣鼓巷站	178
塑料防水板（1.5mm 厚 EVA 防水板）	什—南联络通道	2
	南—中接收井横通道	2
EPDM 弹性密封垫及丁腈软木橡胶板	鼓—什区间双线	11
	什—南区间双线	6
	南—中区间	7

5.2　渗漏情况分析

渗漏情况分析，见表5。

渗漏情况分析　　表5

序号	防水材料	调查时已施工面积（m^2）	渗水点数量（个）	每平方米渗水点百分比（%）
1	膨润土防水毯	41386.9	271 个	0.65
2	塑料防水板	1182	4 个	0.34
3	EPDM 弹性密封垫及丁腈软木橡胶板	95386.3	24 个	0.03

通过以上数据可以看出，使用膨润土防水毯的明挖结构渗漏情况较严重，暗挖及盾构结构渗漏比例较低，防水效果较为理想。

6 预防措施

（1）在管理上，应将预防渗漏工作视为一个系统工程，贯穿于地铁工程设计、施工全过程。在防水设计、材料选择、施工工艺、质量控制、施工队伍等各方面的管理工作中，都要把预防渗漏的管理作为重点。

（2）设计理念上，采用“水密型”的全包防水最好。但就目前地铁建设情况看，应着重于“水密型”和“排水型”相结合的“混合型”较好。按照“以防为主、堵排结合”的原则进行设计和施工。以全面堵水为前提，以结构自防水为根本，以施工缝、变形缝等接缝为重点，采取多道防线，避免渗漏的发生。

（3）施工时应建立全过程渗漏预控理念，加强施工中各个工序的过程质量控制，从而一步步地控制渗漏的发生几率。如：

①检查验收防水材料的基面处理和防水材料施工工艺。

②提升后续工序中对防水材料的成品保护力度。

③加强混凝土生产和浇筑过程中的质量控制。

④监督检查二衬和管片背后注浆量。

⑤严格旁站回填土工序的土质和分层压实情况。

(4)暗挖法区间隧道要减少结构不必要的断面形式,保证隧道初支结构基面的平整顺滑,减少防水层出现褶皱、搭接的机会(以9号线东—白区间为例,设计断面类型有12种,变换次数有18种,工法有5种)。

(5)初支结构喷射混凝土增加防水剂,可增强初期支护结构防水能力。

(6)施工缝、变形缝位置,可以试点采用在缝的中部增加止水钢板(或研究新型止水、耐腐蚀材料)设计,并在底部设置排水沟,以便以后有少量渗水时能及时引排。

(7)明挖结构水平施工缝双道遇水膨胀止水胶效果不理想,可以改成钢边橡胶止水带+单道注浆管的形式。

(8)暗挖工法中,局部难以施工的部位,将混凝土改成自密实混凝土。

(9)对于膨润土防水毯,要根据具体场地条件使用。对于防水基面有达不到干燥状态或在雨季施工时,膨润土防水层容易失效,采用SBS等其他防水材料,也可在防水毯外侧基面增设隔离层。

(10)采用PBA工法施工的暗挖车站顶纵梁施工时在该部位预埋钢板保护层,后续破除格栅时就可以减少防水层破坏的发生。

(11)在目前防水设计中,除变形缝部位设背贴止水带对缝两侧外包防水进行分隔外,其余区段通常不再分区,在对结构渗漏治理过程中,无法判断外包防水层失效的具体范围,造成多次重复治理。今后的设计中可以将防水分区范围缩小。

7 结论

面对北京不断发展的地铁事业,解决地下结构渗漏水的工作已成关键问题之一。在工程建设管理中,要通过提高全员、全过程的质量管控意识,提高设计质量和发展新工艺,强化参建人员的培训,严格过程质量控制,从本质上研究和解决渗漏水的问题,最终使得地铁地下结构工程做到“零渗漏”的质量控制目标。

参考文献

[1] 沈春林.防水堵漏工程技术手册.北京:中国建材工业出版社,2010.

[2] 张可文.建筑防水工程施工新技术典型案例与分析.北京:机械工业出版社,2011.

[3] 沈春林.轨道交通防水材料与施工手册.北京:中国建筑工业出版社,2011.

北京地区砂卵石地层地铁建造难点及对策

第一项目管理中心　雷崇红

摘　要：砂卵石地层卵石含量高、粒径大、强度高和级配不连续的地层特点，决定了在该地层中进行明挖钻孔灌注桩、矿山法隧道超前支护和开挖、土压平衡盾构施工带来了前所未有的困难和挑战。笔者在组织9号线建设过程中，以施工现场为载体，展开相关研究攻关工作，解决了砂卵石地层中钻孔灌注桩成孔可行性和快速施工问题，矿山法施工要点和土压平衡盾构推进过程中推力和扭矩的组成特点、渣土改良手段等切实可行的技术措施，为国内外类似地层设计施工提供一定的参考。

关键词：砂卵石地层；地铁建造；难点；对策

北京地铁9号线位于北京市城区西部，呈南北走向，经由丰台科技园、六里桥客运交通枢纽、北京西客站、中华世纪坛及白石桥等大型客流集散点。线路起于丰台区郭公庄，终点至白石桥与四号线衔接，全长16.49km，均为地下线，共设车站13座，其中换乘车站8座。沿线周边环境复杂，下穿房屋、道路桥梁和市政管线众多。由南往北先后穿越南四环、丰台火车站编组站、西三环、既有地铁一号线、玉渊潭等重大环境风险工程。分别于2011年和2012年底全线通车。线路走向如图1所示。

全线位于永定河冲洪积扇的中上部，线路所穿越的地层在西客站以南部分以卵石地层为主，西客站以北部分以第三系砾岩和卵石层为主。

图1　9号线线路走向图

1　9号线大卵石地层主要特点

在勘察及施工期间，采用人工探井和现场颗粒分拣、微动探测技术等综合手段，摸清了全线卵石地层具有如下特性：

(1)卵石含量高。粒径大于20mm颗粒含量为50%左右,典型工点卵石含量见表1。

不同粒径的卵石含量与分布密度 表1

序号	工　点	粒径大于200mm卵石百分含量或分布密度	备　注
1	丰台科技园站	2.3个/1.2m	—
2	科怡路站	1.3个/1.2m	—
3	丰台南路站	45.1%,16个/1.2m	粒径大于500mm卵石含3.1%,3个/1.2m
4	丰台北路站	51.8%,18个/1m	粒径大于500mm卵石含0.1%,1个/1.2m
5	六里桥站	37.0%,17个/1m	—
6	太平桥站	21.6%,13个/1m	—

(2)颗粒级配差。经常夹杂大粒径的卵石、漂石,结构松散、无胶结。

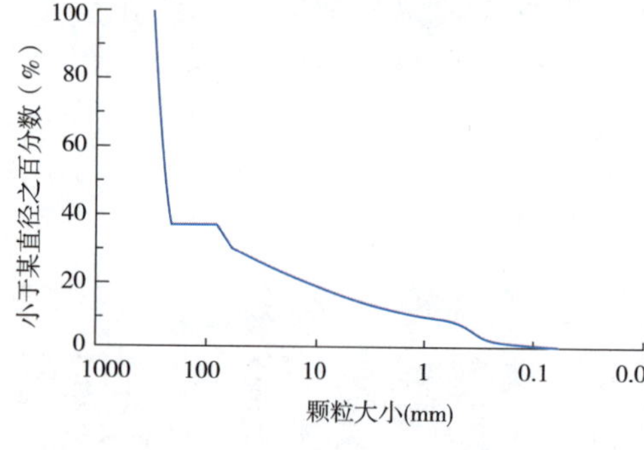

图2　典型粒径级配累计曲线

根据现场人工分拣和室内筛分试验的颗粒级配曲线分析,多数样品的颗粒级配曲线呈"L"形,典型颗粒级配曲线如图2所示。

从图2可以看出,级配曲线不连续,级配不良,尤其缺少中间颗粒,在卵石地层开挖时容易导致基坑坍塌或者成孔孔壁坍塌及漏浆。

(3)卵石粒径大。揭示最大卵石粒径达1.7m。

(4)强度高。卵石以坚硬岩为主(卵石最大单轴抗压强度值为205MPa)。

根据施工勘察80组单轴抗压试验和595组点荷载试验数据:卵石地层中的卵石强度为最小值61.69 MPa,最大值226.42 MPa,平均强度139.21 MPa。

2 灌注桩施工难点及对策

2.1　砂卵石地层成孔方法及施工设备的选择

砂卵石地层中钻孔灌注桩成孔是明挖基坑围护施工成败的关键,直接牵涉到成本、工期及安全质量。选择正确的钻进方法和适宜的机型、机具,并采用合理的施工参数、工艺措施,是实现正常钻进的保障。

对策:选择大功率、大扭矩钻机,即"大马拉小车",一般钻机扭矩应大于220kN·m。

2.2　机具磨损及耐久性技术问题

在砂卵石地层施工,机具的磨损是不可避免的,但如何控制机具的非正常磨损，尤其是非正常损坏，减少更换钻头次数，提高钻进效率，降低施工成本是砂卵石地层及砾岩地层钻进的主要难题之一。

主要解决措施在于优选钻具：

(1)采用子弹头耐磨合金钻斗 + 短螺旋钻头 + 耐磨合金钻斗钻进。

(2)补强钻具六方套连接结构，用耐磨焊条邦焊钻齿及钻具，泥浆添加钻井液固体润滑剂，提高钻具耐久性和使用寿命。

2.3 孔壁稳定性控制技术

9 号线砂卵石地层结构松散，无胶结，对施工扰动反应灵敏，是一种典型的力学结构不稳定地层，存在的主要技术难题为：

(1)地层的渗透系数大，导致泥浆液面难以保持，无法平衡地层压力，力学上难以满足孔壁稳定要求。

(2)孔壁难以形成光滑结实的泥皮，地层受到扰动后极易坍方造成塌孔。

(3)孔径超径现象严重，导致混凝土灌注量大，增加施工成本。

主要解决措施如下：

(1)合理控制泥浆主要指标。相对密度控制在 1.25 ~ 1.40，黏度控制在 25 ~ 30s。

(2)选用聚合物—膨润土泥浆、聚合物胶液(图 3)和钻进液固体润滑剂，解决钻具润滑和塌孔问题，其中，几种不同的典型配比如下：

①4% 膨润土浆 +0.15% Na_2CO_3 +0.1% NaOH +0.2% PAM－1；

②4% 膨润土浆 +0.15% Na_2CO_3 +0.1% NaOH +0.2% PAM－1 +2% FD－1；

③水 +0.15% Na_2CO_3 +0.1% NaOH +0.3% PAM－1；

④水 +0.15% Na_2CO_3 +0.1% NaOH +0.3% PAM－1 +0.5% PSD。

a)

b)

图 3　采用聚合物胶液后钻孔排渣情况

2.4 大漂石处理技术

由于孤石、漂石的埋藏分布及大小是随机的,很难通过地质钻完全探明其分布情况,故给钻孔灌注桩施工造成较大困难。由于钻孔灌注桩直径一般在1.0m以下,当孤石处于直径范围内,旋挖和全套管钻均无法钻进,只能造成钻头的严重磨损;如成为探头孤石时会导致钻孔偏斜,钻齿蹦断或钻具卡死或套管扭矩增大无法下压和冲抓锥瓣损坏,此种情况下必须配合其他方法处理或人工清除,有效措施主要有:

(1)冲击钻进

桩孔施工过程中,遇到大块漂石时,旋挖钻机往往无法钻进,一般换冲击钻机用冲击钻头进行冲击破碎,然后继续采用旋挖钻进。

(2)嵌岩短螺旋钻头钻进

嵌岩短螺旋钻头钻进,一般能把大漂石搅碎并带出孔口。嵌岩短螺旋钻头的锥头结构形式和锥度大小的选择,主要取决于卵砾石粒径的大小和地层硬度。对于大漂石,应选用单锥头小锥角形式的短螺旋钻头,钻进时应采用高钻压低转速规程。

(3)取心筒式钻头钻进

卵砾石取心筒式钻头是在筒钻的基础上发展而来,其主要特点是与钻杆相联的方接头可上下移动,并通过连杆机构带动筒壁上两个抱爪松开和抱紧抓取和携带漂石。切削齿采用滚刀、牙轮、截齿等,可根据卵砾石层的性质和孔径不同来选择。图4是取心筒式钻头实物。图5是现场取出的漂石岩心。

图4 取心钻筒结构

图5 现场取出的漂石岩心

3 矿山法主要技术难题及对策

3.1 超前小导管打设技术及工艺

在砂卵石地层中尤其在混合粒径的砂卵石地层中进行超前小导管注浆，常常遇到下列几种困难：

(1)在砂卵石地层进行超前导管钻孔过程中，不易成孔，卵石卡夹钻头，钻进难度很大；钻杆在取出时易发生塌孔，造成导管注浆无法正常进行。

(2)在砂卵石地层中施工超前小导管由于成孔难度大，施工速度慢，对地层扰动很大，常常塌方。

(3)由于导管打入深度达不到设计深度，常造成地层难以注浆成拱，超挖量较大，工作面稳定性难以保证。

对策：采用“细管短打”(即 $\phi25$ 小导管，每榀格栅打设一环)的方式。结合卵石粒径及强度和密实性不同，可采用风钻成孔、风镐冲击成孔和风镐加高压风成孔三种方式。其中，风镐冲击小导管辅助高压风吹孔的成孔方法较好。

3.2 开挖轮廓控制技术及工艺

由于卵石具有粒径大、含量高、无胶结的特点，隧道开挖轮廓控制成为大卵石地层的一大难点。解决措施主要有：

(1)砾岩及漂石地层开挖时应遵循“管细短、快封闭、少扰动、中拉槽、固拱脚”的施工原则。

(2)砾岩及漂石地层开挖时，上台阶长度要保持不小于 5 ~ 6m，核心土长度不小于 3m，且上台阶核心土外中部放坡拉槽。

(3)下台阶开挖时要放坡开挖，整个下台阶开挖时先挖中间，后挖拱脚下方，靠近拱脚部位采用人工开挖，减少下台阶开挖时对上台阶的扰动，保证结构施工安全。

3.3 一般大漂石处理措施

根据现场开挖揭示，大粒径漂石出现的比例比较大，且可能出现在隧道各个部位，施工时存在较大风险，针对不同情况，采取不同的方法进行处理，如图 6 所示。

针对大漂石地层，准备一些特制工具，在开挖面遇到粒径 50 ~ 80cm 的大漂石，先使用风镐沿漂石边缘打入，连续钻打至漂石有稍许的松动后，在漂石正下方安装好钢丝网加工的网兜，网兜安装必须牢固，可以将网兜固定在格栅主筋上,然后由工人使用长度不小于1.5m的橇棍在漂石远端对漂石进行橇动,使橇落后的漂石落入网兜,人工就近搬至小推车中。石头较大时可辅以翘板搬运,然后由小推车运至龙门架下方土兜中,外运至堆土场。整个过程费时费力,且危险性相当大,是降低暗挖功效的主要因素。

a) b) c) d)

图6 工人吃力地搬运挖出的大漂石

3.4 侵结构大漂石处理措施

开挖时,如遇到个别大漂石(漂石粒径>40cm)侵入区间结构,一般可以采取先隧道施工,后漂石处理的原则进行施工,绕过去后再处理的措施。

(1)漂石位于拱顶及边墙处

①当漂石未位于格栅安装位置时

如漂石外露长度小于在土中埋深,且不大于初支厚度时,可采取安装格栅,漂石部位内侧挂单层网片,喷射混凝土进行封闭处理。

如果外露长度大于土中埋深或外露长度大于初支厚度时,先进行初支施工,漂石部位钢筋网片及纵向连接筋断开,漂石两侧各加强一根纵向连接筋,待初支施工至过漂石位置2m后,再用风镐将漂石凿除,将纵向连接筋连接,挂网喷射混凝土。

②当漂石位于格栅安装位置时

当漂石粒径在40~60cm时,缩小格栅间距,在漂石两侧各布置一榀钢格栅,挂网喷射混凝土,漂石部位钢筋网片及纵向连接筋断开,漂石两侧各加强两根纵向连接筋,若漂石不侵入二衬结构,则直接封闭在初支内,若侵入二衬结构,则待初支施工至过漂石位置 2m 后,用风镐将漂石凿除,将纵向连接筋焊接连接,挂网喷射混凝土。

当漂石粒径在 60cm 以上时,缩小格栅间距,除在漂石两侧各布置一榀格栅外,在漂石中间部位也布置一榀格栅,该格栅在漂石部位断开,纵向连接筋加密,待初支施工至过漂石位置两榀格栅位置时,用风镐将漂石凿除,将格栅主筋焊接连接,挂网喷射混凝土,如图 7 所示。

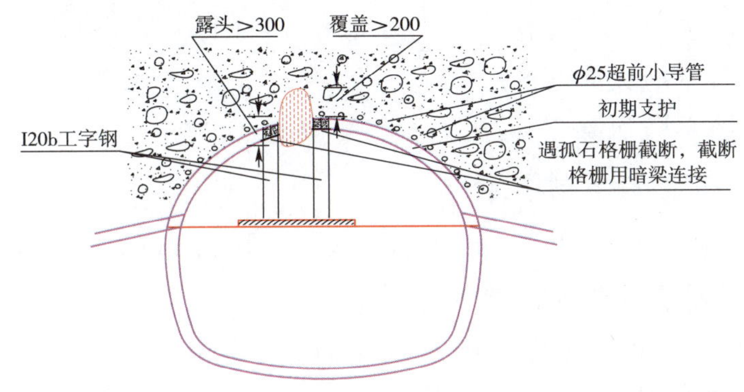

图 7　漂石位于格栅安装位置时的处理方式

(2)漂石位于仰拱时,需将漂石挖出,并回填密实,然后进行初支施工。

(3)大漂石正好位于上下台阶钢格栅连接板位置,影响至下台阶格栅连接时,必须将漂石从土体中挖掘出来,拟采用在漂石四周打设钢花管对漂石四周土体进行加固处理,待加固完成后将漂石从土体中挖掘出来。

(4)对于受砾岩层影响的仰拱施工,若仰拱格栅部位大粒径漂石较多时,可采用两步开挖的方法。

(5)但若遇到漂石在拱顶部位集中分布时,格栅断开量较大会降低结构强度,危及隧道安全,若要保持格栅完整,则必须先对漂石进行处理。在小导管打不进去的情况下,直接剔除漂石,势必会引起隧道塌方;即便采取超前深孔前进式注浆的方式对地层进行预加固,但漂石自身的强度比加固体的强度大的多,剔除漂石时会整体掉落,不仅可能砸伤人,而且可能引起塌方,超挖量也很大。在此情况下,初步考虑加高隧道断面,采用深孔注浆的办法对漂石群地层进行超前预加固,待对地层进行加固后再处理漂石群。

(6)对于开挖大漂石导致的超挖及空洞,先挂网喷射混凝土封口并预留打料管,封闭完成后通过料管向孔洞内喷射干料回填,最后采用料管进行背后注浆回填密实。

4 大卵石地层盾构施工主要技术难题及对策

4.1 砂卵石地层盾构选型技术

盾构选型是盾构隧道施工的关键环节,一定程度上决定着盾构掘进的成败。适宜的机型选择及施工参数、措施的合理设定是盾构顺利掘进的保证。在大卵石地层中盾构机选型可参照以下原则,以辐条式刀盘为宜。

(1)刀盘开口率和渣土磨蚀性是影响砂卵石地层盾构施工的关键因素。

(2)开口率增加10%,刀盘扭矩约降低8%~10%。

(3)刀盘开口率应大于35%。

(4)渣土摩擦系数每降低0.1,刀盘扭矩约降低35%~40%。

4.2 开挖面稳定控制技术

砂卵石地层基本结构松散、胶结程度差,土体改良效果欠佳时土体流朔性差,致使土仓内不易实现连续的动态平衡。

为有效控制开挖面的动态平衡及稳定状态,先了解大粒径卵石层盾构关键参数推力和扭矩组成特征:

盾构总推力的6大部分中,盾构外壳与周围地层的摩阻力 F_1、盾构推进时正面推进阻力 F_2 及盾构切口环贯入地层时的阻力 F_3 是盾构总推力的主要构成部分,三者之和约占了95%以上,其他几部分推力几乎可以忽略不计。因此可将砂卵石地层盾构设计推力的计算公式简化为:$F_d=(1.05\sim1.1)(F_1+F_2+F_3)$。

盾构刀盘扭矩的产生原因分为三大部分。一是刀具开挖扭矩(T_1);二是盾构磨损阻力扭矩($T_2+T_3+T_4$);三是盾构机械损失($T_5+T_6+T_7$)。北京地铁9号线盾构区间刀盘扭矩的统计计算结果表明:摩擦阻力扭矩($T_2+T_3+T_4$)在刀盘总扭矩中占据绝对主导地位,成为控制刀盘扭矩大小的主要因素。依托北京9号线6个盾构区间的地层情况,利用上述推导的刀盘扭矩公式对其组成进行统计分析,结果表明:9号线06标“军~东”区间摩擦阻力扭矩占总扭矩比例最大,达到91.5%,9号线03标摩擦扭矩比例最小,约为86%。刀具开挖扭矩 T_1、机械损失扭矩 $T_5+T_6+T_7$ 所占比例较小,总计约为总扭矩的8%~14%,即对刀盘总扭矩的影响较小。

基于刀盘扭矩的计算公式及组成特征分析,对北京砂卵石地层刀盘扭矩的计算过程进行简化和修正,得出北京砂卵石地层刀盘扭矩的简化计算公式为:

$$T'=1.2(T_2+T_3+T_4)$$

开挖面稳定控制措施主要有:

(1)实时监控盾构施工参数,并对关键参数实时做出有效调整,使刀盘扭矩、推进油缸的推力、刀盘转速、推进速度、土压力等参数控制在正常范围内,盾构土舱泥土压力足以与地层土压力平衡。

(2)时刻保持开挖面切削土量与螺旋输送机排土量的平衡,以使泥土压力与地层水土压力保持动态平衡。

(3)向土舱及开挖前方注入优质泡沫等土体改良剂,对开挖面及土舱内土体进行朔流化改造。使土舱内土体保持一种"朔流性状态"。

4.3 土体改良及刀具磨损和耐久性技术

对策:采用硬胶泡沫改良剂,主要成分添加植物胶。泡沫性能指标半衰期为14min,发泡倍数14。典型配方是:2% SDS +6% OB -2 +0.4% 十二醇 +0.16% 瓜尔胶 +0.06% 氯化铵。

大粒径无水砂卵石地层机械成孔施工技术研究

第一项目管理中心 刘魁刚

摘　要：北京西南地区地层以大粒径无水砂卵石为主，地层卵石粒径大，卵石含量高、强度大，成为车站基坑围护桩施工的一大共性难题。针对这种地层条件，本文首次研究制定在北京地铁9号线施工中使用全套管冲抓钻机成桩技术。着重理论分析了几种钻进方式的原理、优缺点、机械资源、安全性和环保性，简要分析了旋挖钻进和全套管施工的人工、材料和机械消耗情况，使决策者对经济指标有一个直观的了解，比选出两种钻进方式：旋挖钻机施工和全套管施工，并使用旋挖钻机法和全套管法在该地层条件下进行了试桩施工。通过对旋挖钻进实际情况的详细分析，旋挖钻进在钻进10m左右后钻进困难，证明旋挖钻进在本地层中不满足施工的主要因素；同时采用全套管法试桩施工，实践证明全套管法能够顺畅的完成此种地质状况的钻进。针对砂卵石地层的适应性详细介绍了全套管施工的工艺流程，并专门研究了全套管施工的保证成桩质量的关键技术，研究表明全套管钻机用冲抓斗和十字冲击锤结合的方式很适合于漂石地层成桩，施工质量容易保证，安全可靠，成桩应用不受限制，该成孔技术在特殊地质条件下的应用将有很好的发展。

关键词：大粒径无水砂卵石；旋挖钻；全套管冲抓钻；关键技术

0 工程概况

北京地铁9号线丰台东大街站位于丰台区现状东西向游泳场北路与东大街道路交汇处的T型路口路下。现状道路两侧多为低矮的建筑，大部分为部队用地和一些4～6层的民房。车站区域存在多条管线。车站南端设盾构掉头井，北端设盾构始发井。车站共设置4个出入口（含两个预留出入口）、2个风道和1个安全疏散通道。该站采用明挖顺作法施工，结构底板埋深18.8m，围护桩长23.8m，桩入砂卵石层深度12.6m。基坑支护的主要形式为混凝土钻孔灌注围护桩+钢管内支撑体系，基坑主体围护结构混凝土强度等级为C25，桩径主要为Φ1000见表1。

丰台东大街站围护桩一览表　　表1

桩型	桩径(mm)	数量(棵)	桩长(m)	埋深(m)	穿越地层
ZZ1	1000	40	21.9	24.68	①$_1$、②、②$_5$、⑤、⑦
ZZ2	1000	241	18.6	21.38	①$_1$、①、②、②$_5$、⑤、⑦
ZZ3	1000	24	11.0	13.86	①$_1$、①$_3$、①、②$_5$、⑤
ZZ4	1000	8	13.0	24.14	①$_1$、①$_3$、①、②$_5$、⑤、⑦
ZZ5	1000	10	10.4	21.38	①$_1$、①$_3$、①、②$_5$、⑤、⑦
ZZ6	1000	59	21.2	23.98	①$_1$、①$_3$、①、②$_5$、⑤、⑦
ZZ7	600	30	7.3	7.9	①$_1$、①、①$_3$、②$_5$、⑤
ZZ8	1000	20	15.8	21.84	①$_1$、①、①$_3$、②$_5$、⑤、⑦、⑦$_1$
ZJ1	1200	6	11.0	28.16	①$_1$、①、①$_3$、②$_5$、⑤、⑦、⑦$_1$、⑨
ZJ2	1200	4	8.5	25.66	①$_1$、①、①$_3$、②$_5$、⑤、⑦、⑦$_1$

根据钻探资料及室内土工试验结果，按地层沉积年代、成因类型，将本工程场地勘探范围内的土层划分为人工堆积层、新近堆积层和第四纪晚更新世冲洪积层三大类，本场区第四纪沉积以晚更新世冲洪积层为主。根据岩土工程勘察报告，本站地层层序自上而下依次为：粉土填土①层，杂填土①1 层，粉土②层，圆砾卵石⑤层，粉质黏土⑥层，卵石⑦层、卵石⑨层。车站主体结构施工范围内砂卵石呈层状分布，且粒径大、含量多、埋深浅、厚度大，局部有大粒径漂石的特点。据详细补勘时得到的调查资料，车站基坑旁统计出来的每米层中大于 300mm 以上的最大粒径，12 ~ 15m 深度范围内占总深度范围内总数的 58%，最大粒径位于 16m 深度，形象分布情况如图 1 所示。

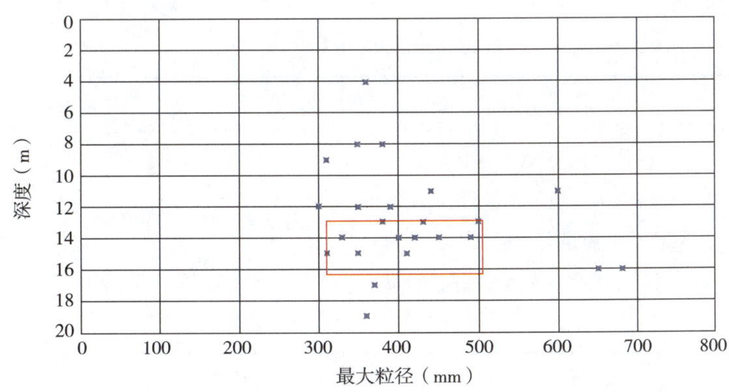

图 1　大粒径砂卵石分布形象图

丰台东大街站场地范围内的地下水为潜水，水位埋深 27.30m，水位高程为

19.00m,主要含水层为卵石⑦、⑨层,渗透系数为220m/d。车站结构底板高程29.291m(端头井底高程27.285m),尚未进入地下水。

1 工程特点与难点

(1)施工场地位于市区较繁华地带,由此带来的环境污染、噪声污染指标受到严格限制,难免带来扰民。

(2)施工场地处于道路中间,距离周围建筑物较近,施工现场狭窄,大型机械就位困难,施工条件困难。

(3)本场区地质条件复杂,含大粒径卵石,机械成孔易遇到抬头石或大块孤石,成孔难度大。

(4)成桩数量大,且分期施作,必须合理组织、安排穿插施工,保证工程进度的难度大。

2 成孔工艺选择

2.1 成孔工艺分析

钻孔围护桩依据成孔方式可分为泥浆护壁成孔、干作业成孔、护筒(沉管)灌注桩及爆破成孔。其中目前常用的泥浆护壁成孔主要包括:正循环回转钻机、乌卡斯冲击钻、旋挖钻机、冲抓法、冲击反循环;护筒成孔主要包括全套管全回转法、全套管高频振动取土灌注桩、MZ系列摇动式全套管冲抓钻钻机;干作业成孔主要有长螺旋成孔。本文对上述9种机械成孔所用机械各自成孔原理和优缺点进行分析对比,研究出适应无水大卵石地层中钻孔灌注桩成孔的钻机,以指导围护桩施工。见表2。

各种工艺对比分析一览表 表2

序号	工艺	成孔原理	优点	缺点
1	高频液压振动取土成孔	通过高频液压振动锤将外套管及专用取土内管沉入地下,同时辅以配套润滑措施,然后通过高频振动取土管进行取土至设计高程,待下入钢筋笼、灌注混凝土后拔出外管	无泥浆污染,外套管穿透能力强,速度较快	桩位附近有振感;遇大块卵石时,存在安全隐患
2	旋挖钻机成孔	通过钻斗的旋转、削土、提升、卸土,反复循环而成孔	钻孔速度快,移位方便,定位准确,工作效率高,噪声小,适用范围广,价格较低	遇到较大粒径的卵石层较难适用,且易出现塌孔和漏浆的问题

续上表

序号	工艺	成孔原理	优　点	缺　点
3	全套管全回转法	通过液压装置转动外套管,使之达到设计高程,配合冲抓工具或短螺旋或人工将套管内的土取出	成孔能力强,无污染	移动孔位较困难
4	MZ 系列摇动式全套管冲抓钻钻机	该钻机利用摇动装置的摇动(或回转装置的回转)使钢套管与土层间的摩阻力大大减小,边摇动(或边回转)边压入,同时利用冲抓斗挖掘取土,直至套管下到设计高程为止,从而达到成孔的目的	振动和噪声小,成孔深、孔径易调节、无泥浆排放,遇地下水、流沙地质时,仍可以正常施工等特点	造价稍高,资源稍显不足
5	长螺旋钻机成孔	通过安装在螺旋钻杆顶端的动力头转动钻杆,钻杆钻入地层中,钻孔内的大部分土、石块借助于孔壁的摩擦力从钻杆叶片间排出地面,少部分被挤入孔壁中	成孔速度快、效率高、干作业、无泥浆污染、成本较低、设备丰富	当卵石粒径大于 300mm 或深度超过 20m 时,基本上不能成孔
6	冲抓法成孔	通过冲抓型的抓斗将槽内的土石块抓出,配合重凿使用,能确保在含有大粒径的卵石地层中成孔	垂直偏差小、成孔精度高,桩体表面平整光滑,桩的施工质量有保证。适用地层广,能确保在含有大粒径的卵石地层中成孔	湿作业,如处理不当有可能造成环境污染
7	正循环回转钻机	通过钻机回转装置带动钻杆和钻头回转切削破碎岩土,由泥浆泵往钻杆输进泥浆,泥浆沿孔壁上升,从孔口溢浆孔溢出流入泥浆池,经沉淀处理返回循环池	适用于填土、淤泥、黏土、粉土、砂土等地层,对于卵砾石含量不大于 15%、粒径小于 10mm 的部分砂卵砾石层和软质基岩及较硬基岩也可使用	湿作业,易污染环境。泥浆循环能力低,携带土粒径小,排渣能力差,遇大粒径卵石施工困难
8	乌卡斯冲击钻	通过冲击钻头将孔内的土石块击碎或挤入孔壁内,并配合提砂筒将孔底的碎块和泥浆提出孔外	适用地层广,成本较低,设备丰富	湿作业,泥浆污染,施工噪声较大,进尺缓慢
9	冲击反循环	该钻机是一种将传统冲击钻进方法与反循环连续排渣技术相结合的新型大口径钻孔桩基施工设备	适用地层广,在卵砾石层与岩石中具有较高的钻进效率,成本较低,设备丰富,价格较低	湿作业,泥浆污染,施工噪声较大

2.2 成孔工艺比选

根据车站围护结构、地层条件和周边环境条件、工期要求,通过对无水大卵石地层成孔工艺的比选分析(表3),可以看出:

(1)全套管高频振动取土法、全套管全回转法施工受设备资源限制,基本无设备可用。

(2)丰台东大街站以卵石地层为主,粒径大于300mm的卵石普遍分布,受地层限制,长螺旋钻机和正循环成孔基本不可用。

(3)车站两侧为居民楼房,乌卡斯冲击钻噪声大,对居民影响大,不可用。

(4)由于车站施工工期,冲抓法成孔、冲击反循环成孔功效低,不满足工期要求,且易造成环境污染。

成孔工艺比选 表3

序号	工　艺	钻进难度	安全风险	设备资源	工效	塌孔	漏浆	噪声	泥浆污染
1	高频液压振动取土成孔	较小	较小	国内3台	高	无	无	较小	无
2	全套管全回转法	较小	较小	国内2台	高	无	无	较小	无
3	MZ系列摇动式全套管冲抓钻钻机	较小	较小	国内近30台	高	无	无	较小	无
4	冲抓法成孔	较大	一般	国内多于500台	低	较小	一般	一般	有
5	旋挖钻机成孔	一般	一般	国内多于800台	一般	较小	一般	一般	有
6	长螺旋钻机成孔	较小	一般	国内多于500台	一般	较小	一般	一般	有
7	正循环回转钻机	较大	一般	国内多于500台	较低	一般	一般	较小	有
8	乌卡斯冲击钻	较大	一般	国内多于800台	一般	一般	一般	较大	有
9	冲击反循环	较大	一般	国内多于800台	低	较小	一般	较大	有

考虑到丰台东大街站钻孔灌注桩数量众多,工期紧张,特殊成孔工艺设备有限,其成孔工艺的选择应立足于常规成孔工艺,故选用旋挖钻机或全套管冲抓钻钻机作为成孔设备。

2.3 旋挖钻成孔和全套管人、材、机消耗比选

为了对经济指标有一个直观的了解,对选用的旋挖钻进成孔和全套管施工在普通地层中的人工、材料和机械消耗情况进行分析,两种成孔方式分别见表4、表5。

定额子目分析表(旋挖成孔) 表4

<table>
<tr><td colspan="3">定额子目分析编号</td><td colspan="3">105</td></tr>
<tr><td colspan="3">参考定额</td><td colspan="3">北京 2001 预算定额 A2 – 16</td></tr>
<tr><td colspan="3">子目名称</td><td colspan="3">围护结构 钻孔灌注桩 回旋钻机钻孔 Φ1000 H≤40m 三类土</td></tr>
<tr><td colspan="3">单位</td><td colspan="3">m</td></tr>
<tr><td colspan="3">数量</td><td colspan="3">1</td></tr>
<tr><td colspan="2">名 称</td><td>单位</td><td>单价</td><td>含量</td><td>金额</td></tr>
<tr><td>1</td><td>人工</td><td></td><td></td><td></td><td>77.15</td></tr>
<tr><td>2</td><td>综合工日</td><td>工日</td><td>43</td><td>1.73</td><td>74.43</td></tr>
<tr><td>3</td><td>其他人工费</td><td>元</td><td>1</td><td>2.72</td><td>2.72</td></tr>
<tr><td>4</td><td>材料</td><td></td><td></td><td></td><td>3.79</td></tr>
<tr><td>5</td><td>电焊条(综合)</td><td>kg</td><td>6.90</td><td>0.04</td><td>0.28</td></tr>
<tr><td>6</td><td>铁件</td><td>kg</td><td>3.90</td><td>0.02</td><td>0.08</td></tr>
<tr><td>7</td><td>其他材料费</td><td>元</td><td>1.00</td><td>3.44</td><td>3.44</td></tr>
<tr><td>8</td><td>机械</td><td></td><td></td><td></td><td>306.58</td></tr>
<tr><td>9</td><td>回旋钻机</td><td>台班</td><td>630.98</td><td>0.40</td><td>249.24</td></tr>
<tr><td>10</td><td>其他机具费</td><td>元</td><td>1.00</td><td>57.34</td><td>57.34</td></tr>
<tr><td colspan="2">合计</td><td colspan="4">387.52</td></tr>
</table>

土建市政工程预算补充项目表(普通砂层全套管成孔) 表5

<table>
<tr><td colspan="6">定额编号</td><td></td></tr>
<tr><td colspan="6">项目</td><td>全套筒钻机成孔</td></tr>
<tr><td colspan="6">基价(元)</td><td>373.17</td></tr>
<tr><td rowspan="3">其中</td><td colspan="5">人工费(元)</td><td>17.4</td></tr>
<tr><td colspan="5">材料费(元)</td><td>22.59</td></tr>
<tr><td colspan="5">机械费(元)</td><td>333.18</td></tr>
<tr><td colspan="3">名 称</td><td>单位</td><td>单价</td><td>数量</td><td>合价</td></tr>
<tr><td rowspan="2">人工</td><td></td><td>综合工日</td><td>工日</td><td>58</td><td>0.3</td><td>17.4</td></tr>
<tr><td></td><td></td><td></td><td></td><td></td><td></td></tr>
<tr><td rowspan="5">材料</td><td></td><td>C20</td><td>m^3</td><td>345</td><td>0.05</td><td>17.25</td></tr>
<tr><td></td><td>工具钢</td><td>kg</td><td>3.83</td><td>0.016</td><td>0.06</td></tr>
<tr><td></td><td>合金钢钻头</td><td>个</td><td>28</td><td>0.005</td><td>0.14</td></tr>
<tr><td></td><td>高压胶皮风管</td><td>m</td><td>27.22</td><td>0.005</td><td>0.14</td></tr>
<tr><td></td><td>其他材料费用</td><td>元</td><td></td><td></td><td>5.00</td></tr>
<tr><td rowspan="4">机械</td><td></td><td>全套管钻机</td><td>台班</td><td>6845.23</td><td>0.03</td><td>205.36</td></tr>
<tr><td></td><td>55t 履带式起重机</td><td>台班</td><td>2300</td><td>0.03</td><td>69</td></tr>
<tr><td></td><td>自卸汽车 15t</td><td>台班</td><td>846.02</td><td>0.00175</td><td>1.48</td></tr>
<tr><td></td><td>其他机具费</td><td>元</td><td></td><td>57.34</td><td>57.34</td></tr>
</table>

由表4、表5可知,旋挖、全套管二者在普通地层中的单价费用分别为387.52元/m和333.18元/m,差别不大。

但对于在砂卵石地层中成孔的人材机消耗,由于卵石粒径太大产生的施工降效及无法钻进等问题,表4的人工、材料、机械消耗实际量无法反映旋挖钻头的损坏等方面;表5的人工、材料、机械消耗实际量无法反映Φ1000套管、环形刀头、冲抓抓片、钢丝绳等的损坏问题。故对于砂卵石地层中的实际消耗,需要按照实际消耗量计入。

3 围护桩试桩成孔实施

3.1 旋挖试桩

(1)试桩过程

试验桩选择Φ1000mm ZZ6桩两根桩,桩长23.98 m;钻机选用北京南车时代重工生产的TR220D旋挖钻机,其关键部件采用CAT和pexroth,美国派克和玛努力厂家制造。其主要参数见表6。

旋挖钻主要参数 表6

主要性能	参　数	主要性能	参　数
最大输出扭矩	220kN·m	钻孔转速	6~27rpm
最大加压力	180kN	最大起拔力	200kN
发动机生产厂家	卡特彼勒	发动机型号	C9电喷涡轮增压发动机
配置功率	213kW	最大钻孔深度	60m

钻头选用专用于砂卵石地层的合金钻头,如图2所示。

①第一根桩初步试桩记录

图2 旋挖合金钻头

时间:2010年1月28日。

技术参数:泥浆相对密度1.2;钻进速度4m/小时。

开钻时间:09:00

停钻时间:10:00

钻进深度:8.7m(包括护筒4m)。

出现问题:漏浆严重,泥浆供应不及,出现塌孔。

现场处理:施工单位、监理和业主单位协商后,将钻孔回填,以防塌孔。

采取措施：在业主代表主持下，项目部对初步试桩漏浆原因进行了总结，对施工参数进行了优化：

a. 泥浆相对密度加大到1.4；

b. 钻进速度放缓，不超过2m/小时；

c. 联系水车，保证泥浆供应。

②第一根桩再次试桩记录

时间：2010年1月29日

技术参数：泥浆相对密度1.4；钻进速度2m/小时。

开钻时间：09:30

停钻时间：11:30

钻进深度：13.6m（包括初次钻进8.7m）。

钻进记录如下：

a. 10m以上地层钻进较为容易，渣土中卵石粒径多为10cm以下。

b. 钻进至10m左右时，钻机进尺困难，扭矩增大，钻杆抖动加重，渣土中卵石粒径达到20～25cm，并偶见卵石断裂碎块（据此判断卵石粒径30～40cm）。如图3所示。

图3　试桩所出大粒径卵（漂）石

c. 钻进至13.6m时，钻机采用浮动加压（自动加压）已无法进尺，改为动力加压（强制加压）时，钻杆反弹上浮，无法钻进。钻头提出后，斗内只有少量岩石碎块，同时发现钻头侧齿已崩角。如图4所示。

a)

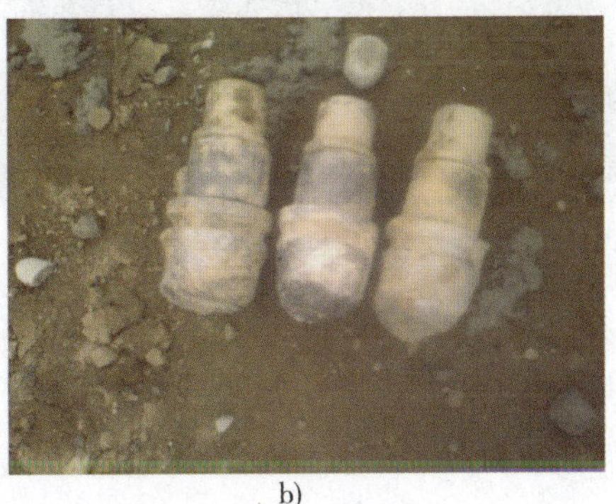

b)

图4　试桩最后一钻出渣及钻头磨损情况

现场处理:施工单位、监理和业主单位协商后,将钻孔用砂土回填。

原因分析:在业主代表主持下,施工单位及时召开了首根试验桩施工分析会,综合考虑地勘报告及现场试桩情况,初步判定遇到大块漂石,旋挖钻机钻进困难。

③第二根试验桩试桩记录

时间:2010 年 1 月 30 日

技术参数:泥浆相对密度 1.6

开钻时间:09:00

终钻时间:10:50

钻进深度:12.4m

钻进记录如下:

a. 10m 以上地层钻进较为容易,每钻耗时 5 ~ 6min,渣土中卵石粒径多为 10cm 以下。

b. 钻进至 10 ~ 12m 时,钻机进尺困难(15 ~ 20min 一钻),渣土中有卵石断裂碎块(据此判断卵石粒径 30cm 以上)。如图 5 所示。

c. 钻进至 12 ~ 12.4m 时,钻机采用浮动加压(自动加压)已无法进尺,改为动力加压(强制加压)时,钻头卡死,无法钻进。钻头提出后,发现钻头侧齿已崩落。如图 6 所示。

图 5 第二根试验桩所出大粒径卵(漂)石

图 6 第二根试验桩钻头磨损情况

现场处理:施工单位、监理和业主单位协商后,将钻孔用砂土回填。

原因分析:施工单位召开试验桩施工分析会,初步判定遇到大块漂石,钻机无法钻进。

(2)应用结论

使用旋挖钻机成孔时,对于含有扁平、细长条状漂石的砂卵石地层,旋挖钻机能够成功进行钻进,扁平漂石可直接从短边或扁平面用旋挖钻头取出。砂卵石地层中围护桩施工时易塌孔,需辅以增加泥浆浓度、增长护筒长度、采用双护筒等辅助措施。此外,砂卵石层对钻头磨损较大,钻头钻齿需经常更换,钻头成本太大。在遇到大块漂石时,钻头卡死,无法钻进。故在大粒径砂卵石地层中旋挖钻机成孔无法保证成功,为了保证施工质量建议不采用。

3.2 全套管冲抓钻试桩实施

(1)试桩过程

全套管试验桩也选择 ϕ1000mm ZZ6 桩两棵桩,桩长 23.98m;全套管试桩钻机采用昆明捷程桩工有限责任公司生产的捷程牌 MZ 系列摇动式全套管钻机。其主要参数见表 7。

全套管钻机的主要参数　　表 7

主要性能	参　数	主要性能	参　数
最大摇动扭矩	2650kN · m	最大摇动推力	1648kN
最大提升力	1961kN	摇动角度	27°
最大功率	95kW	吊车起重能力	≥343
最大钻孔深度	45m		

①第一根桩初步试桩记录

时间:2010 年 2 月 1 日

技术参数:钻进速度 5 ~ 6m/小时

开钻时间:08:30

停钻时间:13:00

钻进深度:23.98m

出现问题:未出现钻进问题,较顺利钻进到设计高程。

②第二根桩初步试桩记录

时间:2010 年 2 月 2 日

技术参数:正常钻进速度 4 ~ 5m/小时

开钻时间:08:30

停钻时间:11:05

钻进深度:15.5m

出现问题:钻机钻进速度变慢,怀疑遇到大粒径漂石。

现场处理:用凿槽锥顺着套管小心冲击,把卵石拨到钻孔中间后抓出,也可用十字冲锤将其击碎或挤出孔外。

继续钻进:对于遇到的漂石用十字冲锤处理后,继续钻进至设计高程。

终钻时间:16:50

(2)应用结论

使用全套管钻机成孔时,在卵石层中采用边挖掘边跟管的方法。其最大特点是有多种形式的冲锤和抓斗可供选择。由于其利用套管全长进行护壁,不必担心塌孔,可避免钻、冲击成孔灌注桩缩颈、断桩及混凝土离析等质量问题,易于控制桩断面尺寸与形状,全套管成孔施工速度和施工质量都易于保证。

3.3 试桩结论

(1)成孔方式地层适应性

通过试桩结果可以看到,在砂卵石层特别是卵石含量不大,仅有个别粒径偏大的砂卵石层施工,旋挖钻机再辅以适当措施时能够克服一定困难进行作业。但在丰台东大街站区域内的地质状况,砂卵石含量多且直径大,旋挖钻机难以胜任。而全套管钻机能够顺利完成此种地层的钻进。故在丰台东大街站围护桩施工中,采取全套管冲抓钻钻机为主方式进行施工,在后续大面积施工中也取得了良好的效果。故全套管钻机(辅以冲锤和抓斗)适合大粒径砂卵石地层成孔,同时也最易保证施工质量。

(2)全套管在大粒径卵石中的人工、材料与机械消耗

全套管钻机的台班价格是以普通砂土层施工作为依据的,所以在分析计算全套管砂卵石地层中钻机单价时,当用普通砂土层的全套管钻机台班费用作为计算依据,必须加上增加的 ϕ1000 套管、环形刀头、冲抓抓片、钢丝绳等主要机械材料损耗费用。考虑人工、机械在大粒径砂卵石地层中施工降效,因无相应定额,根据现场实际施工情况单价分析见表 8。

根据现场实际施工可知,由于在砂卵石地层中成孔的人材机消耗变大,也使全套管相比普通地层的施工成本成倍增大。

土建市政工程预算补充项目表(砂卵石地层全套管成孔) 表 8

定额编号		
项目		全套筒钻机成孔
基价(元)		1181.56
其中	人工费(元)	59.55
	材料费(元)	220.88
	机械费(元)	901.13

续上表

名称		单位	单价	数量	合价
人工	综合工日	工日	58	1.027	59.55
材料	C20	m^3	345	0.05	17.25
	工具钢	kg	3.83	0.016	0.06
	合金钢钻头	个	28	0.005	0.14
	高压胶皮风管	m	27.22	0.005	0.14
	其他材料费用	元			203.29
机械	全套管钻机	台班	5901.63	0.1027	606.10
	55t 履带式起重机	台班	2300	0.1027	236.21
	其他机具费	元		57.34	57.34
	自卸汽车 15t	台班	846.02	0.00175	1.48

4 全套管施工关键技术措施

4.1 施工效率研究

根据落锤式冲抓斗和套管端头在钻掘过程中的位置关系,可以将钻掘方式分为套管超前下沉和冲抓斗超前下挖两种。其中套管超前下沉主要用于软土、黏土等压缩模量较小的地层,冲抓斗仅在套管内抓土,以便于控制孔壁质量和开挖方向,一般套管超前孔内开挖面 1~1.5m,而冲抓斗超前下挖主要用于卵石或硬岩等压缩模量较大的地层,冲抓斗在套管外抓土,一般超前下挖 0.3m 左右,以减小挑孔石或探头石对套管端部切割环的磨损。由于丰台东大街站穿越地层基本为卵石层,故采用冲抓斗超前下挖的钻掘方式。以 ZZ1 围护桩(孔深 24.68m)为例,其三节套管的长度分别为 9.4m、8.1m、7.2m,套管厚度为 20mm,统计 10 根桩,其下沉套管的速率见表 9。

各节套管的下沉时间 表 9

桩号	t_1(min)	t_2(min)	t_3(min)	桩号	t_1(min)	t_2(min)	t_3(min)
Z-1	120	200	320	Z-380	120	380	260
Z-2	150	220	280	Z-381	140	410	200
Z-3	130	345	300	Z-382	130	260	220
Z-4	140	230	290	Z-383	125	260	235
Z-5	120	260	250	Z-384	130	240	360

注:t_1、t_2、t_3 分别为第一、二、三节套管的下沉时间。

从表9中可以看出,由于第一节套管下沉时,套管入土不深而所受摩擦力较小,冲抓斗抓土也较快,此时套管下沉较快,约2h可以完成第一节套管的下沉,第二、三节套管下沉较慢,此时套管入土较深并已经到漂石粒径较大的卵石层,套管受摩擦力较大,冲抓斗抓土较慢,并且由于卵石粒径较大,每次抓土的效率不高。据统计在下沉第二、三节套管时,平均每5根桩会碰上冲抓斗无法破碎的和抓起的漂石而需改用十字冲击锤进行破碎后抓起。

4.2 套管垂直度控制

套管垂直度控制主要为地面监测和孔内检查。其中地面监测主要针对第一节套管,这两节套管的垂直度对整个桩孔垂直度起着决定性的作用,只要第一节套管呈垂直状态并且之后的挖掘方法、套管连接方法适当,后续套管自然呈垂直状态,一般采用先进的经纬仪或采用传统的线锤法在两个相互垂直的方向进行监测,发现偏差时随时用调节油缸纠偏。孔内检查是指在每节套管压完后安装下一节套管前,都要停下来用测环法进行孔内垂直度检查,不合格时则进行纠偏,直到合格才能进行下一节套管的施工,测环法测定垂直度如图7所示。在检测时应将测绳沿十字架缓慢移动直至测环边沿与套管内壁刚好接触为止。

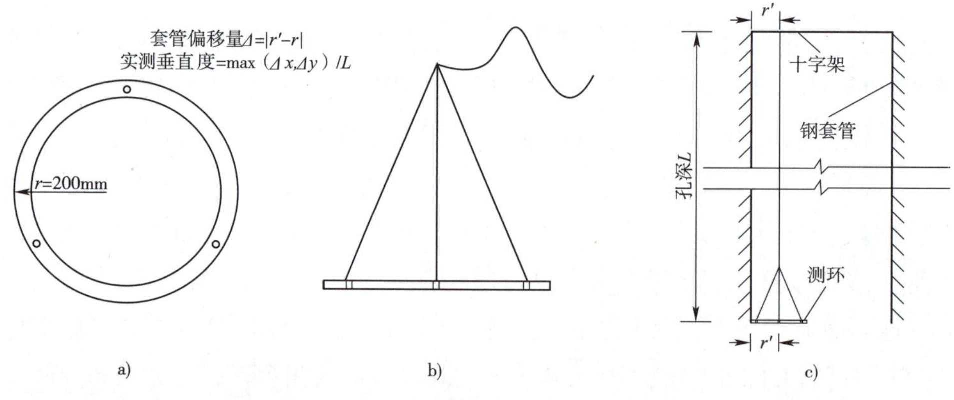

图7 测环法示意图

同样以ZZ1围护桩(孔深24.68m)为研究对象,统计其10根桩的垂直度,其统计情况如表10所示,从该表中可以看出,全套管钻机对垂直度的控制还是很好的,完全满足控制标准5.0‰。

10根桩的垂直度统计 表10

桩号	Δx(min)	Δy(min)	垂直度(‰)	桩号	Δx(min)	Δy(min)	垂直度(‰)
Z-1	80	70	3.2	Z-3	22	27	1.1
Z-2	30	45	1.8	Z-4	30	70	2.8

续上表

桩号	Δx(min)	Δy(min)	垂直度(‰)	桩号	Δx(min)	Δy(min)	垂直度(‰)
Z-5	20	50	2.0	Z-382	21	42	1.7
Z-380	20	21	0.8	Z-383	20	34	1.3
Z-381	15	30	1.2	Z-384	32	20	1.3

5 结语

通过以上9种机械成孔方式的初步对比，以及全套管冲抓钻钻机、旋挖钻机的实际施工，可以看出各种钻机对不同粒径的卵石均有一定的适应性。但在大粒径砂卵石地层中旋挖钻试桩时遇到大漂石，无法继续钻进，故旋挖钻机不能保证漂石存在的地层中成孔率。

全套管冲抓钻机成桩工艺在漂石地层的成桩过程中对粒径不大的漂石(粒径小于一半桩径)完全可以用冲抓斗直接抓出，而对于粒径较大的漂石(粒径大于一半桩径)则可以采用十字冲击锤破碎后用冲抓斗抓出。由于钢套管全程护壁，破碎漂石时即使有很大振动也不会有塌孔的危险。研究证明，全套管冲抓钻机很适合于漂石地层成桩，施工质量容易保证，易于进行施工的科学管理，加之其噪声小、振动小、污染少的优点，属于干式环保型钻孔灌注桩施工机械，在城市地区的成桩应用不受限制，其潜在的经济效益和社会效益巨大，必将很好的发展。

全套管钻机虽然在漂石地层成桩顺利，但还是存在一些不足，有关建议如下：

(1)由于机械设备庞大沉重，施工时需要较大场地，需要提前筹备好施工场地，否则很难多台设备同时施工。

(2)在漂石地层成桩时，由于冲抓斗需要不断的碰撞和冲击，其抓片损坏较为严重。特别是在漂石粒径较大卵石⑦层，据统计平均每施作10根桩会损坏一对抓片，同时由于套管和卵石之间的不断摩擦，套管的磨损较为严重。随着磨损的不断增加，套管逐渐变薄，其抗扭能力减弱，可能出现套管被扭断的危险，故当套管厚度(原厚度为20mm)减小到15mm以下时就应该考虑报废。

参考文献

[1] 江正荣，朱国梁. 简明施工手册[M]. 北京：中国建筑工业出版社，2005.

[2] 王寿华，王家隽，朱维益，等. 建筑施工手册(第四版)[M]. 北京：中国建筑工业出版社，2003.

盾构施工振动振源的现场测试研究

北京市轨道交通建设管理有限公司　潘秀明

摘　要:地铁施工期所引起的周围环境的响应特别是盾构施工所引起的振动等负面问题日渐突出,这就需要对盾构施工对周围环境可能产生的振动影响进行可靠地分析研究,而这其中,能否正确识别盾构施工振动振源是极其关键的一步。本文以北京地铁盾构施工工程为研究背景,针对不同的开挖面地层组合条件,对盾构施工作业面的振源振动进行了现场测试,分析了其频幅特性,这为进一步分析盾构施工振动荷载作用下周围环境的动力响应打下了基础。

关键词:盾构施工;振源;现场测试;频幅特性

1 引言

近年来,城市特别是规模较大的城市修建地铁的趋势方兴未艾,人们在享受地铁带来方便快捷的同时,其施工期所引起周围环境的响应特别是盾构施工所引起的振动等负面问题也日渐突出,引起了人们的普遍关注。作为城市主要交通干线,地铁可能经常要通过城市人口密集区、建筑物林立的商业区、拥有精密仪器的机构等对振动比较敏感的区域。长期以来,这一问题并未得到充分的研究。

北京地铁 8 号线二期工程为北京市城市轨道交通线网规划中南北走向的一条线路,途经南北中轴线,其中,二期工程南段部分区间盾构(采用土压平衡盾构)下穿大量古旧平瓦房,工程特点显著:盾构隧道长距离连续下穿成片古旧平房群,建设场区地面环境与地下条件复杂,同时,穿越段古旧平房由于大多建成年代久远且缺乏必要的修缮维护,结构安全状态差,对变形及振动影响敏感。一旦施工引起建筑结构破坏,可能将造成较大的经济损失,甚至引起不利的社会影响。盾构施工引起的振动及其对环境的影响问题,其核心是盾构施工振动振源规律的研究工作。本文以北京地铁盾构施工工程为研究背景,针对不同的地层组合条件,首次系统地对北京地区盾构施工作业面的振源振动进行了现场测试,分析了其频幅特性。上述工作为进一步分析盾构施工振动荷载作用引起的周围环境的动力响应打下了坚实的基础。

2 现场测试

本文振动监测设备采用 941B(新)型速度和位移传感器(国家地震局工程力

学研究所研制)、INV3060A24位网络分布式采集分析仪(中国东方振动和噪声技术研究所研制)、高性能笔记本电脑(数据采集处理)等,检测数据处理与分析采用北京东方振动及噪声研究所编制的DASP－V10工程版平台软件。

图1 振源监测布置

现场测试,首先根据各个区间不同的地层情况,选取典型的盾构施工作业断面,主要是考虑不同地质条件的代表性问题,特别是比较坚硬的土层(卵石层、砂层)所占的比例情况。选定典型断面之后,再根据盾构机洞内的实际情况,选取能够反映盾构机施工振动情况的典型结构位置放置监测仪器,以获得较为可靠的振源监测数据。振源监测布置示意如图1所示。

完成盾构作业面振源测试9组,测点位置如图2所示,作业面工况见表1。作业面的地层分布如图3所示。

a)什—南区间 b)南—中区间

图2 振源监测位置示意图

监测点作业面工程概况

表 1

监测点	监测位置		作业面地层条件			主要施工参数		
	区间	位置(环)	隧道埋深(m)	加权动弹性模量(MPa)	作业面地层(自上而下)	总推力(kN)	刀盘扭矩(kN·m)	推进速度(mm/min)
1	什—南	左线 347	12.0	628	卵石 75%,中细砂 25%	8200	2800	61
2	什—南	左线 463	12.0	695	卵石 95% 以上	9100	3600	46
3	南—中	左线 224	16.0	572	卵石 63%,粉质黏土 37%	16700	5000	39
4	南—中	左线 296	18.5	521	粉质黏土 50%,粉细砂 50%	17200	5100	39
5	南—中	左线 375	21.0	785	粉质黏土 20%,粉细砂 30%,卵石 50%	18600	5500	37
6	南—中	左线 437	22.0	892	卵石 63%,粉细砂 37%	21000	5300	30
7	南—中	左线 620	20.5	571	粉质黏土 50%,粉细砂 25%,卵石 25%	21600	4700	38
8	南—中	左线 691	19.0	427	粉质黏土 85%,粉细砂 10%,卵石 5%	17600	3800	50
9	南—中	左线 771	17.0	441	卵石 15%,黏土 5%,粉质黏土 65%,黏土 5%,粉细砂 10%	22900	3300	56

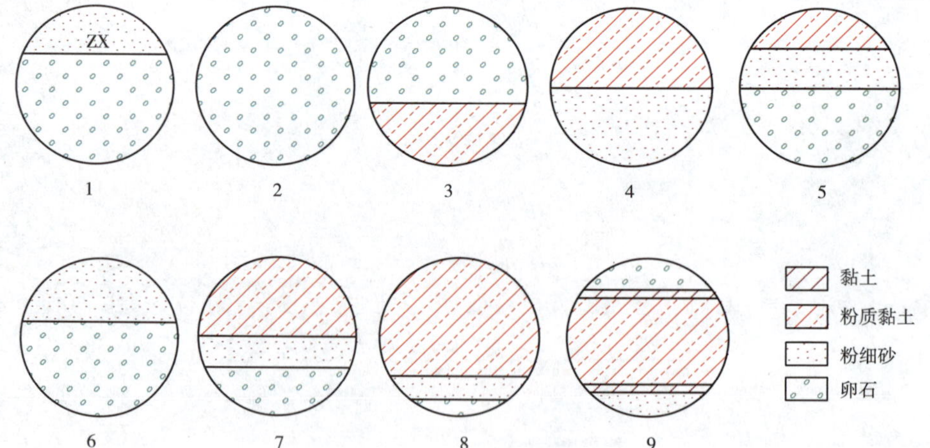

图 3 作业面的地层分布
(图中 1,2…9 为监测点序号)

3 监测成果分析

所测作业面典型的竖向、横向(隧道横断面方向)及纵向(隧道纵断面方向)振动加速度时程、频谱分析分别如图 4 所示。

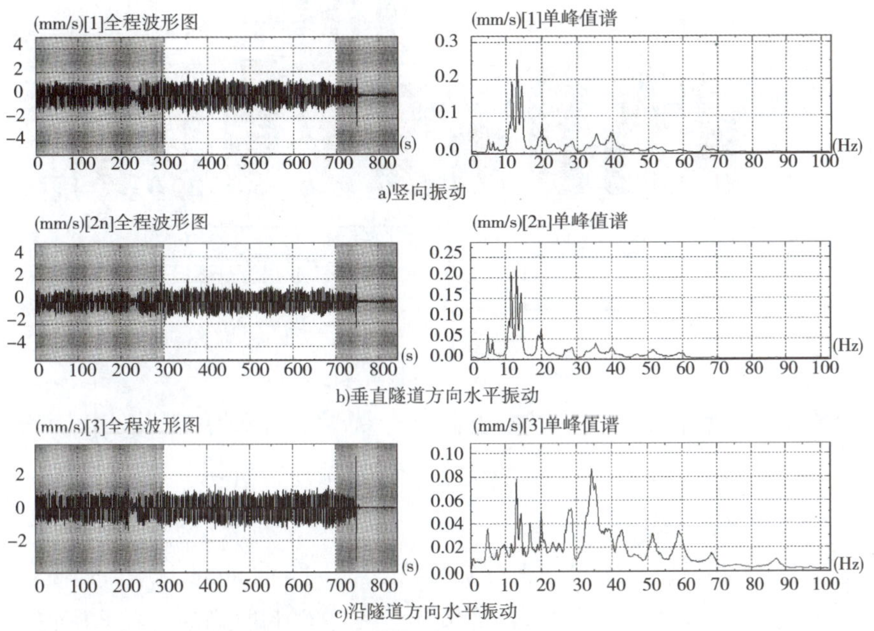

图 4　振源振动时程与峰值谱

所监测的作业面振源的振动速度峰值如图 5 所示,图中:V_z 为竖向振动(mm/s);V_x 为垂直于隧道方向水平振动(mm/s);V_y 为沿隧道方向水平振动(mm/s)。振动峰值频率如图 6 所示,图中:W_z 为竖向振动峰值频率(Hz);W_x 为垂直于隧道方向峰值频率(Hz);W_y 为沿隧道方向峰值频率(Hz)。

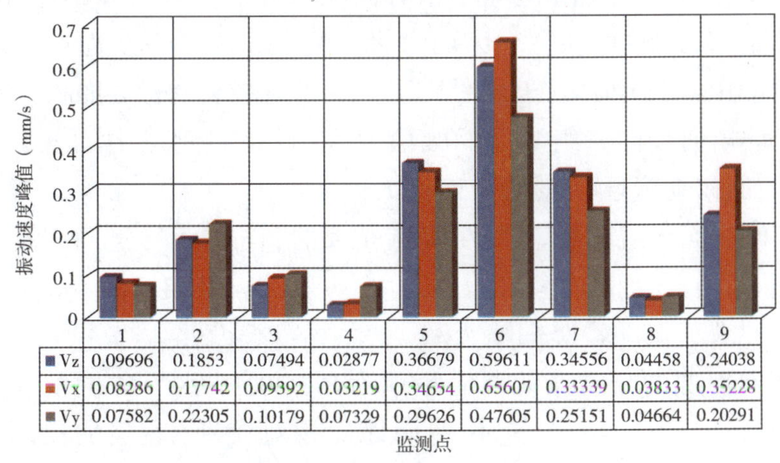

	1	2	3	4	5	6	7	8	9
Vz	0.09696	0.1853	0.07494	0.02877	0.36679	0.59611	0.34556	0.04458	0.24038
Vx	0.08286	0.17742	0.09392	0.03219	0.34654	0.65607	0.33339	0.03833	0.35228
Vy	0.07582	0.22305	0.10179	0.07329	0.29626	0.47605	0.25151	0.04664	0.20291

图 5　振源振动速度峰值

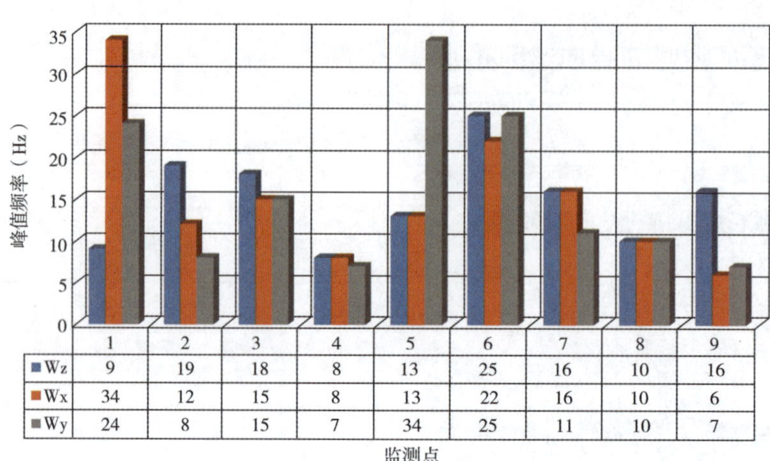

	1	2	3	4	5	6	7	8	9
Wz	9	19	18	8	13	25	16	10	16
Wx	34	12	15	8	13	22	16	10	6
Wy	24	8	15	7	34	25	11	10	7

图6 振源振动速度峰值频率

振源振动速度与作业面地层加权动弹性模量、刀盘扭矩、总推力以及推进速度等影响因素的相对关系(均做均值化处理),如图7所示。

由以上图表可以看出:

(1)振源的振动幅值受地层条件影响较大。作业面地层条件对振动幅值的影响具体体现在地层的加权动弹性模量上,其中砂卵石特别是卵石的含量起到主导作用(在研究域内,卵石地层的动弹性模量约为其上部相邻砂层的2倍左右)。

无论是振源竖向振动还是两个方向的水平振动,其幅值总体上随作业面地层加权动弹性模量的增大而增大。测点1、2、3、4主要通过⑤9卵石层(动弹性模量702MPa)及其附近土层,隧道埋深相对较浅,竖向及水平振动随加权动弹性模量(其中主要是卵石层的含量)增大而增大。测点5、6、7主要通过⑧9卵石层(动弹性模量1018MPa)及其附近土层,隧道埋深相对较深,土层加权动弹性模量相对较大,其振动幅值较前一组测点的幅值要大,且该组测点中的各测点竖向及水平振动同样随加权动弹性模量增大而增大。

另外,当作业面土层加权动弹性模量较大时,作业面的竖向振动整体上较两个方向的水平振动大,而当作业面土层加权动弹性模量相对较小时(如测点3、4、8),两个方向的水平振动较竖向略大。

(2)作业面振源的竖向振动峰值频率为8~20Hz,水平方向的振动峰值频率分布相对较为分散,为6~34Hz。作业面地层相对较硬(地层加权动弹性模量较大)的监测点,振动速度的峰值频率较大。

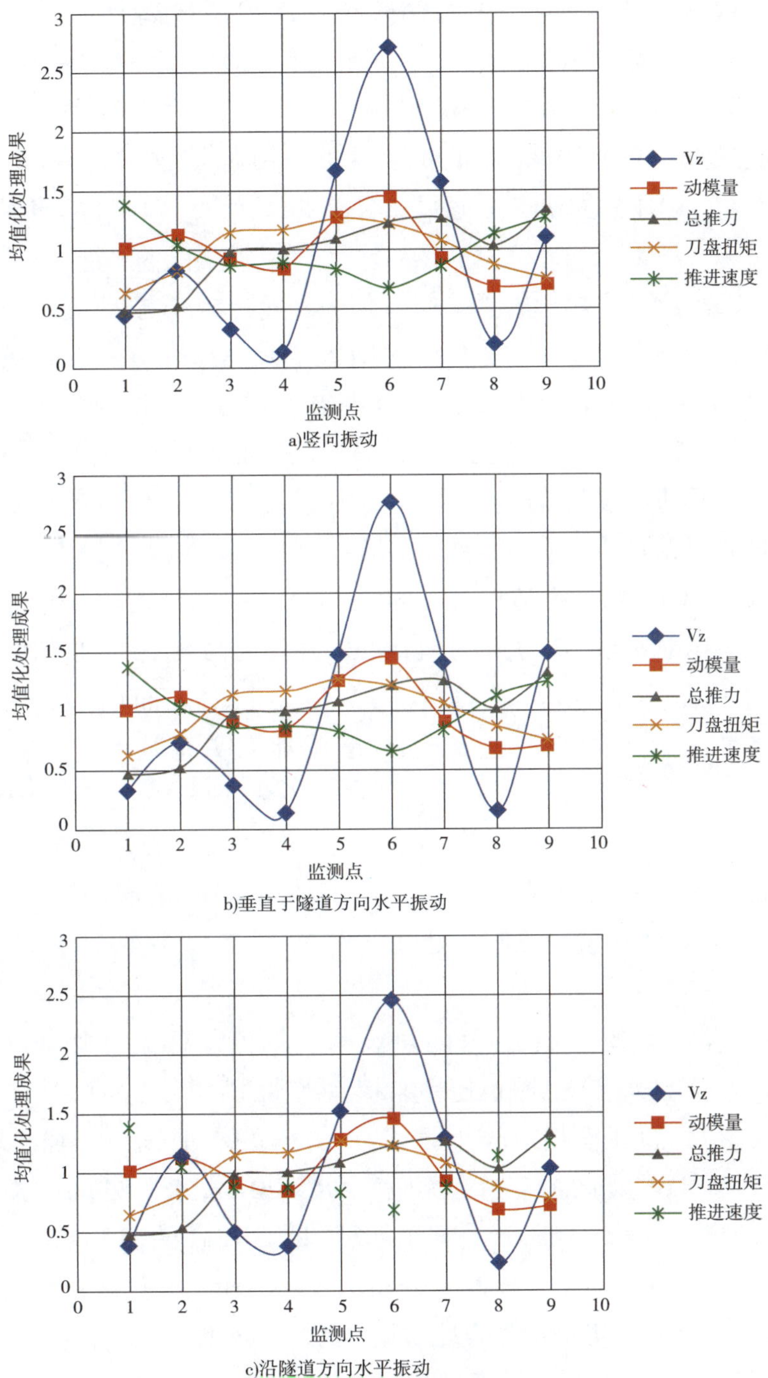

a)竖向振动

b)垂直于隧道方向水平振动

c)沿隧道方向水平振动

图 7　振源振动与影响因素的相对关系

作业面振源的主要频率分布在5~45Hz,其主要分布范围随地层条件的变化而变化。对于相对较硬的地层(土的加权动弹性模量较高)的地层,如测点6,其占优频率特征明显,竖向振动峰值频率为20~25Hz,水平向占优频率在20~30Hz,而作业面地层加权动弹性模量相对较小时(卵石含量的减少,其他地层条件的加入),隧道振源的振动频率分布范围变得相对分散,如测点9,其振动速度的频率分布为5~30Hz,这应该是地层条件变得复杂时其自身的多种模态振动都被激发的原因。

(3)作业面地层的动弹性模量(加权值)是影响施工振动的控制因素。盾构施工振源振动随地层加权动弹性模量的增大而增大,其相关性显著。盾构总推力、刀盘扭矩对于盾构施工产生振动的影响相当,其与振源振动水平的相关性较为显著,与土层动模量影响显著程度相比较小。而盾构推进速度对于振源振动的影响程度相对最小。实际盾构施工过程中,盾构总推力、刀盘扭矩以及推进速度往往是根据地层条件来设定的:作业面的加权动弹性模量较大时,隧道的埋置相对较深,需要足够的推力维持盾构机的正常工作,而刀盘切削相对较硬的地层需要盾构机提供相对足够(较大)的扭矩,由二者与振源振动的相对关系可以看到,振源振动水平基本随盾构总推力及刀盘扭矩的增大而增大。盾构施工遇到相对较硬地层时,往往会降低推进速度,二者的相对关系基本呈相反的趋势。

4 结论

以北京地铁盾构施工工程为研究背景,针对不同的地层组合条件,对盾构施工作业面的振源振动进行了现场测试并分析了其频幅特性。得到以下初步结论:

(1)振源的振动幅值受地层条件影响较大,幅值总体上随作业面地层加权动弹性模量的增大而增大。作业面土层加权动弹性模量较大时,竖向振动较两个方向的水平振动大,而模量相对较小时,两个方向的水平振动较竖向略大。

(2)作业面振源的竖向振动峰值频率为8~20Hz,水平方向的振动峰值频率分布相对较为分散,为6~34Hz。作业面地层相对较硬的监测点,振动速度的峰值频率较大。作业面振源的主要频率分布为5~45Hz,其主要分布范围随地层条件的变化而变化。对于相对较硬的地层的地层,竖向振动峰值频率为20~25Hz,水平向占优频率为20~30Hz,而模量相对较小时,隧道振源的振动频率分布范围变得相对分散,分布为5~30Hz。

(3)作业面地层的动弹性模量(加权值)是影响施工振动的控制因素,其相关性显著,即作业面土层相对较硬时,盾构机施工(刀盘切削地层)产生的振动相对较大。盾构总推力、刀盘扭矩对于盾构施工产生振动的影响相当,其与振源振动水平的相关性较为显著,与土层动模量影响显著程度相比较小。而盾构推进速度对于振源振动的影响程度相对最小。

通过本文介绍的监测工作,首次获得了北京地区典型地层中盾构施工振源的基本特征,为后续进一步研究振动传播规律、振动对周围环境影响等问题打下坚实的基础。

参考文献

[1] 孟昭博. 西安钟楼的交通振动响应分析与评估[D]. 西安建筑科技大学,博士学位论文, 2009.

[2] 王鑫. 黄土地区地铁行车荷载作用下隧道结构及其周围土层的动力响应研究[D]. 西安建筑科技大学,博上学位论文, 2010.

[3] 仇兆明. 地铁工程对微电子工业区的振动影响与对策[D]. 大连理工大学硕士学位论文, 2009.

[4] Nelson, P. N. O'Rourke, T D, Flanagan, R F, etc.. Tunnel boring machine performance study[R]. Report No. 06 – 0100 – 84 – 1, 448pp, US Department of Transportation, Washington, DC, 1984.

[5] New, B M. Vibrations caused by underground construction, proceedings, Tunnelling'82, London, 1982: 217-229.

[6] D. M. Hiller. Groundborne vibration generated by mechanized construction activities[J]. Proc. Instn Civ. Engrs Geotech. Engng, Groundborne vibration From mechanized Construction works, 1998:223-232.

[7] T. L. L. Orr, M. E. Rahman. Prediction of ground vibrations due to tunnelling [J].

[8] R. F. Flanagan. Ground vibration and shields[J]. Tunnels & Tunnelling, 1993, 10: 30-33.

卵砾漂石地层地铁车站深基坑监控量测技术

第一项目管理中心　刘魁刚

摘　要：以北京地铁14号线七里庄站为研究对象，结合信息化施工技术，对该地层条件下的深基坑开挖过程进行全面监控量测。通过对其在施工过程中的监控量测数据的综合分析，得出卵砾漂石地层情况下深基坑开挖过程中，基坑自身风险和环境风险的典型监测项目的变化规律。结合各自实际情况进行分析了规律变化的原因和对基坑开挖安全产生重要影响的技术因素，并对卵砾漂石地层中的车站深基坑变形规律不同于其他地层的情况作了比较说明。通过对该车站监控量测数据的分析，对类似地层条件下的深基坑开挖安全具有重要的指导意义。

关键词：卵砾漂石地层；深基坑；监控量测；风险；数据分析；变形规律

0 前言

城市轨道交通施工涉及大量基坑开挖、暗挖、降水等工程，对地层易产生扰动，有可能引起地表、附近建(构)筑物变形或塌陷，危及建(构)筑物及人员的安全，同时，雨、污水管线渗漏致使土质自稳能力丧失，造成施工安全隐患。监控量测在指导轨道交通施工上具有重要意义。通过施工全过程中对围岩、支护结构及周围环境系统完整的变位监测，达到风险预控，为工程施工提供必要的测量数据，根据测量数据适当调整作业进度和措施方法，确保工程顺利准确进行，确保施工安全。

要保证监控量测工程的质量，除了需要先进的监测仪器设备及富有经验的工程技术人员外，关键还应做好以下几个方面工作：

(1)制定切实可行测点埋设保护措施，并严格按照既定措施实施。

(2)监控量测数据应真实、可靠和连续。

(3)及时将监测数据上报，与监理工程师和第三方监测单位及时沟通。

1 工程概况

1.1　工程概况

北京地铁14号线丰台北路站位于万丰桥北侧，东西走向布置，横跨万寿路南延线与丰台北路交叉路口，与位于路口北侧南北走向的9号线丰台北路站形成换乘,14 号线为三层上下行站台叠落式车站,9 号线为两层岛式车站,两站 T 型“岛—侧”换乘。14 号线主体为明挖三层单跨无柱箱型结构,总长 279.80m,标准段总宽 13.80m,总高 23.45m,顶板覆土 2.90 ~3.39m。如图 1 所示。

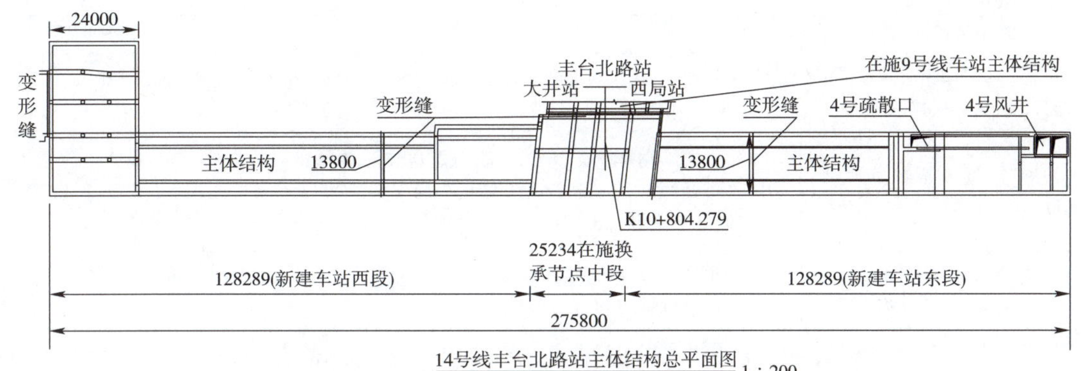

图 1　14 号线丰台北路站主体结构基坑总平面图(尺寸单位:mm)

1.2　工程地质及水位地质条件

(1)工程地质

本车站的土层分布较为稳定,自上而下依次为人工填土、新近沉积土层、第四纪晚更新世冲洪积地层,其中人工填土普遍厚度 0.2 ~2.8m,新近沉积土层普遍厚度 2.5 ~6.9m;第四纪晚更新世冲洪积层主要包括圆砾卵石⑤层、卵石⑦层及卵石⑨层。

根据人工探井资料,本场地存在粒径大于 200mm 的漂石,其分布随机性较强。依据探井资料:卵石⑤层中最大漂石粒径 420mm,根据临近探井及基坑调查资料预测最大粒径可达 650mm 左右;卵石⑦层最大漂石粒径 650mm,根据临近探井及基坑调查资料预测最大粒径可达 1000mm 左右;卵石⑨层最大漂石粒径不小于 650mm,预测最大粒径不小于 1000mm。中间桩及钻孔灌注桩尖进入砂土及碎石土的深度较大,由于受卵石粒径大、强度高等的影响,钻孔灌注桩及土钉墙成孔较为困难,易产生塌孔、扩径等问题。

(2)水文地质

场区范围内地下水类型主要为潜水,主要含水层为卵石⑦层,该层地下水以大气降水入渗补给方式为主,主要以人工开采方式排泄,水位埋深 25.70 ~28.20m,水位高程为 19.03 ~21.89m。

14 号线基坑深 26.52m,基底进入潜水 1.0m,主要含水层为卵石⑦层。施工时需考虑基坑内局部降水。附属结构施工时基坑内不受地下水影响。

1.3　周边环境概况

车站区域内控制性建(构)筑物有:位于丰台北路路中的万丰桥;车站西北侧

华堂商场;东北侧的卢沟桥乡政府办公楼及人大常委会办公楼。建筑物环境风险工程见表1。

建筑物环境风险工程一览表 表1

环境风险工程	位　　置	级别
主体基坑西北侧邻近冠京大厦(5层及9层建筑物)	A座为地下2层,地上9层,筏板基础,基底高程-8.70m,B座为地下1层,地上5层,独立基础、基底高程-4.05,结构边距基坑桩边约5.55m	一级
换乘节点深基坑邻近万丰桥	主体三层结构基坑深26.7m,基坑宽14.2m,距桥桩最近点13.6m,基坑边距桥桩基底12.0m,桥梁上部结构为简支梁,桥桩为摩擦桩,主跨桥桩长度最短30.7m,最长33.6m	二级
主体基坑东北侧的卢沟桥乡政府及人大常委会办公楼	卢沟桥乡政府办公楼(5层建筑)及人大常委会办公楼(6层建筑)结构边距主体基坑桩边约16.25m	三级

车站周边管线众多,主要管线包括2条雨水管线、2条污水管线、1条上水管线、1条中压燃气控制性管线等,管线统计见表2。

丰台北路站临近管线情况 表2

序号	管线名称	走向	埋深(m)	材质	备注
1	D500污水管	东西向	0.8	钢筋混凝土	距基坑边1.7m
2	D1050污水管	东西向	5.4	钢筋混凝土	距基坑边1.9m
3	D2200雨水管	东西向	1.9	钢筋混凝土	距基坑边4.25m
4	2600×2000雨水方沟	东西向	2.0	钢筋混凝土	距基坑边2.14m
5	DN1000上水管	东西向	1.7	钢管	距基坑边5.58m
6	DN500中压燃气管	东西向	1.6	钢管	距基坑边3.1m

2 基坑监测

2.1 监测项目、仪器及控制标准

丰台北路站监测项目及控制标准,见表3。

丰台北路站监测项目及控制标准 表3

监测项目	监测仪器	控制标准
冠京大厦A座、B座沉降	水准仪	8mm, 10mm
卢沟桥乡政府及人大常委会办公楼沉降	水准仪	15mm
冠京大厦A座,B座倾斜,差异沉降	水准仪	0.6‰,0.7‰,4.5mm
万丰桥墩柱(台)沉降,位移	水准仪	10mm,8mm
万丰桥墩柱(台)差异沉降	水准仪	纵桥向10mm,横桥向6mm
万丰桥墩柱(台)倾斜	水准仪	1.5‰
雨、污水管线沉降	水准仪	20mm
上水、燃气管线沉降	水准仪	10mm
地表沉降	水准仪	20mm

续上表

监测项目	监测仪器	控制标准
9号线换乘节点沉降及位移	水准仪	3mm
桩顶水平位移,竖向沉降	全站仪、水准仪	10mm,5mm
桩体变形	测斜仪	20mm
支撑轴力	轴力计	按设计要求

2.2 具体测点布置图

丰台北站主体为明挖三层单跨无柱箱型结构,总长279.80m,标准段总宽13.80m,分为7个监控量测主测断面,测点布设于受力薄弱或典型位置,主体基坑变形桩体水平位移、桩顶沉降各布设18个测点,桩体变形布设18个测点,地表沉降监测布设126个测点,地下管线沉降布设128个测点,建(构)筑物沉降、倾斜布设48个测点,支撑轴力布设60个测点。

3 监测数据分析及对比

3.1 最大累计变形统计及分析

在车站主体结构施工完成、土方回填完毕后,将施工监测过程的各监测项目(图2)最大累计变形进行统计,见表4。

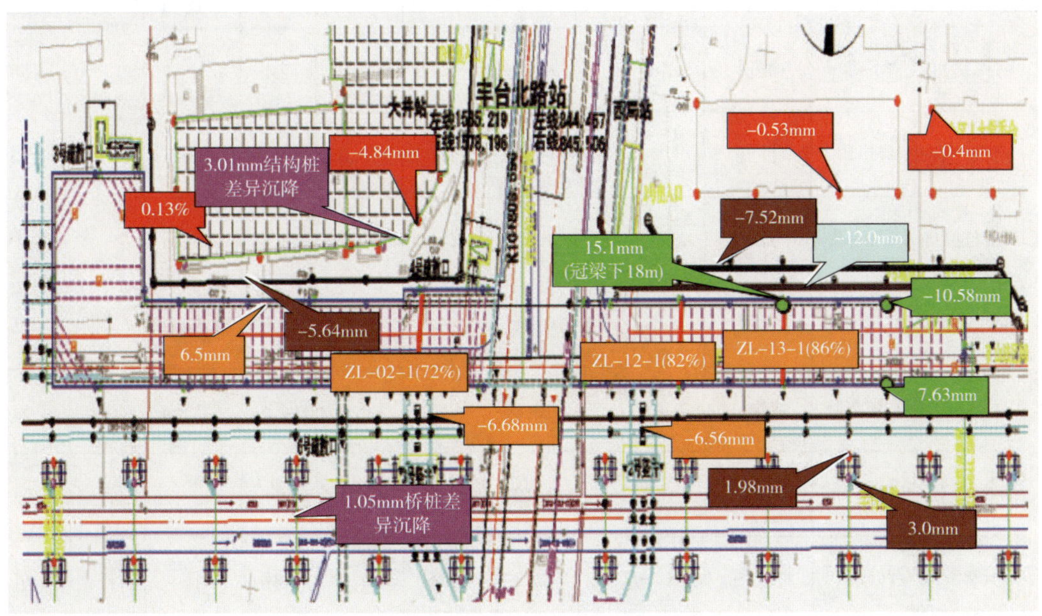

图2 最大累计变形测点位置

由表4可知,各项目的最大累计变形均小于其控制值,仅桩体位移变形最大值超过预警值,这说明基坑及周边环境整体处于安全可控状态。

另外,对比上月的数据,可以看出围护桩在基坑开挖完毕到结构施工期间,变形较小,本月变形最多占到累计变形的18%,基坑变形逐渐趋于收敛,处于安全状态。

各监测项目的最大累计变形 表4

<table>
<tr><th>监测对象</th><th>监测项目</th><th>监测部位</th><th>测点编号</th><th>当月变形值(mm)</th><th>累计最大值(mm)</th><th>月变形速率(mm/d)</th><th>月变形方向</th><th>控制值</th><th>监测时工况</th><th colspan="2">监测数据达控制值</th></tr>
<tr><td rowspan="17">围护结构及周边环境</td><td>桩体变形</td><td>桩体</td><td>ZQT - 31</td><td>2.8</td><td>15.10</td><td>0.09</td><td>向内</td><td rowspan="2">20mm,2mm/d</td><td rowspan="15">施工正常无突发情况</td><td colspan="2">76%</td></tr>
<tr><td>地表沉降</td><td>基坑周边</td><td>DB - 29 - 12</td><td>-1.12</td><td>-12.01</td><td>-0.04</td><td>向下</td><td colspan="2">-60%</td></tr>
<tr><td rowspan="3">建(构)筑物沉降</td><td>冠京大厦</td><td>JCJ - A - 02</td><td>-0.23</td><td>-4.84</td><td>-0.01</td><td>向下</td><td rowspan="3">8~15mm,1mm/d</td><td colspan="2">-48%</td></tr>
<tr><td>桥桩</td><td>QCJ - 17</td><td>-1.10</td><td>-1.98</td><td>-0.04</td><td>向下</td><td colspan="2">-20%</td></tr>
<tr><td>乡政府、人大常委会</td><td>JCJ - B - 01</td><td>1.46</td><td>0.59</td><td>0.05</td><td>向上</td><td colspan="2">4%</td></tr>
<tr><td rowspan="3">管线沉降</td><td>雨水管线</td><td>GXC - Y - 14</td><td>-2.03</td><td>-6.68</td><td>-0.07</td><td>向下</td><td>15mm</td><td colspan="2">-45%</td></tr>
<tr><td>污水管线</td><td>GXC - W - 18</td><td>-0.61</td><td>-7.52</td><td>-0.02</td><td>向下</td><td>15mm</td><td colspan="2">-50%</td></tr>
<tr><td>上水管线</td><td>GXC - S - 20</td><td>-1.63</td><td>-6.56</td><td>-0.05</td><td>向下</td><td>10mm</td><td colspan="2">-66%</td></tr>
<tr><td>钢支撑轴力监测</td><td>主测断面</td><td>ZL - 2 - 2</td><td>0.00</td><td>-1158.45 kN</td><td>0.00</td><td>增大</td><td>2527kN</td><td colspan="2">-40%</td></tr>
<tr><td>围护桩桩顶位移</td><td>桩顶</td><td>ZQS - 35</td><td>0.00</td><td>+6.50</td><td>0.00</td><td>向内</td><td>10mm,1mm/d</td><td colspan="2">-65%</td></tr>
<tr><td>围护桩桩顶沉降</td><td>桩顶</td><td>ZQC - 30</td><td>-1.02</td><td>-2.88</td><td>-0.03</td><td>向下</td><td>5mm,1mm/d</td><td colspan="2">-58%</td></tr>
<tr><td>桥桩横向差异沉降</td><td>桥桩</td><td>H3 - Q7 - Q12</td><td>-1.54</td><td>-1.05</td><td>-0.05</td><td>向下</td><td>2mm</td><td colspan="2">-53%</td></tr>
<tr><td>桥桩纵向差异沉降</td><td>桥桩</td><td>Z34 - Q12 - Q11</td><td>1.51</td><td>0.86</td><td>0.05</td><td>向上</td><td>3.5mm</td><td colspan="2">25%</td></tr>
<tr><td>冠京东西向差异沉降</td><td>结构柱</td><td>DX2 - A3 - A2</td><td>0.21</td><td>3.01</td><td>0.01</td><td>向上</td><td>4.5mm</td><td colspan="2">67%</td></tr>
<tr><td>冠京南北向差异沉降</td><td>结构柱</td><td>NB2 - A6 - A10</td><td>-0.86</td><td>-2.28</td><td>-0.03</td><td>向下</td><td>4.5mm</td><td colspan="2">-51%</td></tr>
<tr><td>基坑南侧桥桩位移倾斜</td><td>桥桩</td><td>QS - 26</td><td>4.10</td><td>3.00</td><td>0.14</td><td>向东北</td><td>8mm,1.5‰</td><td>倾斜率</td><td>0.81‰</td><td>38%</td></tr>
<tr><td>冠京大厦位移倾斜</td><td>结构柱</td><td>QX - 02 - 2</td><td>-2.30</td><td>-1.50</td><td>-0.08</td><td>向南</td><td>6~7mm,0.6‰~0.7‰</td><td>倾斜率</td><td>-0.13‰</td><td>-23%</td></tr>
<tr><td rowspan="2">既有9号线</td><td>既有线换乘节点位移</td><td>顶、中板</td><td>HQS - 2</td><td>-0.50</td><td>-1.30</td><td>-0.02</td><td>向西</td><td>3mm</td><td rowspan="2"></td><td colspan="2">-43%</td></tr>
<tr><td>换乘节点沉降</td><td>中板立柱</td><td>HZC - 6</td><td>-0.46</td><td>-1.35</td><td>-0.02</td><td>向下</td><td>3mm</td><td colspan="2">-45%</td></tr>
</table>

3.2 基坑自身风险监测分析

(1)桩体变形

由表4可知,基坑围护桩最大桩体变形测点为ZQT31,其值为15.1mm,该点布设在东侧基坑北侧,南侧与其对应的是ZQT27。该断面变形数据如图3所示。由图3可知,9月7日东侧基坑ZQT27、31监测断面挖至18m深时,变形开始加大,9月17日挖至26m深基坑到底,10天内变形达10mm左右,对第三、四道钢支撑加力后桩体向基坑外变形约2mm;从变形图看出,桩顶2m左右有冠梁锁定、桩底2m有坑内土体锁定变形很小,最大变形在14~24m之间即第三、四道钢支撑部位,可见桩体变形与开挖深度和钢支撑轴力的施加密切相关,及时架设钢支撑并施加轴力可有效控制桩体变形,并且在钢支撑拆撑过程中,补加其余各层损失轴力,加强对桩体变形的关注。

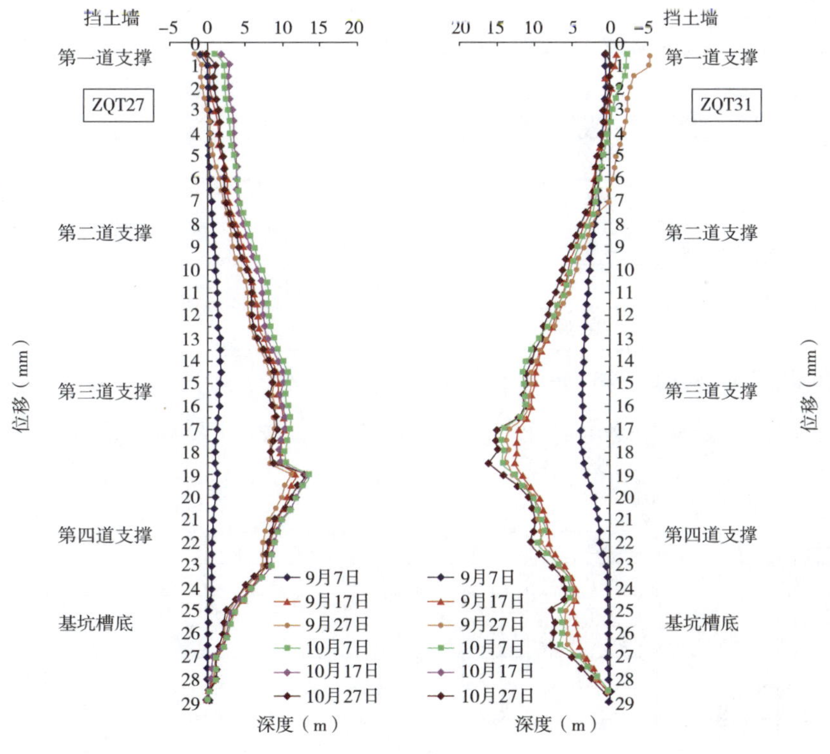

图3 ZQT27、31监测断面桩体变形

(2)桩顶位移

由表5可知,围护桩桩顶水平位移累计值最大为6.5mm,累计值位于4~5mm的测点占总测点的50%,其余测点均小于4mm。

围护桩桩顶累计位移值 表5

点号	累计位移值(mm)	控制值(mm)	达控制值(%)
ZQS-31	-1.80	10.0	-18.0
ZQS-32	-4.90	10.0	-49.0
ZQS-33	-4.10	10.0	-41.0
ZQS-34	-1.11	10.0	-11.1
ZQS-35	-6.50	10.0	-65.0
ZQS-36	3.80	10.0	38.0
ZQS-40	-1.15	10.0	-11.5
ZQS-42	0.10	10.0	1.0
ZQS-43	2.20	10.0	22.0
ZQS-44	6.00	10.0	60.0
ZQS-45	4.70	10.0	47.0
ZQS-46	5.50	10.0	55.0
ZQS-47	5.80	10.0	58.0
ZQS-49	3.30	10.0	33.0
ZQS-50	5.30	10.0	53.0
ZQS-51	4.30	10.0	43.0
ZQS-61	-4.80	10.0	-48.0
ZQS-62	-3.90	10.0	-39.0
ZQS-63	-4.60	10.0	-46.0
ZQS-64	-1.90	10.0	-19.0

图4列出了基坑典型桩顶水平位移测点的变形历时曲线,可以看出,开挖初期,桩顶向基坑内位移,变化比较明显,随着钢支撑的架设,桩顶水平位移趋于稳定。

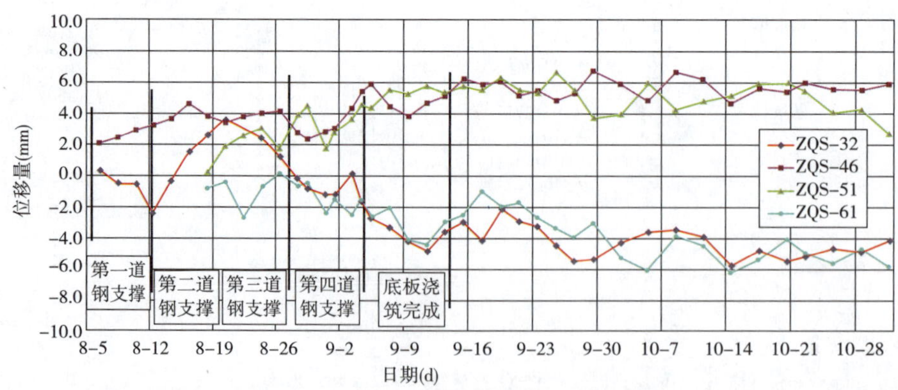

图4 桩顶水平位移历时曲线

(3)钢支撑轴力

初期随着开挖深度的加深,部分支撑轴力有所增大,随着其附近支撑的架设,轴力变化较为稳定。基坑开挖到底,全部钢支撑架设后轴力趋向于稳定,在拆除第四道钢支撑前对第三道钢支撑补加轴力。轴力增大桩体变形向基坑外位移。如图5所示。

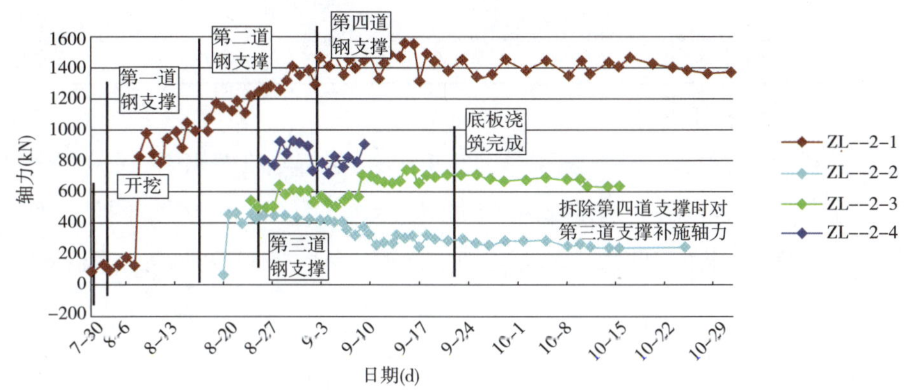

图5　钢支撑轴力监测变化曲线

3.3　周边环境风险源监测分析

(1)冠京饭店监测数据分析

冠京大厦A座为地下2层,地上9层,筏板基础,基底高程-8.70m,结构边距基坑桩边约5.55m。

①累计沉降与差异沉降统计

由表6可知,冠京饭店最大沉降值为4.84mm,累计差异沉降最大值为3mm,两者均小于控制值,其中累计沉降达到控制值的50%的测点占9%,差异沉降达到控制值的50%的测点占33%。

冠京大厦累计沉降与累计差异沉降　　表6

点号	累计沉降值(mm)	控制值(mm)	达控制值(%)	点号	累计差异沉降值(mm)	控制值(mm)	达控制值(%)
JCJ-A-01	-2.45	8.0	-30.7	DX1-A2-A1	-2.39	4.5	-53.1
JCJ-A-02	-4.84	8.0	-60.5	DX2-A3-A2	3.01	4.5	66.9
JCJ-A-03	-1.83	8.0	-22.9	DX3-A4-A3	0.21	4.5	4.8
JCJ-A-04	-1.62	8.0	-20.2	DX4-A5-A4	-0.49	4.5	-10.9
JCJ-A-05	-2.11	10.0	-21.1	DX5-A6-A5	-1.50	4.5	-33.3
JCJ-A-06	-3.61	10.0	-36.1	DX6-A7-A6	1.19	4.5	26.5

续上表

点号	累计沉降值(mm)	控制值(mm)	达控制值(%)	点号	累计差异沉降值(mm)	控制值(mm)	达控制值(%)
JCJ - A - 07	-2.41	10.0	-24.1	NB1 - A5 - A11	-0.37	4.5	-8.2
JCJ - A - 08	0.24	10.0	2.4	NB2 - A6 - A10	-2.28	4.5	-50.7
JCJ - A - 09	-1.85	10.0	-18.5	NB3 - A7 - A9	-0.56	4.5	-12.5
JCJ - A - 10	-1.32	10.0	-13.2				
JCJ - A - 11	-1.74	10.0	-17.4				

②典型测点历时曲线

从图6曲线可以看出,基坑开挖初期变形不明显,随着开挖深度的增加,特别是挖至第三道支撑的深度后,沉降趋势加大,并且贯穿于整个开挖过程中,当基坑开挖完成,沉降并未立即稳定,直至底板混凝土浇筑完成后,沉降曲线趋于平稳。

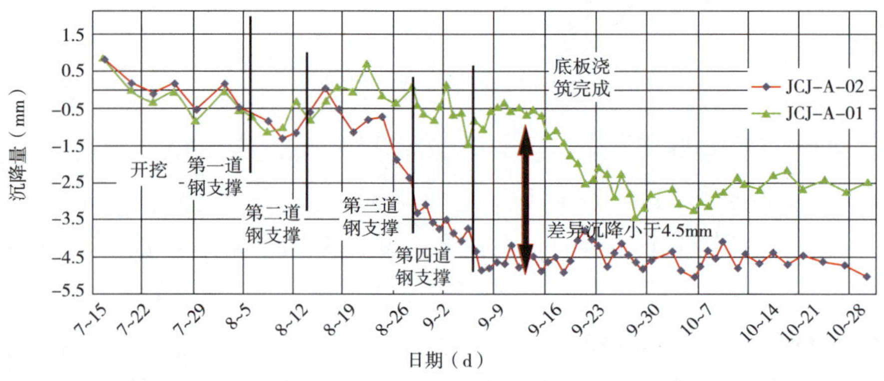

图6 典型测点历时曲线

(2)万丰桥监测数据分析

由表7可知,万丰桥最大沉降值为1.98mm,沉降值90%以上集中在1~2mm,但未超过控制值。万丰桥④轴(QCJ-02、11)、⑤轴(QCJ-01、03)、⑥轴(QCJ-04、06)、⑦轴(QCJ-05、20)监测数据较大,反映出临近路口处桥桩受明挖基坑影响较大,在后续施工中应加强监测。

万丰桥沉降(按照设计要求控制值百分比分摊后) 表7

点号	累计沉降值(mm)	控制值(mm)	达控制值(%)
QCJ - 01	-1.53	2.0	76.5
QCJ - 02	-1.93	3.0	64.3
QCJ - 03	-1.15	2.0	57.5

续上表

点　　号	累计沉降值(mm)	控制值(mm)	达控制值(%)
QCJ－04	－1.58	2.0	79.0
QCJ－05	－1.71	3.0	57.0
QCJ－06	－1.68	2.0	84.0
QCJ－07	－1.96	3.5	56.0
QCJ－08	－1.88	10.0	18.8
QCJ－09	－1.51	10.0	15.1
QCJ－11	－1.76	3.0	58.7
QCJ－12	－0.90	3.5	25.7
QCJ－13	－1.32	10.0	13.2
QCJ－14	－1.60	10.0	16.0
QCJ－16	－1.41	7～8.5	14.1
QCJ－17	－1.98	7～8.5	19.8
QCJ－20	－1.66	2.1～2.5	55.3
QCJ－22	－1.48	7～8.5	14.8

从图7曲线可以看出,基坑开挖期间桥桩沉降变形明显,在基坑开挖到底时达到最大。结构底板浇筑完成后深度后,沉降并未立即稳定,而是延续几天后,沉降曲线趋于平稳。

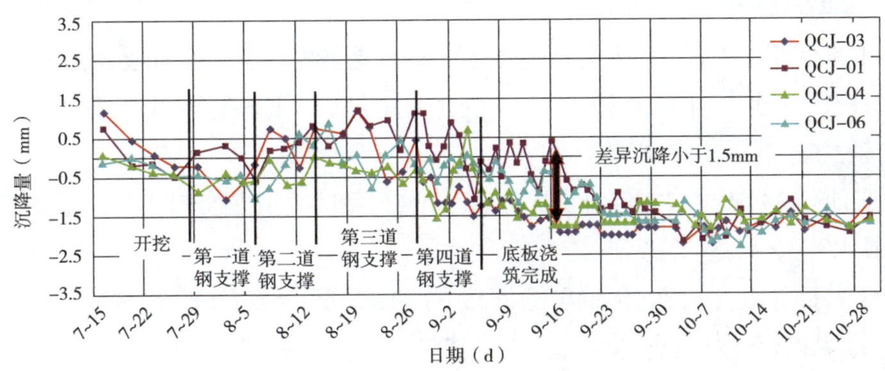

图7　典型测点累计沉降值曲线

3.4　不同地层车站深基坑变形规律对比

选取北京地铁10号线某车站黏土地层车站与14号线砂卵石地层车站变形数据进行对比分析。

从表8、表9可以看出,卵砾漂石地层车站深基坑开挖各测项变形最大值均小于黏土地层车站,主要与以下原因有关:

(1)砂卵石地层土压力相较黏土地层土体侧压力较小。

(2)砂卵石地层开挖期间变形发展较快,稳定周期亦较快,随着基坑开挖到底,基本已稳定,后续变形较小,而黏土地层后期固结沉降也占相当一部分比例,后续仍有变形发展的可能,稳定周期较长。

黏土地层车站监测数据最终累计最大值统计 表8

监测项目	监测点编号	累计变形最大值(mm)	变形方向	控制值(mm)	监测结论
基坑周边地表沉降	DB-04-17	-20.9	下沉	30.0	正常
桩顶水平位移	ZQS-13	+21.5	基坑内	30.0	正常
桩体水平位移	ZQT-02(12.5m)	+21.18	基坑内	30.0	正常

卵砾漂石地层车站监测数据最终累计最大值统计 表9

监测项目	监测点编号	累计变形最大值(mm)	变形方向	控制值(mm)	监测结论
基坑周边地表沉降	DB-29-12	-12.01	下沉	20.0	正常
桩顶水平位移	ZQS-35	+6.5	基坑内	10.0	正常
桩体水平位移	ZQT-31	+15.10	基坑内	20.0	超预警值
锚索拉力	ZL01-02	832.7kN			正常

4 结论及建议

通过对各监测项目数据分析,得出以下结论:

4.1 基坑自身风险监测

(1)桩体变形:桩体变形与开挖深度和钢支撑轴力的施加密切相关,及时架设钢支撑并施加轴力可有效控制桩体变形,并且在钢支撑拆撑过程中,补加其余各层损失轴力,加强对桩体变形的关注。

(2)桩顶位移:开挖初期,桩顶向基坑内位移,变化比较明显,随着钢支撑的架设,桩顶水平位移趋于稳定。

(3)钢支撑轴力:初期随着开挖深度的加深,部分支撑轴力有所增大,随着其附近支撑的架设,轴力变化较为稳定。基坑开挖到底,全部钢支撑架设后轴力趋向于稳定,在拆除第四道钢支撑前对第三道钢支撑补加轴力。轴力增大桩体变形向基坑外位移。

上述各项的监测结果显示,按照14号线丰台北路站围护结构设计进行施工,各项监测均未超出黄色预警值,且多数监测数据未超出预警值的50%,基坑处于安全可控状态。

4.2 周边环境风险源监测

(1)冠京大厦A座为地下2层,地上9层,筏板基础,基底高程-8.70m,结构边距基坑桩边约5.55m。冠京饭店最大沉降值为4.84mm,累计差异沉降最大值为3mm,两者均小于控制值,其中累计沉降达到预警值的50%的测点占9%,差异沉降达到预警值的50%的测点占33%。

(2)基坑边距万丰桥桥桩基底12.0m,万丰桥最大沉降值为1.98mm,沉降值90%以上集中在1~2mm,但未超过控制值。万丰桥④轴(QCJ-02、11)、⑤轴(QCJ-01、03)、⑥轴(QCJ-04、06)、⑦轴(QCJ-05、20)监测数据较大,差异沉降不超过1.5mm,反映出临近路口处桥桩受明挖基坑影响较大,在结构底板浇筑后,沉降趋于稳定,在后续施工中应加强监测。

(3)基坑周边污水管线累计最大沉降为7.52mm,雨水管线累计最大沉降为6.68mm,均小于预警值10.5mm,且变化趋势较为平缓。

上述各项监测结果显示,周边环境风险源在主体基坑施工期间,处于安全状态。

4.3 基坑优化建议

通过对14号线基坑变形规律的分析,提出建议如下:

(1)基坑桩体变形最大值(15.1mm)达到设计值的76%,围护桩桩顶位移最大值(-6.5mm,-表示向基坑内)达到设计值的65%,围护桩桩顶沉降最大值(-2.88mm,-表示向下)达到设计值的58%,钢支撑轴力最大值(1383.68kN)达设计值的72.2%,基坑第二、三道支撑在未达到轴力设计预警值的情况下,且桩体变形、桩顶位移等均未超限,说明基坑围护结构及支撑体系参数还有优化的空间。

(2)周边建筑物、桥梁、管线、地表等环境对象的变形在控制指标的50%以内。施工过程中的现场巡视,也未发现基坑围护结构自身及周边环境出现开裂、塌陷等异常情况。可见,本基坑虽然面临深度大、地下水影响、临近建筑物及桥梁偏载、场地狭窄动荷载影响较大等不利条件,仍然在现场有序组织下,安全顺利完工。

本工程的成功经验,也在一定程度上反应了基坑围护结构及支撑体系在桩径、围护桩配筋、桩间距、支撑间距等参数方面,具有优化的空间。但优化的前提是施工过程中,严格按照设计和规范要求,保质保量的施工。

参考文献

[1] 潘秀明,雷崇红.北京地铁砂卵砾石地层综合工程技术.北京:人民交通出版社,2012.

[2] 罗富荣,张顶立,等.地铁工程监控量测技术规程[M].北京市轨道交通建设管理有限公司,2007.

城市轨道交通 BAS 系统工程设计与优化实现

第二项目管理中心　孙 博

摘　要:BAS(Building Automatic System)系统是轨道交通自动化系统中重要的系统之一。BAS 系统主要用于控制和监视地铁和轻轨中的各种机电设备。系统包括环控系统及机电受控设备。BAS 系统分为车站空调通风系统和隧道通风系统;机电受控设备分为照明系统、给排水系统、电扶梯系统等。本文从 BAS 系统的特点及结构进行阐述,结合项目的工程经验,找出系统的规律,设计出结构简单、功能强大、实施方便的系统,其主要内容有以下几个方面:①分析 BAS 系统范围结构、系统接口、系统软硬件平台搭建,最终得出 BAS 系统设计优化方案,对软件开发做好准备。②BAS 系统的人机软件平台,在搭建好的人机软件系统平台上实现 BAS 系统设备的监视及控制、功能的实现等,完成整体 BAS 系统的设计,使整体系统能够根据工艺的要求正常运作。本文通过对 BAS 系统的分析研究,得出 BAS 系统设计及优化方案,其中 BAS 系统软硬件结构、系统软件功能实现等设计为本文的主要内容,研究成果可为 BAS 系统提供一个现实可行的方案,使其在轨道交通自动化系统中起到不可或缺的作用。

关键词:BAS 系统;环控系统;机电受控设备;设计;优化

0 绪论

在我国当前城市发展背景下,城市轨道交通发展是一个大趋势。在城市人口、交通工具的增加,环境污染的日渐加剧和交通的便利等条件下,城市轨道交通自动化程度对城市轨道交通是一个重要的衡量指标。因此,设计出先进、稳定、节能的 BAS 系统是本文所要达到的目的。

2003 年 5 月,国家有关部门联合发布了国家标准(GB 50157—2003)《地铁设计规范》,标准中正式将系统命名为“Building Automatic System(简写 BAS),环境与设备监控系统”,并将其定义为:“是对地铁建筑物内的环境与空气条件、通风、给排水、照明、乘客导向、自动扶梯及电梯、屏蔽门、防淹门等建筑设备和系统进行集中监视、控制和管理的系统”。规范了城市轨道交通 BAS 系统的命名、范围、功能、性能和设计等相关内容。

目前北京地铁已建线路 BAS 系统结构中一般采用全总线、双 PLC 热备结构、冗余通信方案，即在系统中所有的设备都进行了冗余配置，一旦运行网络出现故障，能够快速切换到备用网络中而不影响正常工作。本文基于目前 BAS 系统结构，对系统结构等方面进行优化，并且结合以往项目工程的比较，总结出适合北京地铁 BAS 系统发展的方向。

随着轨道交通自动化的发展，在轨道交通自动化网络中，BAS 系统将向信息共享、运营管理方便、接口管理简单、软件平台统一和技术模块化的方向发展，将进一步形成统一的技术规范和标准，从而降低开发成本和维护成本，缩短运营调试工期，提高系统安全性。

1 BAS 系统概述及系统设计

1.1 BAS 系统概述

BAS 系统称为环境与设备监控系统，用于控制和监视城市轨道交通中的各种机电设备，按照专业划分为环控系统设备和其他机电受控设备，BAS 系统监控设备如图 1 所示。

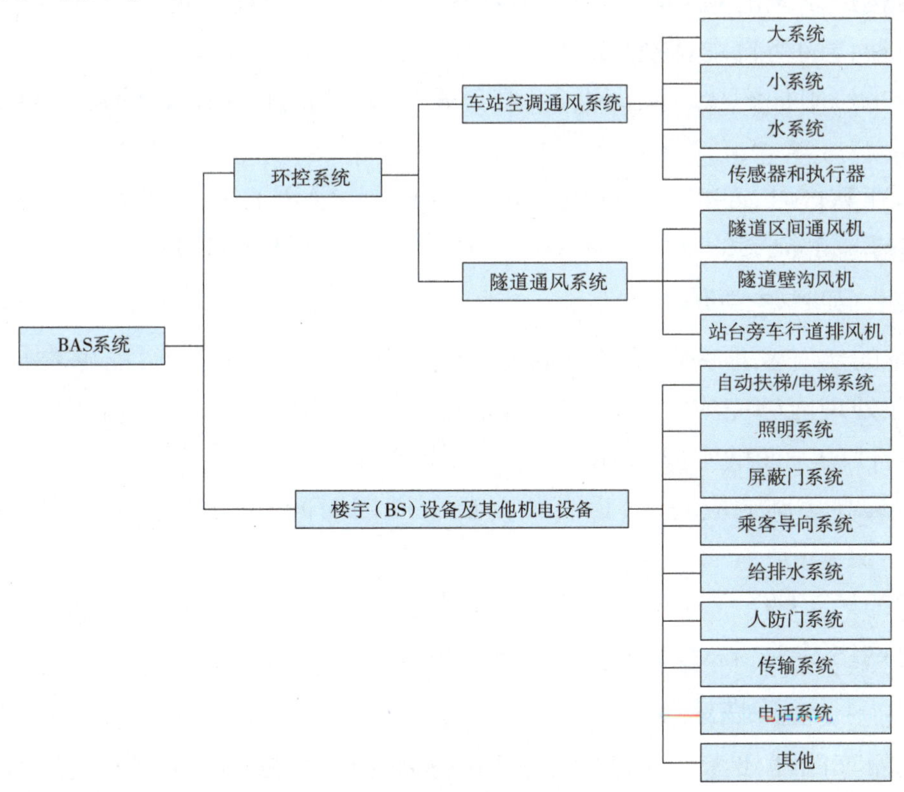

图 1　BAS 系统监控设备图

现对图1中的大系统、小系统及水系统进行简要介绍。

大系统也称为车站公共区通风空调系统,主要包括的设备类有组合式空调机、新风机、回/排风机、排烟风机及相关风阀等。小系统也称为设备用房空调通风系统,主要包括的设备类有空调机组、送风机、排风机、相关风阀等。水系统也称为冷水系统,主要包括的设备类有冷水机组、冷冻水压差调节阀、冷冻水泵、冷却塔、冷却水泵等。

2 BAS系统设计原则

BAS系统设计原则可从4个方面进行考虑:系统可靠性、系统实时性、系统可维护性、系统可扩展性。

2.1 可靠性原则

对于目前北京地铁BAS系统设计,首先考虑到系统可靠性方面的需求,选择合理的设备和系统结构,使BAS系统有较高的可靠性。

可靠性的方面的主要措施包括:

(1)构成系统的主要硬件均是工业级的产品,自身具有较高的可靠性。

(2)通信网络自主切换、恢复。

(3)采用附加的接口隔离设备,避免发生外部干扰的串入,使用满足EMC测试的设备。

(4)在软件开发和实施过程严格质量控制,采用有效的错误分析和跟踪方法,确保每一个提交的软件部件都通过仔细的测试和代码分析。

2.2 实时性原则

系统的实时性是保证系统在接收信号与处理信号的能力,能够在确保的时间内保证处理能够完成。对被控过程能够做出正确的响应。

实时性的方面的主要措施包括:

(1)提高控制响应时间,提高数据更新周期时间,缩短操作命令到设备的动作时间。

(2)缩短RI/O或者通信网关接收的状态到人机软件平台的时间。

(3)网络及现场总线的选择,以稳定高效为主。

2.3 可维护性原则

系统的可维护性也是衡量系统是否好坏的一个硬性指标,系统的可维护性主要包括:

(1)维护人员能够快速发现问题,并解决问题,缩短维护时间。

(2)系统具有完备的故障诊断、记录和报警等功能。

(3)系统具有管理方便、操作灵活。

2.4 可扩展性原则

一般情况下,系统会在机电设备数量,接口系统数量和应用需求增加等方面进行系统的扩展。系统扩展从系统软件扩展和系统硬件扩展两个方面考虑。

系统软件扩展包括支持扩展新功能的接口,可以灵活接入多种类型的功能接口。

系统硬件扩展主要是 PLC 系统的硬件扩展,主要包括处理器内存容量余量、处理器带点能力余量、灵活的接口能力。

3 BAS 系统结构

北京地铁已建线路的 BAS 系统具有较强的独立性,可以脱离综合监控系统独自实现车站 BAS 系统的全部监控功能,同时又可以在综合监控系统的统一调度下实现车站之间的联动功能。

车站 BAS 系统是基于分层分布式系统结构的集散控制系统,分成实时控制层和现场层,具体如下:

(1)实时控制层:位于车站两端环控电控室,包括 2 套冗余 PLC 控制器、现场总线、通信接口网关等。

(2)现场层:位于车站各就地监控点或数据采集点,具体包括各类传感器、远程 I/O 模块等。

BAS 系统设备由工业冗余现场总线、冗余控制器 PLC、通信网关、现场模块箱、BAS 工作站、IBP 盘 PLC 等构成,如图 2 所示。以北京地铁 10 号线二期 BAS 系统结构为例,地下车站设置两组冗余的主 PLC,分别设置在车站 A、B 两端的环控电控室内,两组冗余 PLC 之间通过工业冗余现场总线与远程 I/O 与及被控设备相连,对车站和区间的通风空调系统、动力照明、电扶梯及给排水等各类系统及设备实施监控。在车控室设有由综合监控系统统一设置的综合后备盘(IBP 盘),作为灾害模式下紧急后备控制。

在 A 端(主端)环控电控室的每个主机架上配置一块以太网模块,分别连接到与综合监控系统进行通信的两台互备冗余的交换机上,实现双冗余机制。通过工业以太网进行通信。A 端环控电控室设置一套冗余 PLC 控制器,不仅作为整个车站的主控制器与综合监控系统进行通信,也负责 A 端的现场设备的监控,同时配置通信网关用于实现与 FAS 的接口通信,接收 FAS 主机传送的火灾报警模式号,实现车站 BAS 在火灾工况下对设备的联动控制。在车站 B 端环控电控室设置一套冗余 PLC 控制器,负责 B 端的设备监控。A、B 端的控制器分别通过现场总线网络进行连接通信。

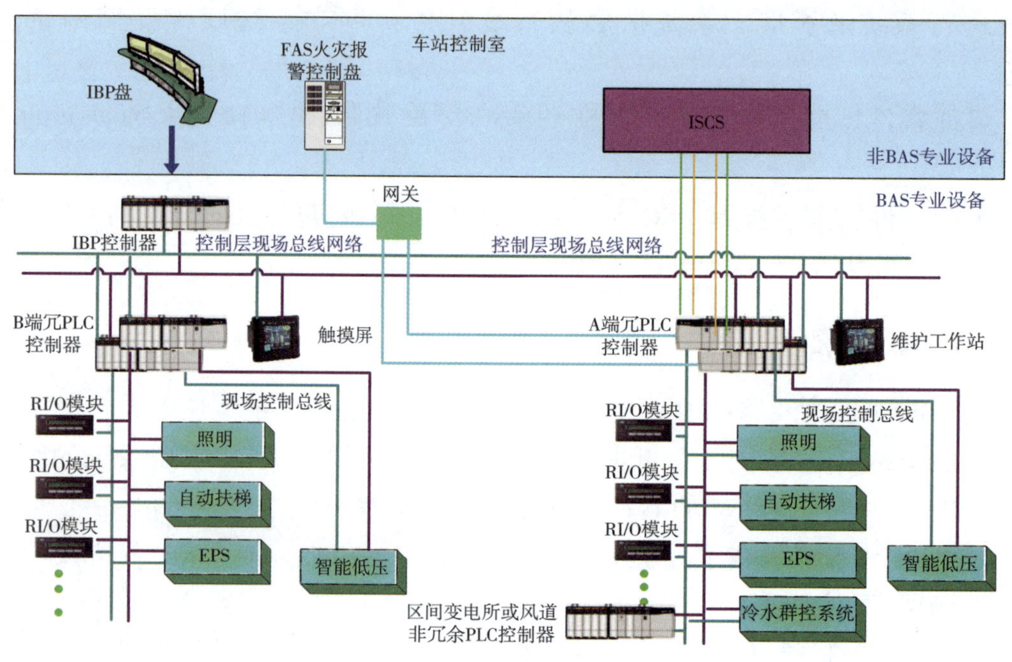

图 2　BAS 系统结构图

IBP 盘处设置 PLC,实现 IBP 盘 BAS 子系统的紧急工况下的模式触发和控制。

4 BAS 系统结构、功能优化实现

4.1　BAS 系统结构优化实现

BAS 系统一般由以下 4 个部分构成:主、从控制器,RI/O,通信网络,操作工作站。各个部分在 BAS 系统中有着各自的功能,对系统都有着相应作用,设备的选择和配置直接反映 BAS 系统的实用性。

(1)主、从控制器配置优化

目前北京地铁已建线路 BAS 系统在 PLC 控制器单元无一例外均采用了双端双机冗余的基本结构,如图 2 所示。此种结构特性造成了每端机架上均需配置双

网卡以实现 A、B 两端通信,在通信方式上需区分出两个不同地址位的主设备和从属设备,而且由于地铁车站的结构,A 端 PLC 为主要设备监控区域,B 端 PLC 只带载了很小部分的通风、照明及给排水设备。这种结构造成 PLC 程序编辑上必须区分出主从端设备类型、数量及相应逻辑,在正常及紧急工况模式运行下,需 B 端设备动作时,逻辑顺序必须由 A 端主 PLC 发出,B 端 PLC 执行。从控制逻辑上增加了一个主导指令到从属执行的过程。

以北京地铁 10 号线二期系统典型车站为例,DI 点 1420 个、DO 点 710 个、AI 点 168 个、AO 点 64 个。

设计容量按照 20% 的余量考虑,同时考虑到通信点的容量。因此,典型站按照 DI 点 1704 个,DO 点 852 个,AI 点 202 个,AO 点 77 个进行计算。每个开关量占用 1 个字节(Byte),每个模拟量占用 2 个字节。

应用程序大小为:

$$\Theta = (1704/8 + 852/8 + 202 \times 2 + 77 \times 2) \times 200 = 175500(\text{Byte})$$

若上述设备只分布在车站 1 套冗余 PLC 上,则 PLC 的应用程序为 175500(Byte),同时 BAS 系统还需要在 PLC 中存储大量的模式动作表。模式动作表按位进行动作定义,一般用 4 ~ 8 位表示一个设备的动作。按最低要求,按每个设备 4 位(1 个字节)计算,典型地下站 BAS 监控的设备(照明,风机,水泵等)总数约 302 个,每个设备在动作表占用 1 个字节,每类设备按平均有 20 种运行模式计算。因此,模式表需要占用内存:$\Theta = 302 \times 80 = 24160(\text{Byte})$。

典型站若按 1 套 PLC 保留完整的模式表考虑,PLC 的模式表容量为 24160(Byte)。车站 1 套冗余 PLC 的整个程序量为:$175500 + 24160 = 199660(\text{Byte}) = 199.6\text{KB}$,小于对比表 1 中产品配置的内存数。

对于 BAS 系统而言处理数据方式是按站进行的,每个车站进行单独运算,这些产品的 I/O 处理能力、内存能力都超出实际的系统需求。同时通过对比表,结合现场实际可以反映出,对于双端 PLC 双机热备设置的方式,设备的 I/O 处理能力、内存、处理速度、速率等特性,并不能叠加体现。

另外目前北京地铁线路采用的 BAS 系统双端双冗余这种结构,从一定意义上说提高了设备造价及相应预算,造成了资源的重复使用和不必要的浪费。

综上所述,在 PLC 配置选型中,可以考虑取消 B 端 PLC,只采用 A 端 PLC 同时带载 A、B 两端的各种被控设备方式,将控制设备能力只赋予给一套双冗余 PLC 设备上,这样可以从一定程度上避免控制逻辑的交替,减化程序编辑环节,节约设备造价成本。

北京地铁 **BAS** 系统产品调研参数

表 1

序号	项 目	数量	AB(Control Logix)	Schneider(Quantum)	Siemens(S7 -400)	GE(PAC7)
1	处理器类型	单台	Intel1	Intel1	Intel1	Intel1
2	处理器主频	单台	270MHz	266MHz	400MHz	300M
3	CPU 处理 I/O 的最大能力	单台	数字量 32K,模拟量 8K	数字量 64K,模拟量 4K	数字量 64K,模拟量 8K	数字量 32K,模拟量 32K
4	CPU 内存	单台	8M	2M	144K(集成 2.8M)	10M
5	CPU 内存最大可扩展至	单台	8M	10M	64M	64M
6	CPU 处理速度	单台	0.05ms/千字	0.09ms/千字	0.018ms/千字	0.024ms/千字
7	现场总线类型	单台	Control Net	MB +	Profibus DP	GENIUS
8	在不带中继器情况下,总线传输速率	单台	5M	1M	0.5M 至 12M	153.6K
9	现场总线的最高速率	单台	5M	1M	12M	193.6K
10	是否支持工业以太网	单台	支持	支持	支持	支持

(2)通信网络配置优化

以北京地铁 10 号线二期为例,BAS 系统网络结构采用图 2 所示结构,即两组冗余 PLC 之间通过工业冗余现场总线与远程 I/O 与及被控设备相连。目前网络技术飞速发展的时期,主流厂家均已开发出各自的自愈环形光纤以太网(工业以太网)技术及相应的配套设备。通过对传统的工业级现场总线与自愈环形光纤以太网(工业以太网)对比,如图 3 所示,可以发现自愈环形光纤以太网(工业以太网)在通信速度、长度、站点数、抗干扰、安装方式、造价等方面均优于传统现场总线技术。

自愈环形光纤以太网
(工业以太网)

◆通信速度:可达 100M
◆通信长度:不受限制
◆连接站点数:不受限制
◆强电磁干扰:不影响
◆就地箱通信线接地:无要求
◆抗雷击:无影响
◆单点设备或连接故障:环形自愈,无影响
◆切割或燃烧:分行路径,无影响
◆光缆便宜
◆各控制箱自带 CPU 和通信网关接口,可标准化编成,独立单元运行

传统现场总线

◆通信速度:最高 5M,受制于长度和接点数
◆通信长度:理论最长 1.5km,且与通信速度和站点数成反比,有衰减
◆连接站点数:通常 32 或 64 个
◆强电磁干扰:容易受影响,需要做防护
◆就地箱通信线接地:容易受影响,需要良好处理
◆抗雷击:需做防雷处理,尤其是地面站
◆单点设备或连接故障:双总线,无影响;单总线,故障
◆无 CPU,不可独立单元运行,有时需要外购第三方网关

图 3 方案比较(自愈环型光纤以太网 VS 传统现场总线)

若在地铁环境中使用自愈环形光纤以太网技术,1 套冗余 PLC 与 RIO 采用

工业以太网技术，传输速率为 100M。假设传输一个信息包长度 250bytes，即约 $250 \times 8 = 2000$bit。

计算过程如下：

1 套冗余 PLC 的控制器执行时间理论数值：50ms

1 套冗余 PLC 与 RIO 控制器的通信以太网网络传输时间理论数值：$2000/100000000 = 0.02$ms

RIO 控制器输出点响应时间（OFF－ON）理论数值：0.1ms

RIO 输出点隔离继电器动作时间理论数值：200ms

BAS 控制响应时间理论数值 $= 50 + 0.02 + 0.1 + 200 = 250.12$ms

结论：从 BAS PLC 下达命令到 BAS RIO 的输出点带动继电器的响应时间为 250.12ms，远远小于秒的量级。

故在通信网络配置选型中，可以考虑采用自愈环形光纤以太网（工业以太网）技术，将系统优化为图 4 所示结构。

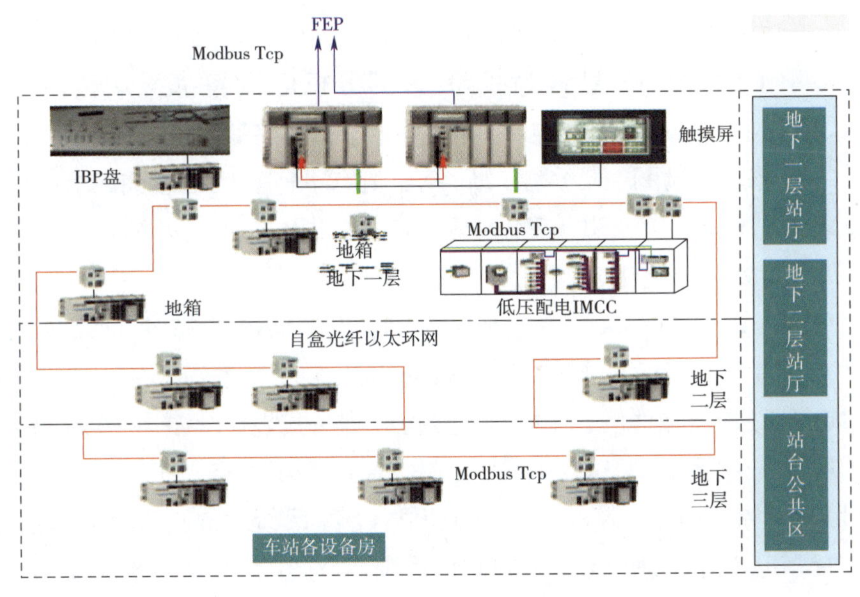

图 4　车站 BAS 系统优化结构图

（3）BAS 工作站

以北京地铁 10 号线二期 BAS 系统为例，在车站环控电控室设置的 BAS 工作站具有车站级维护检修管理的功能，同时具有对整个车站的 BAS 系统监控对象进行监控操作管理的功能，可作为综合监控系统监控工作站的后备。但是 BAS 工作站必须通过安装控制网卡，以串口通信方式才能连接到 MB＋网络实现与车站 BAS 主控制器的通信，接收、处理和存储各个现场设备的状态数据。BAS 工作站软件平台基本采用的都是 Windows 操作系统,必须通过安装 PLC 组态软件才可以进行软件功能的操作、组态、参数设定等工作。而且 Windows 系统本身有较多的系统漏洞,当系统软件出现问题后直接影响到 PLC 组态软件的使用。

若 PLC 厂家可开发出配套的触摸屏终端,终端灌以上位级综合监控系统与 BAS PLC 统一平台的组态软件,对软件的一致性、同步性均有较大提升。而且若采用 1 套 BAS 冗余 PLC 配工业以太网形的网络结构,触摸屏接入 BAS PLC 可扩展至以太网接口方式,可以提高相应的通信速率。

上述结构优化实现方案是结合市场上主流 PLC 厂家产品特性、先进的技术发展方向,以及在电厂、汽车制造车间等领域成功应用过的 PLC 技术和以太网网络通信技术基础上,设计优化并总结出来的一种最优的结构方式。在硬件设备的选择、系统可靠性的保证、系统调试及维护方便、网络通信速率、系统扩展性等方面都可以达到地铁系统的控制要求。

4.2 BAS 系统功能优化实现

BAS 系统功能主要体现在对机电设备的控制方式及系统集成化程度上,在北京地铁早期的 2 号线、13 号线等线路,大部分机电设备都采用传统手动控制或以硬线方式连接到 BAS 通过继电器控制方式,采用控制元件(如按钮、旋钮、信号等)驱动最终设备(如线圈、指示灯);后续已建线路中,已逐步采用了 PLC 控制方式,将信号集中到模块上,通过编程实现控制,功能更加强大灵活,节省了工作量。

(1)系统集成程度优化实现

以北京地铁 10 号线二期 BAS 工程为例,车站 BAS 系统实时监控的设备主要包括:通风空调系统设备;给排水系统设备;动力照明系统设备;冷水机组;电扶梯系统。其中通过智能通信接口实现监控功能的被控设备或系统有:风机变频器;智能低压系统;冷水机组系统;EPS;VRV(多联分体空调)。

对于目前地铁车站环境内选用的机电设备系统,如通风系统内的大、小风机、风阀、空调机组、新风机组等;给排水系统内的各类水泵、电保温系统等;动力照明系统内的配电箱、EPS 系统等,未来的发展方向是集成在车站智能低压系统内,通过智能低压控制单元(PLC)进行统一逻辑控制并通过智能通信口上传至 BAS 系统,从一定意义上说减少了 BAS 监控点的数量,程序内容的庞大,将一部分控制功能下放到智能低压控制系统中,BAS 系统只对其进行状态监视,进一步优化了系统网络的负载能力,提高了 BAS 系统自动化水平。

(2)节能调节优化

以北京地铁 10 号线二期工程为例,节能调节主要通过 BAS 编辑相应模式或时间表控制执行。

车站空调、通风、排烟系统分为冬季、过渡季、夏季、早间运行、夜间运行、阻塞运行、火灾事故运行、突发客流等多种运行方式。BAS 系统必须根据不同运行工况进行数值比较,进行模式的编辑和工况的转换判断,并在一定周期内统计数据进行修正,这种方式很大程度上占用了系统资源,增加了 PLC 内的寄存器储存数据量。可以考虑将一部分工况下的模式或时间表控制权下放到智能低压控制系统内,通过智能低压系统自带的控制单元(PLC)对车站空调通风系统进行控制、自主调节,这样分散了 BAS 系统控制内容、程序数量等方面,减少了程序控制逻辑,降低 BAS 的系统编辑维护工作量。

5 BAS系统人机软件平台优化实现

以北京地铁 10 号线二期为例,BAS 系统是综合监控的子系统,在软件平台架构上,上位级综合监控系统采用基于 UNIX 操作系统形式的平台,而 BAS 系统采用 PLC 固有的软件平台。两种软件系统并不统一,也没有任何兼容可能。采用规范的、一体化形式设计的软件平台,并以此为基础构建车站综合监控系统(含 BAS)将成为未来的实现方向。对于综合监控系统而言监控信息量巨大,如与 BAS 共用一套软件平台基础上,在上位级即可进行相应组态编辑权限修改工作,减少了调试阶段的工作量,用户更可基于此方便地展开设备维护和管理工作。

BAS 监控功能较为全面且灵活,兼顾运营及维修两个方面,若软件平台能提供在线编辑工具用于如时间表、设备组及模式等编辑。通过各种权限级别的划分进行系统参数化运行编辑,以支持不同用户的个性化监控和管理,可有效规避因用户方使用时参数变化对系统的影响。

软件平台可开发基于 PLC 功能完成多种基本设备管理功能,如运行信息统计、设备检修提示等。未来甚至可实现通过视频形式向用户提供可视化管理操作。

6 结论

系统结构、功能是 BAS 系统最基础的部分,系统结构的简与繁直接影响到 BAS 系统的方方面面。BAS 是一个多专业多系统集成方式的自控系统,随着轨道交通事业的迅速发展,必然加速 BAS 系统的发展,高效、安全、节能、舒适是 BAS 系统所追求的。

本文结合实际项目的经验、先进技术、成功案例、考虑产品实施情况,对BAS系统结构、软件平台提出优化建议。指出了系统架构及功能、软件开发的发展方向,若优化建议方案得以实施,可节省工程实施时间,降低调试工作难度,使BAS系统的优点完全发挥出来,进一步提高系统自动化水平。本文的意义也在于此。

参考文献

[1] 刘品. 可靠性工作基础[M]. 北京:中国计量出版社,1995.
[2] 北京地下铁道设计研究所. 世界城市轨道交通[M]. 北京:中国铁道出版社,2002.
[3] 魏晓东. 分散型控制系统[M]. 上海:上海科学技术文献出版社,1991.
[4] 王常力,罗安. 集散型控制系统选型与应用[M]. 北京:清华大学出版社,1996.
[5] 蔡德聪. 工业控制计算机实时操作系统[M]. 北京:清华大学出版社,1999.

地铁施工穿越城市立交桥区影响综合分析研究

第二项目管理中心　万小飞　苏艺　徐阳

摘　要：根据地铁施工方法、桥梁结构受力特点、地层损失分析桥梁变形的规律，探讨 PBA 工法修筑地铁车站邻近桥桩及桥桩托换的变形，保证工程的顺利实施和桥梁结构的安全运营，为类似穿越工程总结经验。

关键词：地铁；桥梁沉降；PBA 工法；桩基托换；综合分析

0 工程概况

北京地铁 10 号线二期工程公主坟站位于复兴路与西三环中路交汇的新兴桥立交桥区内，车站南北走向，为躲避桥桩采用“分离岛站台”形式。车站的中心里程为 K48 + 566.544，车站总长 193.65m，东、西两个主体结构净宽均为 11.75m，结构型式为双层单跨拱顶直墙结构，车站顶板覆土约为 5m，底板埋深 16.5m。

公主坟站—西钓鱼台站区间自公主坟站北侧盾构井始发，左、右线在出盾构井约 20m 处下穿新兴桥立交北侧异形板第 17 - 3 号及 17 - 10 号桥桩。如图 1 所示。

图 1　地铁穿越立交桥工程平面图

公主坟车站为双层单跨结构，采用复合式衬砌，初期支护由格栅钢筋、钢筋网和喷射混凝土组成，二次衬砌采用钢筋混凝土结构；初期支护与临时支护承受施工期间的外部荷载、结构自重和施工荷载。主体结构完成后，使用阶段的正常荷载和特殊荷载主要由二衬承担。车站主体开挖采用PBA工法,早期形成的二衬混凝土顶拱可形成拱顶棚护,把部分竖向覆土荷载转变为横向顶力,防止土体内移。

公主坟站—西钓鱼台站区间采用盾构法施工,隧道为两条单洞圆形隧道。区间盾构始发前,先对盾构隧道上方的17－3号、17－10号桩基进行托换。如图2所示。

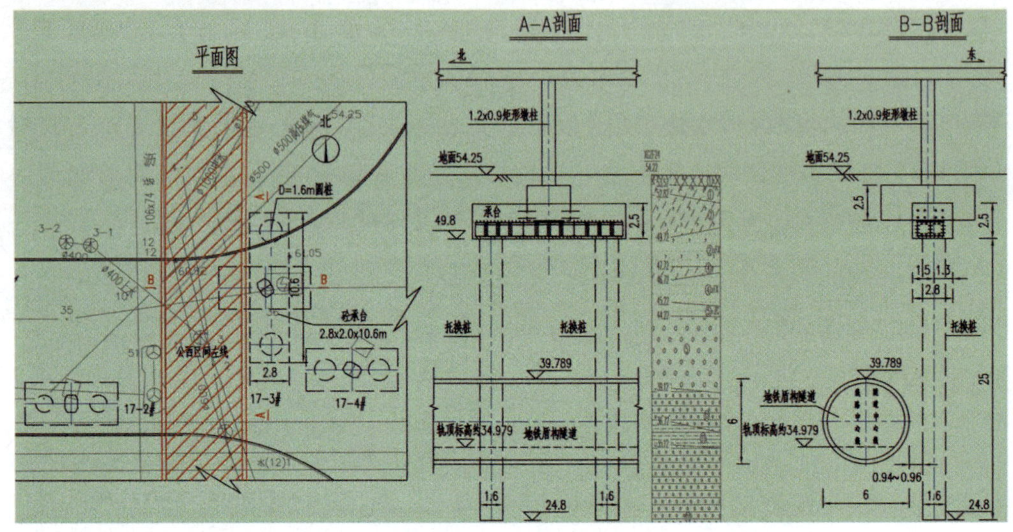

图2 区间穿越桥桩断面图

1 工程地质条件

本场地土层自上而下依次为人工填土层:粉土填土①、杂填土①$_1$;第四纪新近沉积层:粉土②层、粉质黏土②$_1$层、粉细砂②$_3$层;第四纪全新世冲洪积层:粉质黏土④层、粉土④$_2$层、粉细砂④$_3$层;第四纪晚更新世冲洪积层:卵石⑤层、中粗砂⑤$_1$层;基岩为下第三纪长辛店组砾岩⑪层、泥岩⑪$_1$层、砂岩⑪$_2$层。

详细勘察钻孔最大深度38m,揭露两层地下水,上层滞水赋存于浅部粉土层及局部埋藏浅的强风化基岩层中;潜水赋存于卵石⑤层、中粗砂⑤$_1$层及粉细砂④$_3$层的孔隙之中,其水位变化主要受下伏隔水层基岩面起伏变化影响。

车站和盾构区间主要位于卵石⑤层、中粗砂⑤$_1$层,车站底板位于砾岩⑪层,结构均在地下水水位线之上。

2 立交桥形式及施工力学分析

新兴桥立交建成于1994年,是复兴路与西三环的交通枢纽,也是北京西南地区交通的咽喉,由主线桥和匝道桥组成。

新兴桥主线桥宽36m,上部结构跨越长安街部分采用跨度为(29＋43＋29)m预应力混凝土连续箱梁;其余9号～11号轴、14号～16号轴、19号～22号轴上部结构为预应力混凝土简支T梁，跨度均为27m，采用桥面连续方式，下部结构为门架式墩、桩基础。

新兴桥匝道桥上部结构为预应力混凝土实体异型板，板厚0.76m。分为东侧板和西侧板，跨径均为(19+19.5+13.5)m。独柱墩、桩基础。

2.1 地铁车站、区间与桥梁的位置关系

车站主体设置在主线桥的左、右两侧，靠近桥梁部位与桥桩的水平距离为11.6m，涉及主线桥的第9号~11号轴、14号~16号轴、19号~22号轴桥梁，该处为简支T梁。第12号~14号轴为预应力混凝土连续箱梁结构。桥梁桩长从15.5~25.5m不等，车站结构底板在桩基底部之上。

公—西盾构区间侧上方为匝道桥第17-3号及17-10号桥桩，距离公主坟车站北端约为20m。桩长8.5m，隧道拱顶至桩基底部净距1.8m。

2.2 桥梁变形力学特性

主线桥的预应力混凝土T梁采用为简支结构。虽然桥墩沉降不引起主梁的附加应力，但是该桥采用了桥面连续结构，较大的沉降仍会引起墩顶桥面的开裂。另外本桥的门式桥墩和预应力混凝土盖梁为超静定结构，同一盖梁间墩柱的差异沉降会引起盖梁的附加应力，导致盖梁混凝土的开裂。分离岛式车站分布在主线桥两侧，两侧如果不对称开挖，还会引起桥梁墩柱的倾斜。

主线桥的预应力混凝土连续箱梁为超静定结构，墩柱间的纵、横向差异沉降均会导致主梁产生附加应力，造成主梁混凝土的开裂。

匝道桥为预应力混凝土异形板桥，属超静定结构，桥墩呈点状支持，受力非常复杂，尤其是桥墩竖向沉降产生的强迫位移会造成板体产生附加应力，导致板体混凝土开裂，影响桥梁的安全运营。在桩基托换施工中，首先将上部荷载通过顶升力从旧桩上脱离，凿除旧桩后，将上部荷载转换至新施做的桩基上，托换过程中要掌握桥墩的轴力，控制好千斤顶顶升力，并严格监控桥墩沉降。

2.3 车站开挖对桥桩影响的数值分析

目前，地铁施工中常采用的方法有浅埋暗挖法、明挖法、盾构法。不论哪一种工法，均会对地层造成扰动，引起地层损失和变形，而对于邻近的桥梁安全是一个巨大的工程风险。

本工程，针对PBA工法开挖车站对既有桥桩的影响，分别按照直接开挖和隔离桩保护两种方案进行了数值分析计算，不考虑地下水的影响。模型对施工过程中5种关键工况进行了模拟，且两侧车站施工同时进行，计算结果偏于安全。

(1)不进行桥桩保护车站开挖对桥桩沉降分析(图3)

工况一:在进行小导管预支护的情况,上、下两排小导洞开挖形成,土体应力场重分布,桥桩累计沉降1.9mm。

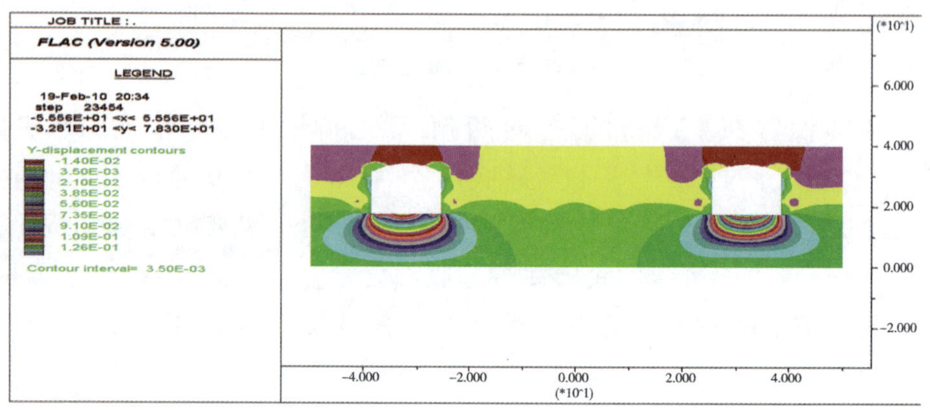

图3 数值计算结果图(直接开挖)

工况二:施做拱顶处的肋梁提高了车站拱顶部分的刚度,对于减小车站拱顶变形起了很大作用,桥桩累计沉降2.3mm。

工况三:土体向下开挖至楼板下0.5m,施做侧墙及楼板。车站周围出现比较明显的洞室效应。由于土体开挖引起卸载作用,桥桩累计沉降3.8mm。

工况四:继续向下开挖3.5m,施做临时钢支撑,由于支撑竖向间距小车站开挖对两侧土体影响并不强,桥桩累计沉降4.4mm。

工况五:破除下导洞局部衬砌,施做结构底板和侧墙,并拆除临时钢支撑,桥桩累计沉降4.7mm。

(2)采用隔离桩保护进行车站开挖对桥桩沉降分析(图4)

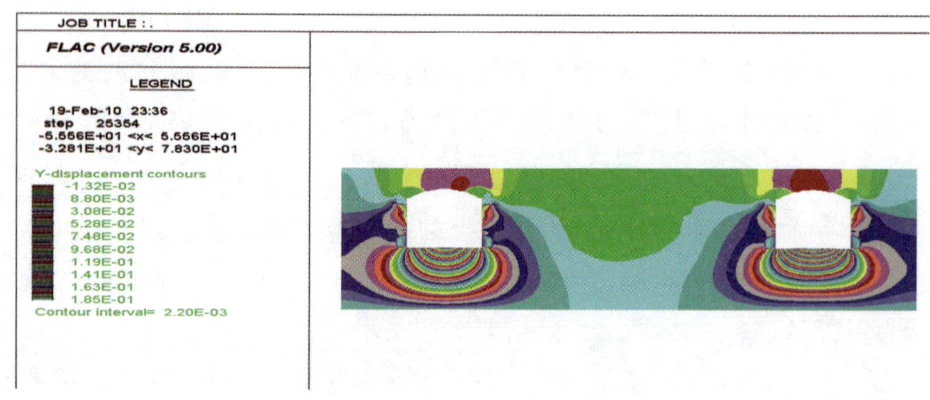

图4 数值计算结果图(隔离保护)

工况一:在进行小导管预支护的情况,上、下两排小导洞开挖形成,土体应力场重分布，由于导洞与桥桩之间有隔离措施，桥桩累计沉降1.28mm。

工况二：施做拱顶处的肋梁提高了车站拱顶部分的刚度，对于减小车站拱顶变形起了很大作用，桥桩累计沉降1.4mm。

工况三：由于土体开挖引起卸载作用，车站周围出现比较明显的洞室效应。桥桩区域土体产生下沉的趋势，桥桩累计沉降2.0mm。

工况四：施做楼板以后继续向下开挖3.5m，施做临时钢支撑。由于支撑竖向间距小，车站开挖对两侧土体影响并不强，桥桩累计沉降2.6mm。

工况五：破除下导洞局部衬砌，施做结构底板和侧墙，并拆除临时钢支撑。拆除钢支撑以后桥桩累计沉降3.2mm。

2.4 施工对桥桩影响的综合分析

因为隧道开挖引起土体应力重分布，造成对邻近桥墩的沉降。通过数值模拟，对开挖的力学过程更加了解。在实施隔离桩保护后，对桥梁沉降的影响显著降低。由于数值分析的局限性，其结果可以作为定性分析的依据，为工程施工提供安全对策。

综合本工程的地质水文条件、施工方法等特点，综合分析产生桥墩沉降的原因有如下因素：主体导洞开挖及扣拱施工中对土层造成扰动，使地层损失，桥梁桩基所处土层的内摩擦角和黏聚力等力学特性降低，桥墩发生沉降；车站所处地层含上层滞水和潜水，如施工中注浆止水效果不佳，会引起周边土层失水后固结沉降，引起桥梁桩基沉降；桥梁桩基托换在施工新桩过程中，因与旧桩距离较近，对土层造成的扰动，引起桥墩沉降。对千斤顶顶升力控制小于桥墩轴力引起桥墩的沉降。盾构施工同步注浆和二次补浆效果不佳引起的桥墩沉降。

3 车站侧穿主线桥和区间盾构下穿异形板桥施工对策

3.1 侧穿主线桥桩基的施工对策

(1)PBA小导洞洞内加固措施

洞内采取缩短注浆步距，增加超前小导管长度，增大注浆量的加固方案。具体为：临近桥桩一侧上层导洞超前小导管每开挖0.5m打设一排，长度为1.7m；中扣拱施工时，每开挖1m采用C25喷射混凝土对掌子面封闭，喷层厚度100mm。

(2)采用隔离桩对桥桩进行隔离保护

在桥墩与车站之间采用复合锚杆桩加固，对新兴桥主线桥桥桩进行保护，复合锚杆桩桩径150mm，间距1000mm，内外排梅花形布置，加固宽度范围为1m。复合锚杆桩在安装过程中采用了特殊的施工工艺，注浆压力最大可达5MPa，土层在高压下,土中空隙被填充,土体被挤密,从而有效地提高土体的物理性质,孔壁周围的土体也被逐渐固结和强化。同时,复合锚杆桩中插入了钢筋,加固范围达到了1m,使得加固体具有一定的水平刚度,起到了隔离作用。

3.2 下穿异形板桥桩基的施工对策

盾构掘进前,对异形板桥桩基进行托换,托换工程分为以下7个施工工序:

第1步:托换墩位附近设钢支撑,支撑顶部设千斤顶顶紧桥面备用;然后逐根施工托换桩,桩底进行压浆;施工过程中须对原有桩基进行保护,同时监测上部桥梁变形,如托换墩沉降达到2mm,则启动备用千斤顶顶回。

第2步:施工钢承台,在钢承台顶面与原承台相接处焊接垫板,保证钢梁与原承台底面密贴。

第3步:开挖新承台基坑,凿除原承台混凝土垫层,并进行深度凿毛,原承台底贴钢板;桩顶设置千斤顶,钢梁就位后与原承台下钢板焊接;为保证施工过程中承台稳定,千斤顶两侧放置钢垫块。

第4步:调整千斤顶顶升力,使作用在旧承台上的力转移到钢承台与托换桩上。

第5步:在承台以上的结构保持平衡的条件下,同时分级截去两根原桩基,根据监控量测结果及时调整千斤顶的顶力,待量测结果趋于稳定后,方可进行下一工序。

第6步:在原承台侧面植筋,待托换桩基变形稳定后,将钢承台与桩顶钢板及千斤顶焊接,实现钢承台与托换桩的固接。

第7步:盾构掘进,监测桥梁变形,采取盾尾注浆和二次补浆方式保证各墩间差异沉降不大于2mm。

4 监控量测及数据分析

4.1 监控量测控制标准

根据原桥设计单位编制的设计咨询报告要求,在地铁正常施工的条件下,既有桥梁的变形控制指标见表1。

既有桥梁变形控制指标 表1

序号	监测对象	监测项目	控制值
1	主线桥及匝道桥	墩柱沉降及差异沉降	主线桥9号~16号轴桥墩,绝对沉降10mm,差异沉降5mm
			异性板桥墩绝对沉降3mm,相邻墩柱间差异沉降2mm
2		墩柱倾斜	1/1000

4.2 监测数据分析

(1)墩柱沉降及差异沉降分析

侧穿主线桥:从10号~12号桥墩沉降时程曲线(图5)可以看出,没有施作复合锚杆桩加固前,PBA暗挖导洞开挖引起桥墩持续沉降,累计沉降最大值接近-10mm。经加固后,复合锚杆桩较强的注浆压力,使土层中空隙被填充,土体被挤密,摩阻力增加,桥桩有上升趋势。随着孔壁周围土体逐渐被固结和强化,复合锚杆桩起到了良好的隔离作用。最终桥桩之间的差异沉降均控制在5mm以内,门式预应力盖梁未发现异常情况。

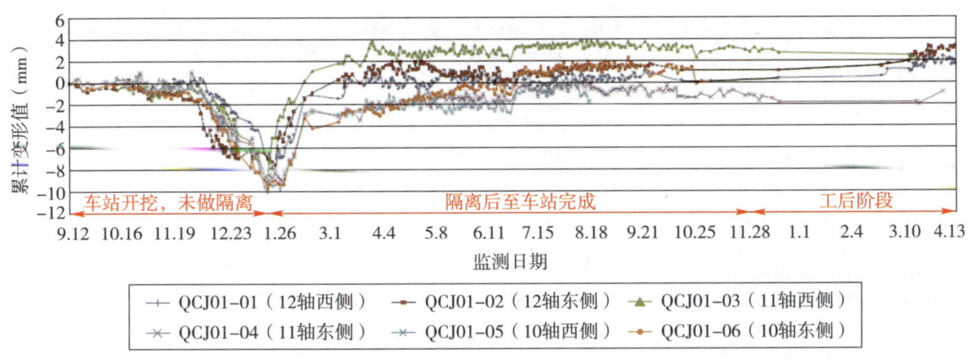

图5 主线桥10~12号桥墩沉降时程曲线图

异形板桥墩柱的变形过程分为以下阶段(图6)。

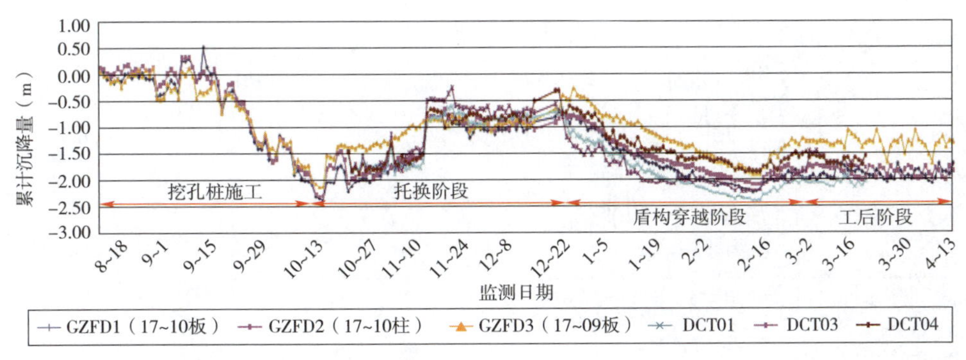

图6 异形板桥17-10号桥墩沉降时程曲线图

①人工挖孔桩施工阶段。随着挖孔桩的施工进度,桥桩持续下沉。分析其原因为复合锚杆桩由于受管线影响,只完成了设计的9%,远没有达到预期的隔离效果。挖孔桩的施工导致桩侧土体向桩外位移,桩身产生负摩阻,引起了桥桩下沉;另外,开挖过程中遇到层间水,水土流失在一定程度上引起了桥桩的沉降。

②托换阶段。本阶段由于千斤顶的顶升作用,桥桩变形为向上的趋势。

③盾构穿越阶段。盾构穿越过程中沉降值最大,盾尾通过后及时进行管片后的补偿注浆,墩柱稍有上升趋势。

④工后稳定阶段。盾构完全通过后,经过多次管片后的二次补浆措施,墩柱基本稳定。最终桥墩沉降结果小于控制值3mm,达到了预期的效果。

(2)墩柱倾斜分析

根据对新兴桥关键墩柱倾斜时程曲线图(图7)可以看出,从施工前开始至施工完成,桥墩倾斜累计变化值在-0.07‰(向西侧)~+0.26‰(向东侧),数据基本稳定,低于控制值(1‰),表明墩柱倾斜受施工影响很小。

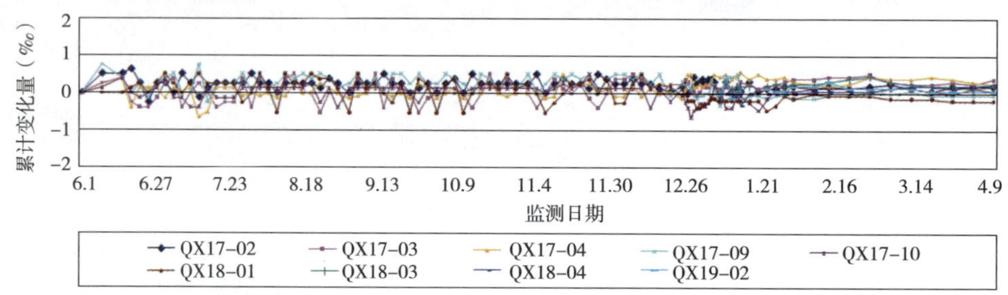

图7 桥墩倾斜时程曲线图

(3)异形板桥应力分析

依据交通部公路科研所反馈的应力监测数据(图8),在整个施工过程中,异形板下缘受压状态占监测记录的90%以上,尤其是盾构通过后,异形板下缘仍处于受压状态,符合异形板为全预应力混凝土构件的受力特点。

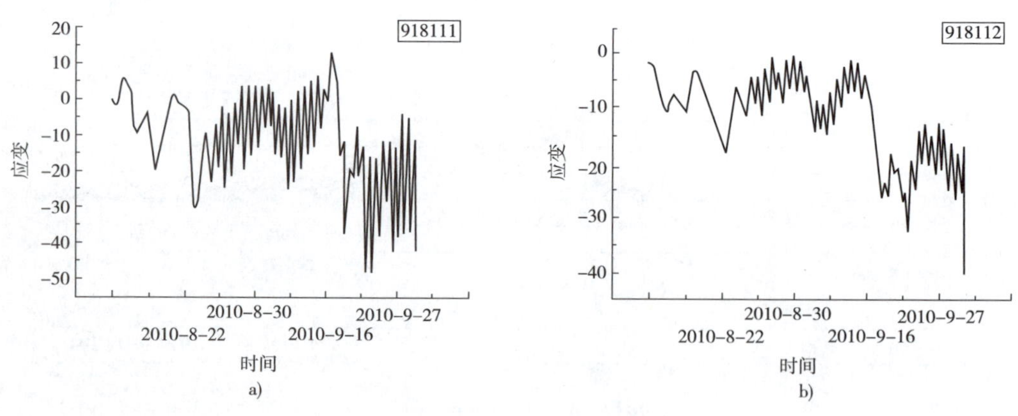

图8 异形板应力监测曲线图

5 结语

结合北京地铁10号线二期公主坟站及公—西区间施工和监测,对PBA工法邻近车站施工及盾构穿越桥桩施工对桥梁进行综合分析研究,对以后类似工程施工提供借鉴和积累经验：

(1)采取地层注浆加固、施做隔离桩，减小对桩基周围土层的扰动可以有效地控制桥梁变形，使简支T梁、连续箱梁的桥墩差异沉降控制在5mm以内；通过对匝道桥的预支顶和桩基托换，使盾构穿越预应力混凝土异形板桥桩的沉降控制在3mm以内。

(2)PBA工法修筑地铁车站邻近桥桩施工时，应严格按照浅埋暗挖法的“管超前、严注浆、短开挖、强支护、早封闭、勤量测”十八字方针实施，根据隧道渗漏水可能造成地层固结沉降而影响桥桩变形的特点，施工中应加强注浆止水。

(3)因既有城市立交已使用多年，期间桥梁发生的沉降具有不可追溯性。在施工前，进行安全性评估和咨询，可以有效掌握桥梁的设计特点、现况、设计荷载、桥墩轴力等信息，对桩基托换千斤顶顶升力的控制提供重要数据。

参考文献

[1] 王梦恕. 地下工程浅埋暗挖技术通论[M]. 合肥：安徽教育出版社，2004.

[2] 贾永刚，崔志杰，杨慧林，任世林. 复合锚杆桩在大跨地下通道穿越桥桩中的应用[J]. 都市快轨交通，2009.

[3] 徐祯祥，钟巧荣. 地铁穿越工程中位移监测与安全分析 [J] . 岩土锚固技术研究与工程应用，2010.

[4] 张庆贺，朱合华，庄荣. 地铁与轻轨[M]. 北京：中国铁道出版社，2003.

复杂环境下高边墙车站风道暗挖施工方案研究

第三项目管理中心　王力勇

摘　要：地铁14号线将台站主体为站台、站厅分离布置车站，站台层为地下单层侧式站台，采用盾构先行通过再扩挖的方法形成，站厅和设备用房外挂。将台站共设置2个风道，风道设置在车站端部兼做施工横通道，风道宽度12.6m，高度20.3m，为高边墙结构，采用暗挖法施工，风道位于现状酒仙桥路下，道路交通流量大，风道周边建筑物密集，且在多处下穿重要市政管线，属于典型的在城市复杂环境下施工的车站风道，在施工过程中极易引发管线破裂、道路塌陷等环境安全问题。本文以将台站的暗挖高边墙风道作为依托工程，首先根据风道周边环境特点和风道结构特点，以确保风道周边环境的安全和风道结构自身的安全为主要考虑因素，对适合本风道的两种施工方案（CRD工法和PBA工法），从结构安全性、地层沉降的控制难易程度、侧向地层变形的约束、施工效率以及受力转化的复杂程度等多方面进行比选，最后确定采用暗挖洞桩法（PBA工法）作为风道施工方法。在此基础上，为确保按时提供大盾构通过风道的条件，及时对风道施工方案及总体施工安排进行了优化，从而形成一整套在复杂环境条件下的暗挖地铁车站风道施工配套关键技术。

关键词：复杂环境；暗挖高边墙风道；施工方案

0 工程概况

北京地铁14号线将台站位于酒仙桥路与将台路交口南侧、现状酒仙桥路下，与现状将台路成45°斜交，车站中心里程为K39+662.000，总长度166m。车站主体为站台、站厅分离布置车站，其中站台层为地下单层侧式站台，采用盾构先行通过再扩挖的方法施作；站厅和设备用房外挂，布置在酒仙桥路东侧规划绿地内，采用明挖法施工。车站设置3个出入口和2个风亭，1个紧急疏散口，将台站施工总平面图如图1所示。

车站共设置2个风道，风道布置在车站端部，车站端部风道兼做施工横通道，风道宽度12.6m，高度20.3m，埋深约29m，1号、2号风道采用暗挖PBA法施工，1号风道全长40.712m，2号风道全长35.506m，1、2号风道断面图如图2所示。

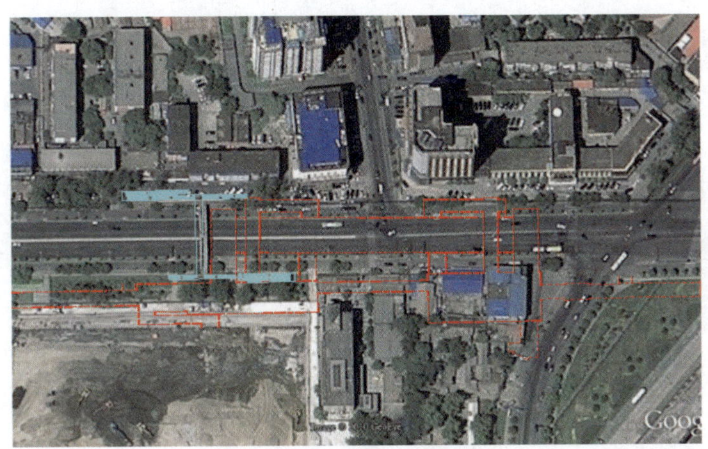

图 1　将台站施工总平面图

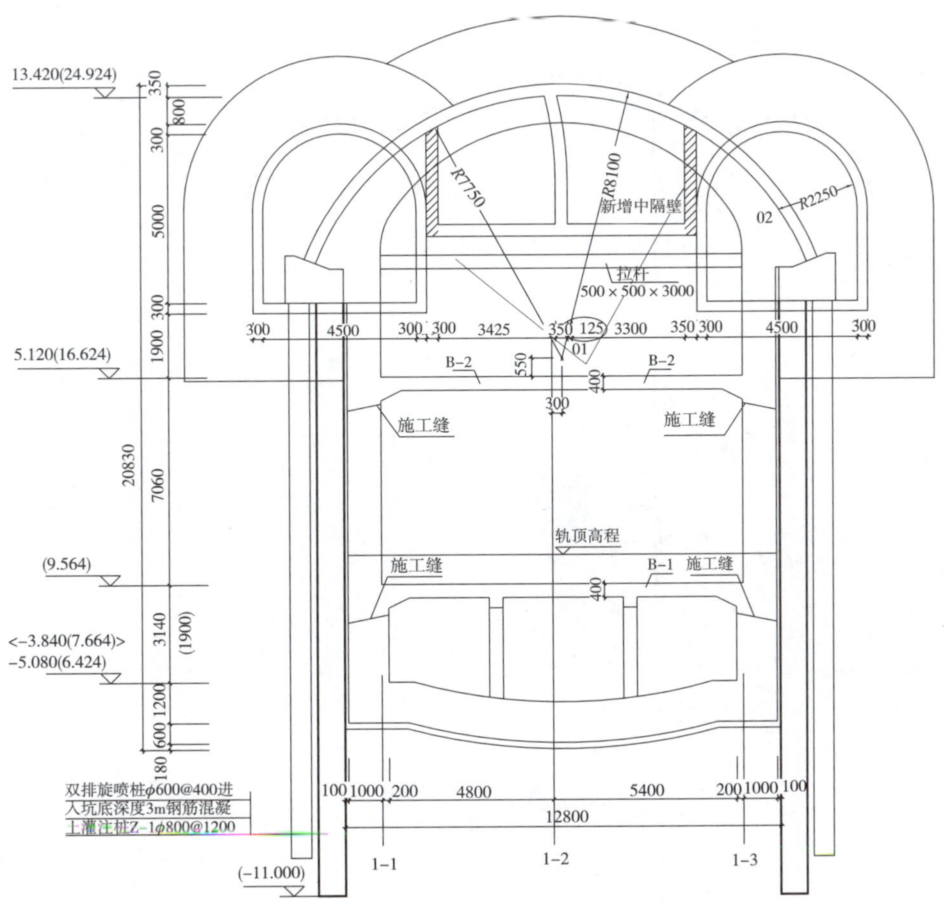

图 2　将台站 1 号与 2 号风道横断面图

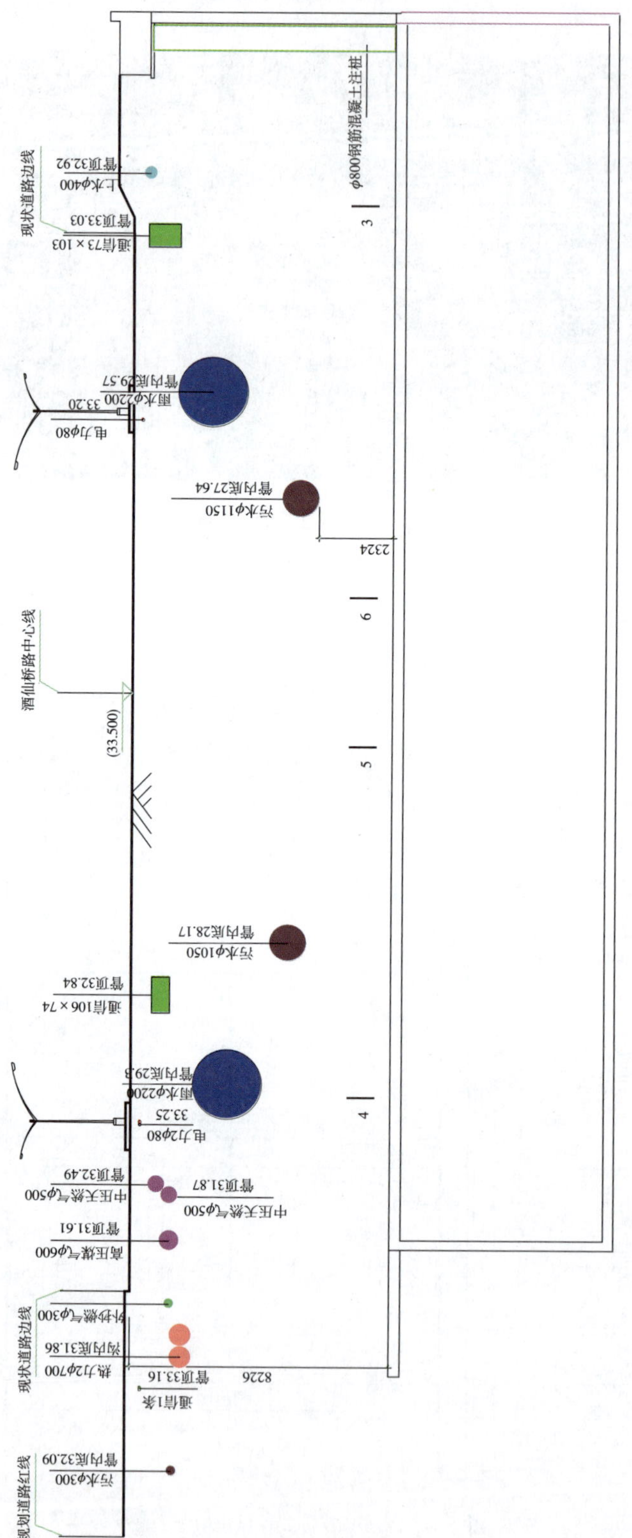

图3 将台站结构与管线相对位置关系图

风道深度范围内主要穿越地层包括粉细砂④3 层、中粗砂④4 层 、粉质黏土⑥层 、细中砂⑥3 层、粉土⑥2 层。

详勘报告显示风道开挖深度主要包括潜水(二)(赋存于粉细砂④3 层、中粗砂④4 层中),承压水(三)(赋存于细中砂⑥3 层),局部揭穿承压水层(四)(赋存于中粗砂⑦1 层、粉细砂⑦2 层)。地下水赋存详细情况见表 1。

将台站 1 号与 2 号风道水文地质概况 表 1

层序	地下水性质	水位埋深(m)	观测时间	含水层岩性特征
第 1 层	上层滞水(一)	6.8	2009 年 10 月 25 日	粉土填土①层,杂填土①1 层,粉土③层
第 2 层	潜水(二)	9.6		粉土④2 层,粉细砂④2 层,中粗砂④4 层
第 3 层	承压水(三)	18.64		粉土⑥2 层,细中砂⑥3 层
第 4 层	承压水(四)	23.6		中粗砂⑦1 层,粉细砂⑦2 层

将台站暗挖风道下穿 ϕ400 上水管线、73 × 103 通信管线、2 条 ϕ2200 雨水管线、1 条 ϕ1150 污水管线、1 条 ϕ1050 污水管线,临近 2 条 ϕ500 中压天然气管线、1 条 ϕ600 高压煤气管线。将台站暗挖风道下穿管线统计汇总详见表 2,将台站结构与管线相对位置关系如图 3 所示。

将台站暗挖风道下穿管线统计汇总 表 2

序 号	管线类型	管 径	管顶埋深(m)	备 注
1	上水管线	ϕ400	0.8	铸铁管
2	通信管线	73 × 103	0.5	混凝土管块
3	雨水管线	ϕ2200	1.5	平口管,2 条
4	污水管线	ϕ1150	4.8	承插口
5	污水管线	ϕ1050	4.5	承插口
6	中压天然气	ϕ500	1.0	铸铁管
7	高压煤气	ϕ600	1.0	铸铁管

综上所述,将台站 1 号与 2 号风道结构属于典型的在城市复杂环境下施工的车站风道,在施工过程中极易引发管线破裂、道路塌陷等环境安全问题。因此有必要开展风道结构施工方案的研究,以确保风道结构施工的安全和风道地表及周边环境的安全。

1 风道施工方案比选

工程实践表明,暗挖高边墙风道结构可以采用 CRD 工法与 PBA 工法进行施工。若采用 CRD 工法施工,以下几个因素必须引起重视。

(1)由于1号、2号风道结构位于潜水与承压水内,且1号、2号风道位于交通主干道路下,交通繁忙,周围建筑物密集,地面深井降水的条件困难,而采用CRD工法施工必须在有效降水的前提下进行。

(2)在不能进行有效降水的前提下采用CRD工法施工,必然导致高边墙结构的侧压力较大。影响风道初衬结构的安全。

(3)采用CRD施工,断面分块多,施工过程对地层扰动次数多,每一个导洞的开挖都会引起上部结构的附加沉降,造成地表沉降较大。

(4)CRD工法临时支撑多,拆除量大,支护结构受力转换次数多,对结构整体受力影响大。

基于上述原因,本工程并不适合采用CRD工法施工。

对于PBA工法而言,具有以下特点:

(1)PBA工法小导洞的开挖和边桩施工对地层扰动小,边桩承受土侧压力,顶拱承受竖向荷载,在其支护下进行下部施工,可有效控制地表沉降。

(2)PBA工法边桩在分层开挖前已形成,侧向刚度大,结构水平收敛小。

(3)PBA工法只需拆除小导洞内部分初支,临时支撑少,拆除量小,对结构受力转换影响小。

根据本工程特点,结合国内大量的类似工程的施工经验,从施工安全性、结构安全性、地下水控制等多角度,对两种工法的详细比选见表3。

将台站1、2号风道采用CRD法和PBA工法(PBA)安全性比较 表3

项　目	CRD法	PBA工法(PBA)
结构安全性	安全度高,稳妥可靠,但有水地层施工较困难	施工过程安全度高,利用无水空间施作有水地层中结构,地下水较易整治
支护模式	被动支护	主动支护
开挖支护原理	先开挖后初期支护,随开挖随支护	先围护后开挖,随开挖随增加围护
地层沉降	较大	较小
侧向变形	大	小
受力对称性	不好	好
力学转换	复杂	简单
地下水的控制	不好,困难	好,较容易
侧压力控制	不好,困难	好,容易

综上所述,根据本工程的环境特点及风道结构穿越的地层特点,风道结构采用暗挖洞桩法(PBA工法)施工。

近年来,暗挖洞桩法(PBA工法)已经成为地铁车站和大跨城市地下工程施工的一种重要的工法,特别是在城市复杂环境条件下采用洞桩法施工,对地层沉降控制效果较好。

将台站1号、2号风道原设计的施工方案如图4所示。

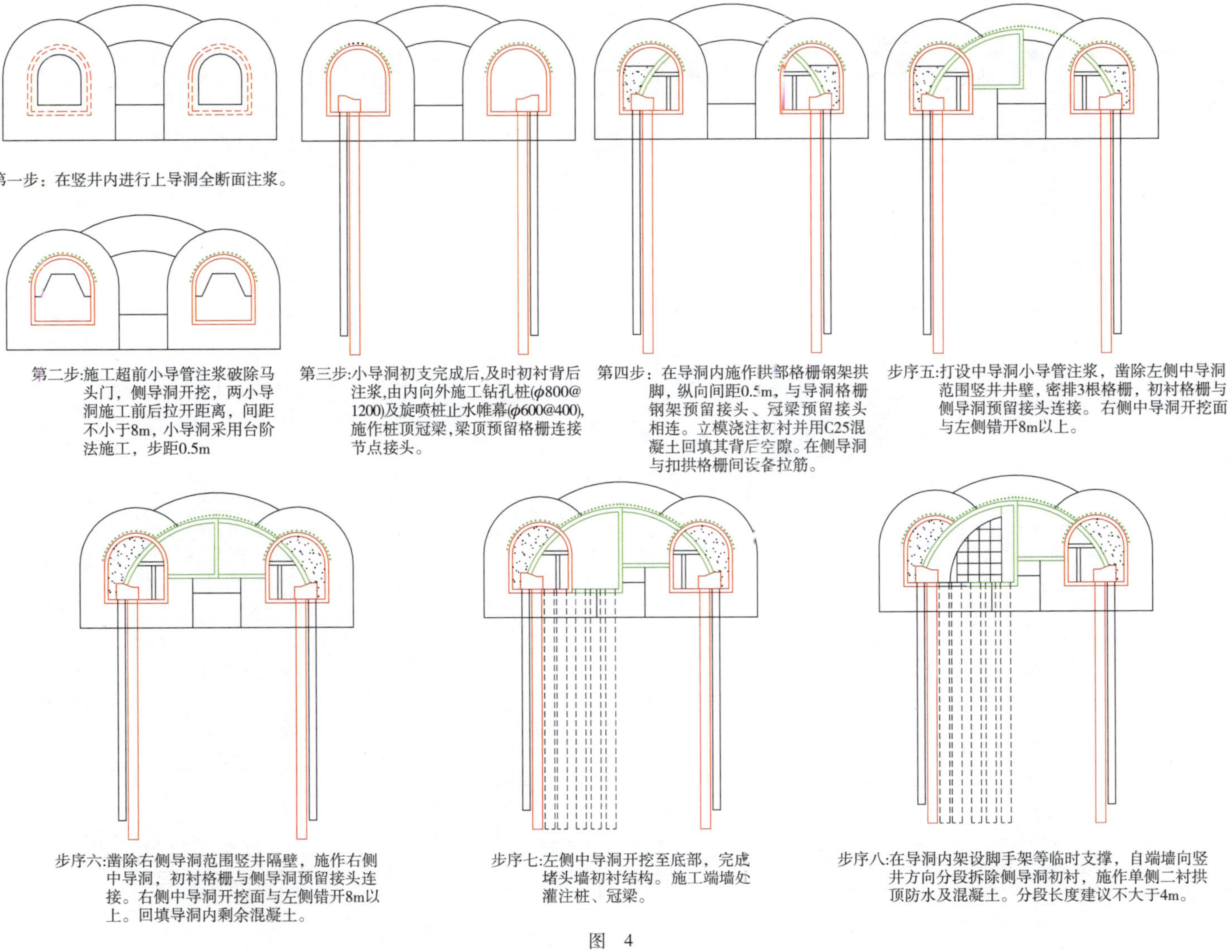
第一步：在竖井内进行上导洞全断面注浆。
第二步:施工超前小导管注浆破除马头门，侧导洞开挖，两小导洞施工前后拉开距离，间距不小于8m，小导洞采用台阶法施工，步距0.5m
第三步:小导洞初支完成后,及时初衬背后注浆,由内向外施工钻孔桩(φ800@1200)及旋喷桩止水帷幕(φ600@400),施作桩顶冠梁,梁顶预留格栅连接节点接头。
第四步：在导洞内施作拱部格栅钢架拱脚，纵向间距0.5m，与导洞格栅钢架预留接头、冠梁预留接头相连。立模浇注衬衬并用C25混凝土回填其背后空隙。在侧导洞与扣拱格栅间设备拉筋。
步序五:打设中导洞小导管注浆，凿除左侧中导洞范围竖井井壁，密排3根格栅，初衬格栅与侧导洞预留接头连接。右侧中导洞开挖面与左侧错开8m以上。
步序六:凿除右侧导洞范围竖井隔壁，施作右侧中导洞，初衬格栅与侧导洞预留接头连接。右侧中导洞开挖面与左侧错开8m以上。回填导洞内剩余混凝土。
步序七:左侧中导洞开挖至底部，完成堵头墙初衬结构。施工端墙处灌注桩、冠梁。
步序八:在导洞内架设脚手架等临时支撑，自端墙向竖井方向分段拆除侧导洞初衬，施作单侧二衬拱顶防水及混凝土。分段长度建议不大于4m。
图 4

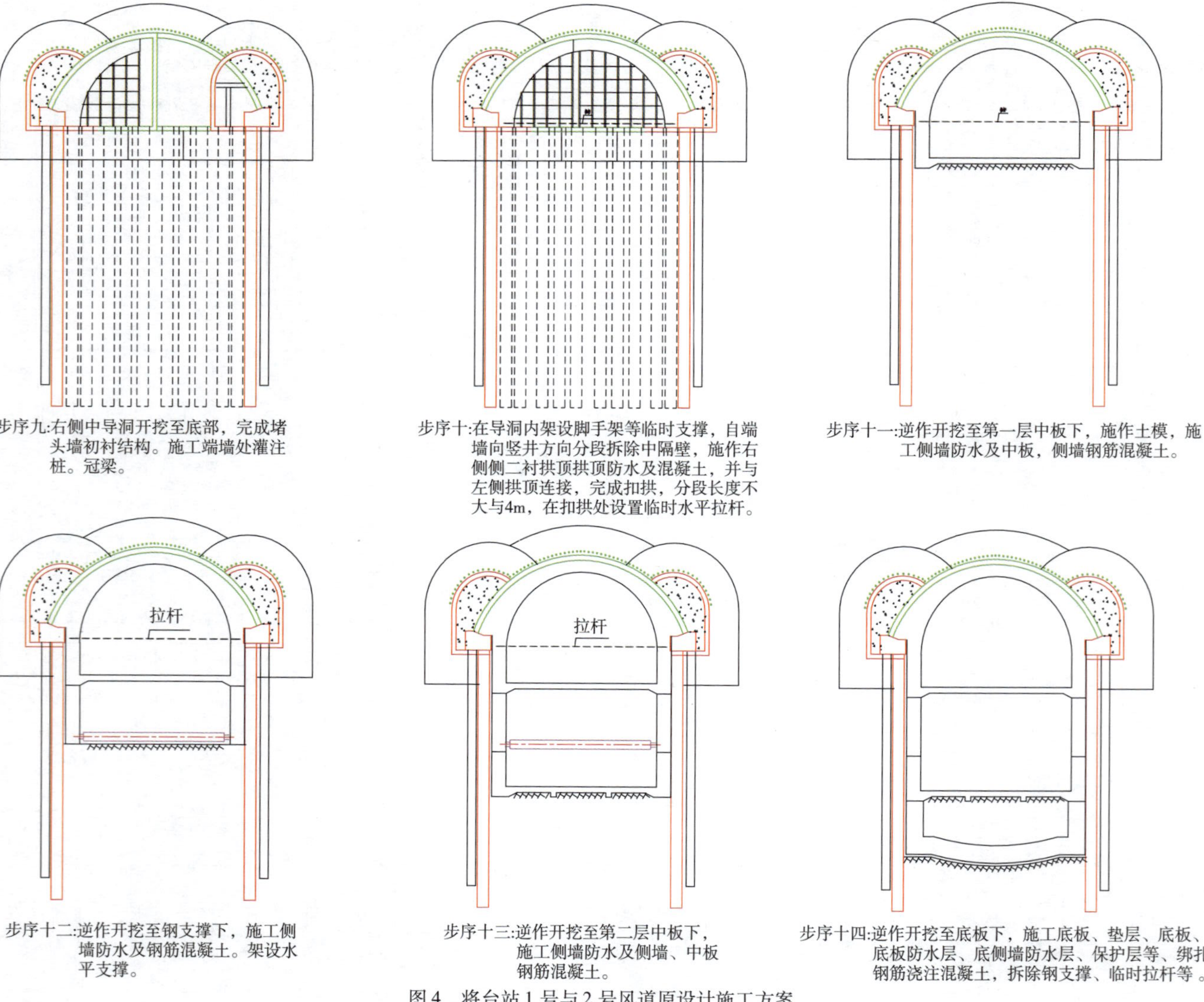

步序九:右侧中导洞开挖至底部，完成堵头墙初衬结构。施工端墙处灌注桩。冠梁。

步序十:在导洞内架设脚手架等临时支撑，自端墙向竖井方向分段拆除中隔壁，施作右侧侧二衬拱顶拱顶防水及混凝土，并与左侧拱顶连接，完成扣拱，分段长度不大与4m，在扣拱处设置临时水平拉杆。

步序十一:逆作开挖至第一层中板下，施作土模，施工侧墙防水及中板，侧墙钢筋混凝土。

步序十二:逆作开挖至钢支撑下，施工侧墙防水及钢筋混凝土。架设水平支撑。

步序十三:逆作开挖至第二层中板下，施工侧墙防水及侧墙、中板钢筋混凝土。

步序十四:逆作开挖至底板下，施工底板、垫层、底板、底板防水层、底侧墙防水层、保护层等、绑扎钢筋浇注混凝土，拆除钢支撑、临时拉杆等。

图4 将台站1号与2号风道原设计施工方案

2 现行施工方案及施工总体安排

2.1 施工总体安排优化与调整的理由

原设计的施工方案必须在两侧洞完成“洞内围护桩施工、桩顶冠梁施工、洞内实施扣拱格栅拱脚、拱脚初衬背后回填 C25 混凝土、初衬扣拱”等工序后，才能进行中洞开挖与支护。

考虑到小导洞内施作钻孔桩空间小、干扰大、效率低，该工序占用工期长。如果采用原设计方案进行施工安排。则不能按时提供盾构通过风道的条件，进而影响到整个车站的工期安排。因此，从施工实际出发，以确保安全为前提，对原设计的施工方案及总体施工安排进行优化和重新调整。

2.2 风道施工方案优化的详细内容

(1)首先进行风道扣拱和扩挖、盾构上部环梁，之后直接向下开挖盾构通过部位土方，东西两侧采用格栅喷射混凝土支护型式，南北两侧利用洞内钻孔灌注桩作为支护结构，土方开挖完成后施作此部位的风道底板和环梁混凝土，架设钢管支撑，满足盾构通过风道条件。如图 5、图 6 所示。

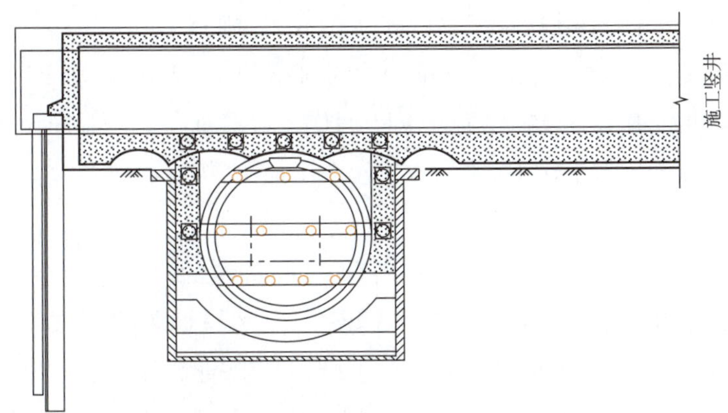

图 5 洞内土方开挖及盾构加强环梁施工横断面图

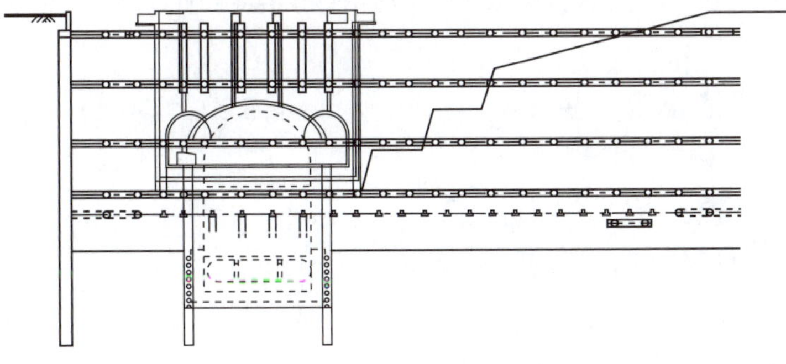

图 6 南集散厅优化施工方案剖面图

(2)风道扣拱完成后,将集散厅土方开挖至竖井封底高程,随土方开挖同步拆除竖井结构,之后再向下进行竖井施工。

(3)中洞开挖优化施工方案

①1号、2号风道中洞部分作为独立导洞体系进行施工,并预留拱脚格栅节点。

②提高中洞仰拱高度,减小中洞开挖断面,达到中洞初衬尽快封闭成环,减少掌子面开挖暴露时间。

(4)中洞优化施工步序(图7)

步序一:在竖井内进行上导洞全断面注浆。

步序二:施工超前小导管注浆,破除马头门,1号、2号侧导洞开挖,两小导洞施工前后拉开距离,间距不小于8m,小导洞采用台阶法施工,步距0.5m。

步序三:侧导洞初支完成后,及时初衬背后注浆,施工钻孔桩(ϕ800@1200)及旋喷桩止水帷幕(ϕ600@400);同时,破除马头门,3号、4号中洞开挖,两小导洞施工前后拉开距离,间距不小于8m,小导洞采用台阶法施工,步距0.5m。其中中洞端头部位下沉一定距离,满足端头钻孔灌注桩施工作业空间要求。

步序四:侧导洞内施作桩顶冠梁,梁顶预留格栅连接节点接头。在导洞内施作拱部格栅钢架拱脚,纵向间距0.5m,与中洞格栅钢架预留接头、冠梁预留接头相连。立模浇注初衬并用C25混凝土回填其背后空隙。在侧导洞与扣拱格栅间设置拉筋;中洞内施工端部钻孔灌注桩及桩间旋喷桩,并施工端头桩顶冠梁、初衬及背后回填。

步序五:中洞端头初衬施工、中洞背后回填注浆及边导洞初衬拱脚施工完成后,实现中拱初衬受力向两侧边桩转换后,根据监控量测数据分析,初衬结构趋于稳定后,自端墙向竖井方向分段拆除侧导洞部分初衬、中洞隔墙初衬,分段拆除长度根据监测结果确定,建议不大于4m。在洞内架设脚手架等临时支撑,施作拱顶二衬结构防水及二衬钢筋混凝土结构,在扣拱处设置临时水平拉杆。

步序六:逆作开挖至第一层中板下,施作土模,施工侧墙防水及中板、侧墙钢筋混凝土。

步序七:逆作开挖至第二层中板下。

步序八:施工中板钢筋混凝土、侧墙防水及钢筋混凝土。

步序九:逆作开挖至底板下,施工底板、垫层、底板、底板防水层、底侧墙防水层、保护层等,绑扎钢筋浇筑混凝土,拆除钢支撑、临时拉杆等。

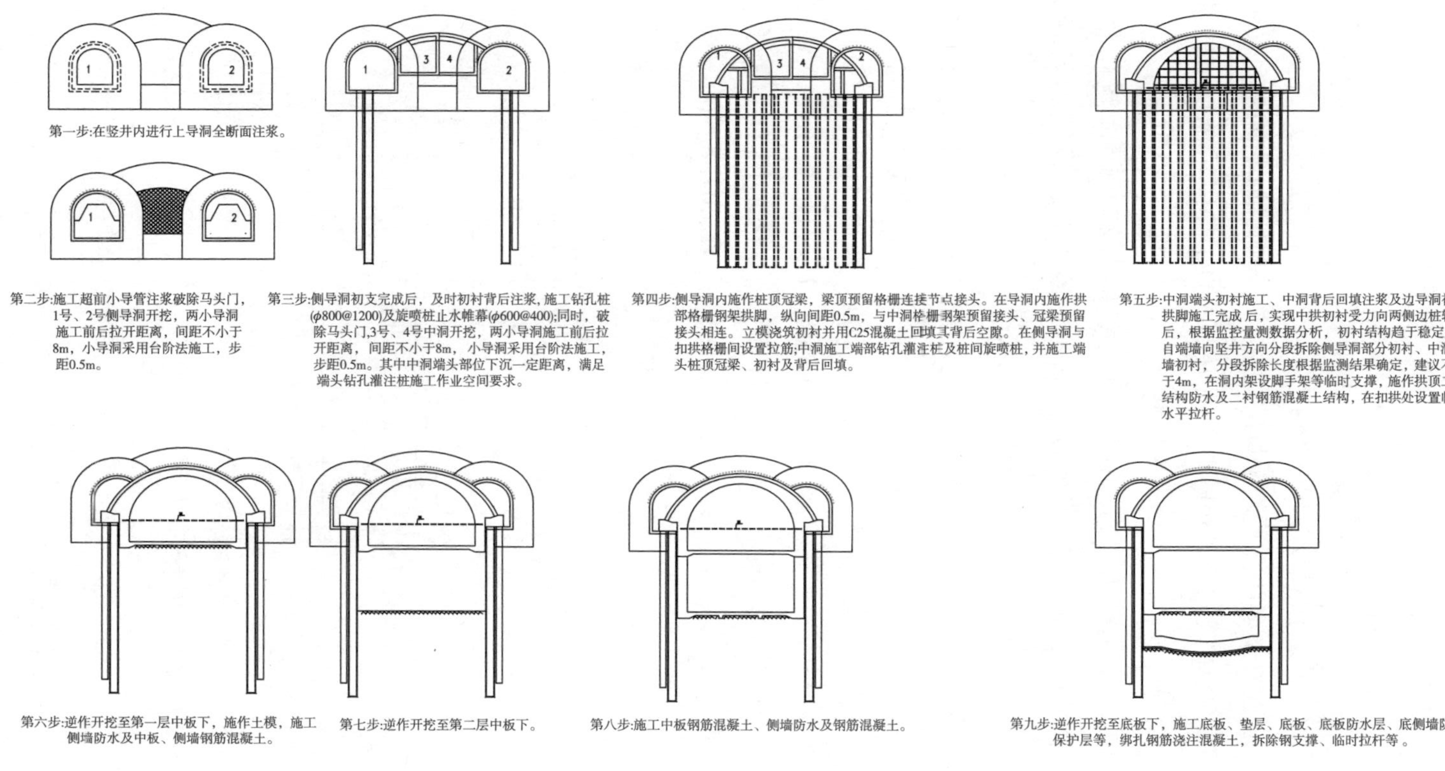

图7　将台站1号与2号风道施工步序图

3 暗挖风道施工期间控制地层沉降的措施

3.1 综合措施

(1)严格遵循浅埋暗挖法“管超前、严注浆、短进尺、强支护、快封闭、勤量测”十八字方针,保证初期支护的结构安全。

(2)处理好界面接口及薄弱部位施工,特别是风道进洞及侧导洞及中洞节点处的施工。在施工过程中作好界面转换的加固和超前支护,对薄弱环节采用预注浆加固等措施。

(3)导洞间土体开挖采用分部开挖,初衬及时成环,进行顶部受力转换。

(4)扣拱施工时,支护结构及时闭合,必要时进行受力转换。

3.2 中洞开挖控制沉降的措施

风道采用洞桩法施工,能否对地层沉降进行有效的控制,中洞的开挖与支护是一个重要环节。中洞分为左右两个导洞开挖,导洞开挖方法为环行开挖预留核心土法,台阶长度 3 ~5m。预留核心土,长度不小于 2m,按设计格栅间距一次开挖进尺 50cm。开挖后先初喷混凝土封闭掌子面,架设格栅钢架,打设 ϕ42.5mm 锁脚锚管,喷混凝土至设计厚度。超前小导管施打一次,长 $L=2.5$m、环向间距@300mm。中洞开挖分块及格栅拼装如图 8 所示。

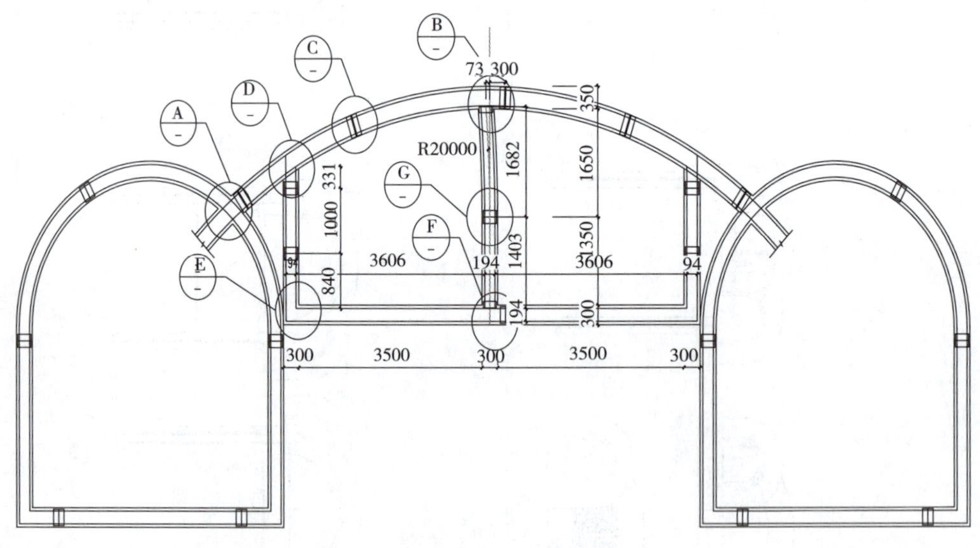

图 8 中洞开挖分块及格栅拼装图

3.3 对地层沉降进行动态控制

(1)首先对暗挖风道施工过程进行数值模拟,并根据工程特点,周边环境情况及专家意见，制定地层总沉降控制目标值[4～7]，以及各主要施工阶段的沉降控制目标值。这样就将地层沉降总控制标准分解到每个主要施工阶段中，便于在施工过程中进行实时动态控制。

(2)对地层沉降进行跟踪监测，如果监测得出的某一阶段施工造成的地表沉降没有超出本阶段的限定值，则进行下个阶段的施工。

(3)如果某一阶段施工造成的地表沉降超过限定值，则重新确定后续的每个施工阶段的地表沉降控制目标值。

(4)根据重新确定的地表沉降控制值，对后续的施工方案进行调整，从而确保沉降总量不超过控制目标值。

4 施工期间确保无水作业的措施

由于1号、2号风道结构位于潜水与承压水内，且1号、2号风道位于交通主干道路下，交通繁忙，周围建筑物密集，地面深井降水的条件困难，因此如何保证施工期间的降水效果，保证施工达到无水作业，是本工程的关键。

在风道施工采取的主要解决措施如下：

(1)采用全断面注浆阻水方案结合洞内降水的方案。

(2)隧道开挖前，超前钻孔了解前方水文地质，判别前方是否存在水囊。

(3)对管线下部采取超前注浆预加固处理措施。

(4)洞内开挖时，如遇上层滞水或少量潜水采取导排处理。

5 结语

(1)在周边环境条件极端复杂的情况下，对于暗挖大跨高边墙风道结构，若不能确保降水效果或周边环境条件不允许降水，应优先考虑采用洞桩法施工。

(2)国内目前采用的洞桩法施工方案一般必须在两侧洞完成“洞内围护桩施工、桩顶冠梁施工、洞内实施扣拱格栅拱脚、拱脚初衬背后混凝土、初衬扣拱”等工序后，才能进行中洞开挖与支护。考虑到小导洞内施作钻孔桩空间小、干扰大、效率低，该工序占用工期长。如果采用传统方案进行施工安排。则不能按时提供盾构通过风道的条件，进而影响到整个车站的工期安排。

基于上述考虑，对洞桩法施工方案及总体施工安排进行了调整：

①首先进行风道扣拱和扩挖、盾构上部环梁，之后直接向下开挖盾构通过部位土方，东西两侧采用格栅喷射混凝土支护型式，南北两侧利用洞内钻孔灌注桩作为支护结构，土方开挖完成后施作此部位的风道底板和环梁混凝土，架设钢管

支撑,满足盾构通过风道条件。

②风道扣拱完成后,将集散厅土方开挖至竖井封底高程,随土方开挖同步拆除竖井结构。

③1 号、2 号风道中洞部分作为独立导洞体系进行施工,中洞分为左右两个导洞开挖,并预留拱脚格栅节点。这样两侧导洞内的钻孔桩施工和中洞的两个导洞几乎可以同步施工。确保了按期提供盾构通过风道的条件。

(3)在施工期间,采用“超前探水、全断面注浆阻水结合洞内降水的方案”,确保达到无水开挖作业的效果。

(4)在风道施工期间,为确保地层沉降控制在允许值内,对地层沉降进行动态控制。

本工程施工实践表明:由于对每个施工阶段都赋予了明确的地层沉降控制标准,可以将风道施工环境影响的风险因素合理地分配到施工的每一步,使每一步的施工技术措施都具有明确的地层沉降控制目标;当实际情况与预测情况有偏差时,能够及时对施工方案进行调整,能够基本保证每一步所采取的施工措施对于整个工程来说都是最优的。最终实现对风道暗挖施工引起的地层沉降进行有效控制的目的。

参考文献

[1] 王暖堂,陈瑞阳,谢菁.城市地铁复杂洞群浅埋暗挖法施工技术[J].岩土力学,2002,23(2):208-212.

[2] 张美琴.分离岛式暗挖车站的洞桩法结构设计[J].隧道建设,2006,26(4):32-36.

[3] 王梦恕.地下工程浅埋暗挖技术通论[M].合肥:安徽教育出版社,2004,683-708.

[4] 姚宣得,王梦恕.地下浅埋暗挖法施工引起的地表沉降控制标准的统计分析[J].岩石力学与工程学报,2006,25(10):2030－2035.

[5] 瞿万波,刘新荣,傅晏,秦晓英.洞桩法大断面群洞交叉隧道初衬数值模拟[J].岩土力学,2009,30(9):2799-2804.

[6] 张银屏,雷震宇,周顺华.浅埋暗挖隧道队地表变形影响的三维数值分析[J].华东交通大学学报,2005,22(5):52-55.

[7] 易国华.分离式车站洞桩法施工地层变形规律分析[J].隧道建设,2008,28(5):548－552.

论北京地铁新型通风空调系统

第三项目管理中心　阎琰

摘　要:为保障地铁乘车环境的舒适和安全,地铁空调通风系统日益复杂,地铁的土建规模、投资特别是运行能耗日益增加。而通风空调系统能耗的高低与所采用的通风空调系统形式密切相关,所以,选择合理的通风空调系统对轨道交通的可持续发展具有重要意义。本文综述了地铁通风空调系统的功能及几种常见系统类型(传统屏蔽门系统+变频器、集成屏蔽门系统、集成闭式系统+全高安全门、集成屏蔽门系统+通风可调型站台门),对比其在功能性、初投资、运行费用等方面的特点及差异,分析北京地铁建设适用的系统类型。

关键词:北京地铁;通风空调系统

0 概述

为缓解北京市的交通拥堵问题,北京正在进行大规模的轨道交通建设,多条地铁线路同时设计、施工,增加公共出行的便捷和快速,从而缓解交通压力。

但是,随着科技和人们生活水平的提高,对地铁乘车环境的舒适和安全可靠性要求越来越高,致使地铁空调通风系统日益复杂,并导致地铁的土建规模、投资特别是运行能耗日益增加。据统计,通风空调系统的能耗一般占轨道交通地下线总能耗的30%～40%。据广州地铁公司的统计数据显示,广州地铁1号线通风空调能耗已占到了地铁总能耗的50%左右,而通风空调系统能耗的高低与所采用的通风空调系统形式密切相关,所以,选择合理的通风空调系统对轨道交通的可持续发展具有重要意义。

1 通风空调系统的功能要求

地铁的地下线部分是一个大型狭长的地下空间,仅有车站出入口、风亭、隧道洞口等少数部位与地面大气相通。密集的乘客、高速运行的列车、各种机电设备的运行以及连续的照明都会产生很大热量,不及时有效地排除就会导致地铁地下线部分温度逐年上升和环境的恶化。所以应采用通风与空调的手段来保证乘客、工作人员以及机电设备的环境要求。

(1)在地铁正常运营时,为乘客和工作人员提供一个适宜的人工环境。

(2)列车阻塞在区间隧道时,向阻塞区间提供一定的通风量。保证列车空调等设备正常工作,维持车厢内乘客在短时间内能接受的环境条件。

(3)在发生火灾事故时,提供迅速有效的排烟手段,为乘客和消防人员提供足够的新鲜空气,并形成一定的迎面风速,引导乘客安全迅速地撤离火灾现场。

(4)为地铁各种设备提供必要的空气温度、湿度以及洁净度等条件,保证其正常运转所需的环境条件。

2 北京地铁通风空调系统主要形式及特点

2.1 闭式系统的特点及系统组成

闭式系统的特点是车站与隧道之间没有阻隔,二者空气是相通的,所以车站空调要负担车辆负荷。进站列车带给车站热空气,出站列车带走车站冷空气,因此车站空调除负担车站本身负荷外,还要负担区间隧道的部分负荷。当采用闭式系统时,其区间隧道通风系统的运行方式通常是根据室外气温的变化,采用开、闭式运行方式。

目前已实施的北京地铁9号线、10号线二期、6号线等工程,采用了地铁通风空调集成闭式系统。集成闭式系统在系统设置上,车站不需设置组合式空调机组,而是利用风道内设置的大型表冷器及车站通风机组成空气处理系统,为车站与区间提供通风空调。车站通风机设置变频器,同时兼作区间事故风机。

北京地铁9号线、10号线二期、6号线等工程,考虑到乘客的安全,站台层加设了安全门,使用了集成闭式系统+安全门的形式。该系统形式的主要存在半高安全门和全高安全门两种类型,即在站台设置半高或全高安全门,其他与集成闭式系统基本一致。

集成闭式系统的主要特点是夏季车站公共区空调负荷较大,但过渡季及冬季可利用出入口活塞风作用冷却车站公共区及区间隧道,可不设置活塞风道,非空调季系统较节能。

2.2 屏蔽门系统的特点及系统组成

屏蔽门系统的车站站台与车行道之间设置屏蔽门,将站台与隧道完全分隔开。车站公共区通风空调系统和区间通风系统作为两套独立的设备系统进行配置。车站公共区通风空调系统需要设置空调进、排风道,配置组合式空调机组和回排风机。区间通风系统需要设置事故风道,配置区间事故风机,同时还需要设置活塞风道;车站轨行区需要设置车站轨行区排热系统,设置排热风道和排热风机。

通风空调机房一般设在车站站厅层的两端。每端的通风空调机房内设置一台组合式空调和一台回排风机，均采用变频控制，承担车站一半公共区的通风空调负荷。活塞风道采用单风道方式，车站每端设置一条活塞风道，两端的活塞风道分别对应一条区间隧道，在活塞风道内设置活塞风阀。屏蔽门系统的区间通风系统分为区间隧道通风系统和车站轨行区排热系统，排热风机采用变频控制。

传统屏蔽门系统主要特点是夏季车站公共区空调负荷较小，夏季节能效果明显；但在非空调季节需开启车站送排风机及区间排热风机能耗较大；公共区的噪声较低，舒适性较好。

北京地铁8号线、15号线、机场线均采用屏蔽门系统。

2.3 集成屏蔽门系统＋通风可调型站台门系统的特点与组成

典型车站在车站两端分别设置一条送风道和一条排风道，每端的送风道内设置可电动开启式表冷器（包括挡水板）和自动清洗式空气过滤器，并利用车站送排风道及风道内的送排风机（$27m^3/s$）、消声器、组合风阀等组成车站公共区空气处理系统。通过电动组合风阀的开闭转换及表冷器的开启，该系统能满足公共区空调季节最小新风运行、全新风空调运行和非空调季节通风运行等要求。车站公共区通风空调系统同时兼做站台、站厅的排烟系统，排风机兼排烟风机。车站送、排风机均为可逆转耐高温轴流变频风机。正常运行工况下，通过变频调整至车站所需的空调送、回风量和风压。

车站每端还设有两台与车站送、排风机相同参数的区间隧道排热风机（$27m^3/s$），并设有列车停站区域列车顶和站台板下排热风道，在地铁运行初期甚至近期，开启一台排热风机即可满足区间排热的要求。该风机为可逆转耐高温轴流变频风机。

上述每端总计4台车站送、排风机和区间隧道排热风机共同兼做区间隧道事故风机，共同组成区间隧道事故通风系统。当区间隧道发生火灾时，4台风机可以同时对事故区间进行送风或排烟，同时电动开启送风道内的表冷器和空气过滤器，形成无阻挡的送风道或排烟道；当区间隧道发生阻塞事故时，可以继续向表冷器送冷冻水，降低送入阻塞区间空气的温度，对降低夏季阻塞区间的温度非常有利，为采取其他应急措施提供了宝贵的时间。

通风可调型站台门是站台安全门的一种，简单说就是在全封闭屏蔽门的固定门上设有部分可电动开启的机构，使站台门可以在“全封闭屏蔽门”和“全高安全门”之间进行转换。在非空调季节，可以转换为安全门，从而增加活塞风利用，充分利用室外温度较低的空气，节约非空调季节通风风机运行能耗，从而达到节能的目的。

集成屏蔽门系统+通风可调型站台门是一种新颖的通风空调系统形式，经过多次专家论证，其技术上是完全可行的。

为了方便比较，对北京地区的地铁通风空调系统，比较了传统屏蔽门系统+变频器、集成屏蔽门系统、集成闭式系统+全高安全门、集成屏蔽门系统+通风可调型站台门。对这4个系统的功能性、初投资、运行费用等进行了比较。

3 4种通风空调系统的比较与分析

3.1 设备初投资比较及分析

通风空调系统设备按照远期负荷所需设备容量进行比较。以全线平均负荷为标准站负荷，仅对标准站进行比较。

(1)集成闭式系统设备初投资

集成闭式系统与传统闭式系统的通风空调负荷是相同的。与传统闭式系统相比，集成闭式系统虽然减少了4台回排风机和4台组合式空调机组，但增加了2台大型表冷器和4套变频器，所以总的系统设备造价差别不大，按照1600万元/站的指标估算。

(2) 传统屏蔽门系统+变频器设备初投资

传统屏蔽门系统+变频器的主要设备与传统屏蔽门系统相同，只是多了4台变频器，大约折合25万元，因此总费用可以按照1225万元/站的指标估算。

(3)集成屏蔽门系统设备初投资

集成屏蔽门系统的通风空调负荷与传统屏蔽门系统相同。类似传统闭式系统与集成闭式系统的区别，集成屏蔽门系统与传统屏蔽门系统的设备造价也差别不大，可以按照1225万元/站的指标估算。

(4) 集成屏蔽门+通风可调型站台门系统设备初投资

集成屏蔽门+通风可调型站台门系统的通风空调负荷与传统屏蔽门系统相同。集成屏蔽门系统+通风可调型站台门系统与集成屏蔽门系统的设备造价基本相同，可以按照1225万元/站的指标估算。

(5)系统设备初投资比较结论

通过以上比较，可以得到如下结论，见表1。

通风空调系统设备初投资比较 表1

系　　统	集成屏蔽门式系统+通风可调型站台门	集成闭式系统+安全门	传统屏蔽门系统+变频器	集成屏蔽门系统
初投资(万元)	1225	1600	1225	1225

3.2 其他设备初投资比较及分析

除了通风空调系统设备的不同,采用不同的系统方案对于其他系统的设备投资也有影响。按北京 14 号线车站有效站台长度,设置通风可调型站台门的初投资约为 660 万元/站,设置屏蔽门的初投资为 600 万元/站,设置安全门的初投资为 580 万元/站。采用闭式系统的通风空调用电容量比屏蔽门系统约高 350kW/站,折合供电系统的设备初投资约 30 万元/站。见表 2。

其他设备初投资比较 表 2

系　统	集成屏蔽门系统 + 通风可调型站台门	集成闭式系统 + 安全门	传统屏蔽门系统 + 变频器	集成屏蔽门系统
屏蔽门初投资(万元)	660	0	600	600
安全门初投资(万元)	0	580	0	0
供电系统设备差价(万元)	0	30	0	0
合计(万元)	660	610	600	600

3.3 土建投资比较及分析

(1)集成闭式系统 + 安全门土建投资

采用集成闭式系统,其标准站的通风空调机房及风道总面积约 1500m^2,按照地下车站土建造价约 8500 元/m^2 的价格,折合土建投资约 1275 万元。车站需要 2 个排风亭、2 个新风亭,按每个风亭连同风井 100 万元的平均价格估算,4 个风亭的土建投资为 400 万元。集成闭式系统 + 安全门的土建投资总计约 1675 万元/站。

(2) 传统屏蔽门系统 + 变频器土建投资

采用传统屏蔽门系统,其标准站的通风空调机房及风道总面积约 1900m^2,按照地下车站土建造价约 8500 元/m^2 的价格,折合土建投资约 1615 万元。车站需要 2 个活塞/事故风亭、2 个排风亭、2 个新风亭,按每个风亭连同风井 100 万元的平均价格估算,6 个风亭的土建投资为 600 万元。传统屏蔽门系统的土建初投资总计约 2215 万元/站。传统屏蔽门系统 + 变频器的土建投资与传统屏蔽门系统相同。

(3)集成屏蔽门系统土建投资

采用集成屏蔽门系统,其标准站的通风空调机房及风道总面积约 1600m^2,按照地下车站土建造价约 8500 元/m^2 的价格,折合土建投资约 1360 万元。车站需要 2 个活塞风亭和 2 个排风亭、2 个新风亭,按每个风亭连同风井 100 万元的平均价格估算,6 个风亭的土建投资为 600 万元。传统屏蔽门系统的土建初投资总计约 1960 万元/站。

(4)集成屏蔽门系统 + 通风可调型站台门土建投资

集成屏蔽门系统 + 通风可调型站台门土建投资与集成屏蔽门系统相同。

(5)土建投资比较结论

通过以上比较,可以得到如下结论,见表 3。

通风空调系统土建投资比较 表 3

系　　统	集成屏蔽门 + 通风可调型站台门	集成闭式系统 + 安全门	传统屏蔽门系统 + 变频器	集成屏蔽门系统
土建投资(万元)	1960	1675	2215	1960

3.4 运行耗电费用比较

按照远期通风空调负荷进行比较,仅比较区间和公共区通风空调耗电。可以得到表 4 所列的结论分析,其中电费按 0.73 元/kW · h 计算。

通风空调系统运行耗电比较 表 4

系　　统	集成屏蔽门系统 + 通风可调型站台门	集成闭式系统 + 安全门	传统屏蔽门系统 + 变频器	集成屏蔽门系统
车站年耗电量(kW · h)	714336	964800	1052610	984930
年耗电费用(万元)	52.15	70.43	76.84	71.90

3.5 运行费用比较

通风空调系统每年的运行维护费用按设备费的 3% 折算,屏蔽门与安全门的运行维护费用基本相当,不列入比较。见表 5。

通风空调系统运行维护费用比较 表 5

系　　统	集成屏蔽门系统 + 通风可调型站台门	集成闭式系统 + 安全门	传统屏蔽门系统 + 变频器	集成屏蔽门系统
年运行维护费用(万元)	36.75	48	36.75	36.75

3.6 综合经济比较

经过以上各项经济分析,还需采用年值法对 4 种系统进行动态比较。通风空调设备、屏蔽门、安全门、供电设备等使用寿命在 20 年左右,所以确定比较的期限为 20 年。地下车站的土建使用年限为 100 年,所以按 100 年进行折算。贷款利率按 7.05% 计算。综合比较结果见表 6。集成屏蔽门系统 + 通风可调型站台门的年值最小,其次为集成屏蔽门系统,然后是集成闭式系统 + 安全门、传统屏蔽门系统。

通风空调系统动态经济比较(单位:万元)　　表6

经济指标	集成闭式系统+安全门	传统屏蔽门系统+变频器	集成屏蔽门系统	集成屏蔽门系统+通风可调型站台门
通风空调设备投资	1600	1225	1225	1225
其他设备投资	610	660	660	660
土建投资	1675	2215	1960	1960
初期投资合计	3885	4100	3845	3845
设备年费(按20年折算)	209.42	178.62	178.62	178.62
土建年费(按100年折算)	118.22	156.33	138.33	138.33
初投资折合年费用	327.64	334.95	316.95	316.95
年耗电费用	70.43	76.84	71.9	52.15
年运行维护费用	48	36.75	36.75	36.75
年运营费合计	118.43	113.59	108.65	88.9
年综合费用	446.07	448.54	425.60	405.85
差值(以集成闭式系统为基础)	0.00	2.47	-20.46	-40.21
比例(以集成闭式系统为基础)	1.00	1.01	0.95	0.91

4 总结

从以上分析可以看出,采用4种通风空调系统均能满足地铁的功能要求,其中集成屏蔽门+通风可调型站台门系统和集成闭式系统的经济性比较好。在北京地区,使用集成屏蔽门+通风可调型站台门系统,可以满足通风空调系统的要求,同时还能节约能耗,降低运行费用。

北京轨道交通地下段通风空调系统一般采用集成闭式系统,部分线路采用屏蔽门系统。结合北京市的气候特征,集成闭式系统具有过渡季节能的特点,而屏蔽门系统具有空调季节能的优势,而新型的通风可调型站台门结合了闭式系统和屏蔽门系统各自的节能特点,较为适合在北京地区推广采用。

新型串联间隙避雷器在地铁接触网中的应用

中铁电气化勘测设计研究院　皋金龙
第三项目管理中心　马笑松

摘　要：针对现有接触网防雷装置应对雷电灾害能力不足的实际情况，本文以北京地铁14号线为背景，从串联间隙避雷器的结构和原理、技术特点入手，研究和制定了适用于地铁接触网的防雷装置应用方案，并进一步提出了串联间隙避雷器长期运行的相关建议，以期为地铁接触网的防雷设计提供参考。

关键词：地铁；接触网；雷电防护；串联间隙金属氧化物避雷器；应用

0 引言

近年来，随着我国城市轨道交通规模的迅速发展，地铁线路逐步由中心城区向郊区延伸，相应雷电活动侵害地铁架空接触网的安全运行问题日趋严重。根据调查，在国内已开通运营的地铁线路上，架空接触网用避雷器以直流无间隙金属氧化物避雷器为主，电阻片长期承受系统运行电压，容易出现劣化损坏和寿命缩短问题，导致接触网系统应对雷电灾害的能力不足，与地铁运营日益提高的安全可靠性要求存在一定的差距。

为此，以北京地铁14号线为研究对象，笔者详细分析和确定了高架线路接触网雷电防护的技术条件，联合中铁电气化勘测设计研究院有限公司对避雷器产品进行严格的技术比选和论证，确定采用国内最新研究成果——新型串联间隙金属氧化物避雷器。根据串联间隙避雷器的结构和原理、技术特征，研究和制定了其在地铁14号线正线高架线路的应用方案，并简要介绍了现场实施效果，最后提出了长期运行的相关建议，以期为地铁接触网的防雷设计提供参考和经验。

1 避雷器结构与工作原理

串联间隙避雷器结构设计充分考虑地铁架空接触网结构特点和接触网绝缘子放电性能要求，组成如图1所示。由避雷器本体、金属板电极和安装金具三部分组成，其中本体顶端装有半球形金属电极，板电极与半球形电极之间构成外置串联间隙。

避雷器本体外绝缘选用复合硅橡胶材料，具有耐气候老化、耐电蚀损、耐污秽、重量轻等优点，适宜在户外架空线路长期运行。

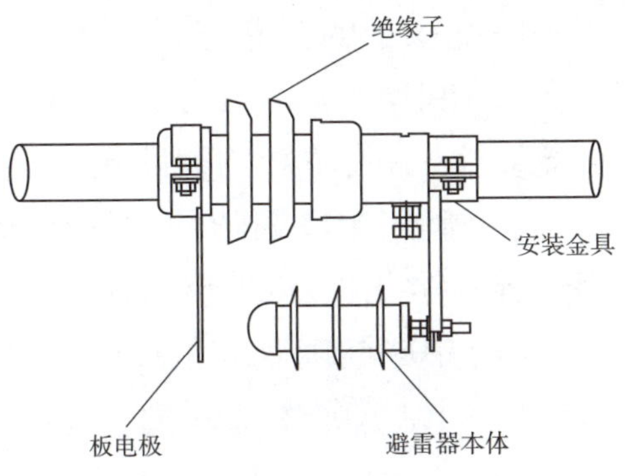

图1 串联间隙金属氧化物避雷器结构图

避雷器的保护功能充分利用金属氧化物（ZnO）电阻片良好的非线性特性，在线路正常运行时，由于串联间隙的空气隔离，避雷器本体不承受系统直流电压；当雷电过电压使串联间隙闪络击穿，避雷器本体瞬间呈现低阻抗，释放雷电能量，限制住绝缘子两端电压水平，使绝缘子在雷电过电压作用下不会闪络击穿；当雷电冲击过后，避雷器本体呈现高阻抗，串联间隙的绝缘性能迅速恢复，直流续流电弧被切断，线路恢复到正常运行状态。

2 避雷器主要技术特点

2.1 避雷器本体技术规格

根据地铁直流接触网绝缘子的绝缘耐受水平，从避雷器保护效果、运行可靠性、经济成本等方面综合权衡，新型串联间隙避雷器本体的技术规格见表1。

避雷器本体技术规格　　表1

序号	项　目	符号	10kV 避雷器技术规格	备　注
1	额定电压	U_r	10kV	
2	持续运行电压	U_c	8kV	
3	标称放电电流	I_n	5kA　8/20μs	
4	大冲击电流		≥65kA　4/10μs	
5	2000μs 方波冲击电流耐受		≥150A	
6	标称放电电流下残压		≤35kV	
7	直流 1mA 参考电压	U_{1mA}	≥15 kV	峰值
8	0.75 倍 U_{1mA} 电压下的泄漏电流		≤30 μA	峰值
9	绝缘体工频耐压		42kV（本体、干）；30kV（本体、湿）	
10	绝缘体全波冲击耐压		125（整体）/75kV（本体）	
11	避雷器顶端最小允许水平拉力		147N	
12	间隙距离		70±3mm	

2.2 避雷器的主要特点

（1）不改变现有架空接触网结构以及接触网绝缘子放电性能，实现避雷器与接触网绝缘子的良好配合。

(2)利用金属氧化物(ZnO)电阻片良好的非线性特性,实现避雷器动作后无直流续流电弧,不影响线路正常运行。

(3)利用串联间隙的空气绝缘特性,避免了电阻片在长期受系统运行电压作用后容易劣化损坏的问题。

(4)串联间隙距离按照间隙50%雷电冲击放电试验 $U_{50\%}$ 与绝缘子放电电压之比在80% ~90%范围内的原则选取,实现避雷器防护与绝缘子绝缘水平的最佳匹配。

(5)避雷器结构合理、安装简单,以接触网钢柱为泄放通道,取消了以往避雷器的接地电缆和接地极安装。

(6)属于免维护或少维护产品,运营单位日常维护工作主要内容是巡视检查避雷器本体或附件损伤情况。

3 避雷器应用方案

通过分析串联间隙避雷器的结构、原理和技术特点,结合地铁14号线工程情况,合理制定串联间隙避雷器的应用方案,应重点从串联间隙距离、避雷器布置间距以及安装方案等技术环节进行研究,以充分发挥串联间隙避雷器的良好性能,提高地铁14号线接触网雷电防护的整体水平。

3.1 串联间隙距离

根据避雷器的技术规格,串联间隙的标准距离为70±3mm,但考虑到不同厂家绝缘子的绝缘水平存在一定的差异,而绝缘子绝缘水平与避雷器的间隙距离密切相关,因此有必要在地铁14号线重新分析和试验确定串联间隙实际距离。

参考文献[3]研究结论,串联间隙距离的确定方法为根据系统最高运行电压及操作过电压幅值确定串联间隙的最小距离,通过分别对避雷器与绝缘子进行正极性50%雷电冲击放电电压($U_{50\%}$)试验,确定串联间隙的最大距离,此数值对应的 $U_{50\%}$ 与绝缘子的放电电压之比在80% ~90%范围内选择。通过在权威机构进行雷电冲击相关试验,确定本线路避雷器采用的串联间隙距离为65mm。雷电冲击放电试验测得的部分间隙距离下的 $U_{50\%}$ 数值见表2。

不同间隙距离下的正极性 $U_{50\%}$ 值 表2

序号	间隙距离(mm)	雷电冲击50%放电电压(kV)	占绝缘子闪络击穿电压的百分比(%)
1	55	110.7	80.8
2	60	114.0	83.2

续上表

序号	间隙距离(mm)	雷电冲击50%放电电压(kV)	占绝缘子闪络击穿电压的百分比(%)
3	65	121.8	88.9
4	70	128.9	94.1
5	75	133.3	97.3

注:试验气象条件为:干度 t_d =13.3℃,湿度 t_w =4.5℃,气压 =102.6kPa。

3.2 避雷器布置间距

地铁架空接触网导线高度较高而绝缘子绝缘水平较低,在直击雷和感应雷的作用下普遍线路跳闸率较高,安装线路避雷器是降低线路雷击跳闸次数的有效措施之一。按照现有行业规范要求,高架线路每隔500m设一处避雷器,显然达不到降低线路雷击跳闸率的要求。

参考文献[4]的研究成果,线路雷击跳闸率随着避雷器数量的增多而降低,其他的安装方式都不能避免雷击产生跳闸事故,见表3。该成果的研究对象虽然为交流电气化铁路,但对地铁直流接触网具有普遍意义。

避雷器安装方式与雷击跳闸概率关系　　表3

间隔支柱根数	雷击跳闸概率	间隔支柱根数	雷击跳闸概率
1	0.2167	4	0.3769
2	0.3104	5	0.3925
3	0.3551	6	0.4034

从技术上讲,每根支柱均安装避雷器是一种理想的防护方案,但从节约资金考虑,又希望尽能少装避雷器而达到尽可能好的效果。从地铁工程综合效益角度考虑,为最大限度提高接触网应对雷电灾害的能力,确定避雷器布置间距为所有支柱均安装。

3.3 安装方案

避雷器与所保护接触网腕臂绝缘子并联安装,避雷器本体安装在绝缘子高压侧金属帽上,金属板电极固定在绝缘子低压侧金属帽上。避雷器本体与板电极采用抱箍固定方式。安装顺序为先安装抱箍 a 和避雷器本体,使其横挂在腕臂下方,再固定抱箍 b 板和板电极,最后通过专用间隙定位块调整避雷器与抱环 b 之间的水平间隙,确定满足要求拧紧即可。如图2所示。

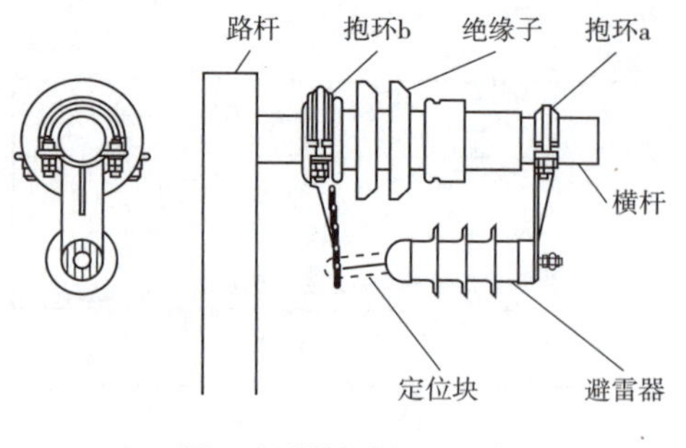

图2 避雷器安装调整示意图

根据工程经验,不同厂家的绝缘子金属帽尺寸均略有差异,并且金属帽材料表面有凸起钢印代号,容易影响避雷器与绝缘子的结合安装。在地铁14号线安装设计阶段,避雷器固定抱箍根据供货绝缘子实际尺寸进行了深化设计,实现了两者之间的密贴紧固安装。

4 现场实施效果

根据上文确定的应用方案,地铁14号线高架线路每根接触网支柱处均设置1套避雷器,并联安装于腕臂绝缘子下方,并且在2013年5月正式开通运营,效果如图3所示。14号线高架线路主要位于丰台区永定河两岸,属于郊区空旷地带,根据电力部门相关监测数据,2013年5～9月该地区雷电活动频繁。带串联间隙避雷器自大面积挂网运行以来,未出现接触网雷击跳闸事故,避雷器运行情况良好。

图3 避雷器在北京地铁14号线现场安装效果图

5 长期在线运行的相关建议

带串联间隙避雷器自研制成功以来,主要在津滨轻轨工程进行了试挂和验证。在北京地铁工程正式应用属于国内首次,虽然取得了一定效果,但并不能完全验证产品的有效性和可靠性,也尚未完全掌握避雷器长期运行的相关数据。因此,为提高避雷器设备投入工程应用后的安全可靠性,积累和形成长期的设计和使用经验,提出如下建议:

(1)建议跟踪和掌握避雷器在线运行的工作状态和动作情况,对于动作频繁或状态异常的避雷器应加强监测,避免带“病”运行。

(2)建议按照相关规范和检修规程的要求,定期开展对避雷器本体性能指标的检测,若不能满足在线运行要求,应及时更换避雷器本体。

(3)建议定期检查金属板电极和半球状电极的烧蚀情况,以满足避雷器动作时雷电泄放要求,对于不能满足正常运行要求的零部件及时进行更换。

(4)建议定期检查避雷器安装金具的紧固情况,保证外置串联间隙的工作距离满足安装要求。

(5)记录和总结避雷器长期在线运行的相关数据,为进一步完善防护装置和优化防护方案积累经验。

6 结束语

(1)带串联间隙避雷器在地铁接触网雷电防护中的应用改变了直流接触网雷电防护装置单一的局面,有效改善了电阻阀片长期耐压老化损坏的问题,提高了避雷器长期挂网运行的安全可靠性,对于类似工程的接触网雷电防护设计具有借鉴和实施意义。

(2)鉴于雷电活动的不确定性,以及接触网绝缘子绝缘水平的差异性,应根据地域和线路情况,综合分析,合理确定接触网系统防护方案。

(3)由于带串联间隙避雷器尚未大面积投入应用,其防护效果有待在运行过程中进一步检验和不断完善。

参考文献

[1] 沈海滨,陈维江,张少军,等. 一种防止10kV架空绝缘导线雷击断线用新型串联间隙金属氧化物避雷器[J]. 电网技术,2006,31(3):64-67.

[2] 陈维江,孙昭英,尹彬. 防止10kV架空绝缘导线雷击断线用带间隙金属氧化物避雷器研究[C]. 江苏省电机工程学会论文集,2005.

[3] 沈海滨,陈维江,赵海军,等. 城市轨道交通架空接触网雷电防护用串联间隙金属氧化物避雷器[C]. 中国电机工程学会高压专委会学术年会论文集,2007.

[4] 张雪. 接触网线路避雷器不同安装方式的防雷效果[J]. 电气化铁道,2010,5(1):36-37.

地铁供电疏散平台无轨测量技术的研究

第四项目管理中心　虞蕹　孙静　马松

摘　要：本文通过技术改进与创新，研发新工具，提前工程测量进场施工时间，确保了工程质量，大幅度缩短了建设工期，有效确保工期节点要求，为正式运营开通打下坚实基础。

关键词：疏散平台工程；技术创新；工期节点；工程质量；无轨测量

0 引言

目前疏散平台工艺工法为轨道调整完成→疏散平台测量→整理测量数据→组织订货、螺栓打孔安装→支架安装、调整→步板安装、调整→扶手安装、调整→步梯安装调整。根据工期进度筹划，按照传统工艺方法组织疏散平台施工，不能满足工期节点要求。本文结合北京地铁6号线疏散平台工程特点，详细分析了本工程中制约工期进度的因素，针对制约因素采取的对应措施进行了分析研究，为疏散平台工程工期节点的保证提出了解决思路。如图1所示。

图 1

1 传统测量工艺制约工期因素分析

北京地铁6号线疏散平台工程全长49km，全线共计约41200块平台步板及41200处支架，平台步板、支架材料生产周期高达30天；根据设计要求高度误差仅为－10mm～＋30mm，限界误差仅为－10mm～＋50mm。

根据6号线工期节点要求：轨道安装完成后30天需完成疏散平台安装、调整工作。由于疏散平台图纸是以轨道中心线和轨面为测量基础，现场施工测量传统技术通常为轨道调整到位后展开疏散平台定位测量工作；同时由于全线隧道不规整,各区段轨道中心至隧道壁的距离不一致,因此平台步板及支架需要现场测量后根据测量数据进行定制。而材料生产周期高达30天,轨道完成后测量,只剩余材料生产周期时间,没有疏散平台安装和调整时间,同时由于平台步板、支架重达120kg,需要采用轨道车机械运输,平台、支架的安装工作只能在轨道安装完成后进行。因此工程测量时间晚和材料生产周期长是工期进度的制约因素。

根据混凝土工艺,平台步板及支架必须保证其生产周期,达到保养要求,保证材料质量。因此,为了确保工期节点,必须提前疏散平台测量时间至轨道开始前进行无轨测量。

2 无轨测量技术研究

根据调查,目前市场上没有轨旁设备(疏散平台)轨前测量专用仪器和测量方法。需要研究新的测量方法,并研制新的轨旁设备(疏散平台)轨前测量专用仪器。

2.1 无轨测量方法的研究

通过调查,轨道专业安装施工前,需进行基表测量工作,并以轨道基标测量数据为基础进行轨道安装;轨道基标位置在轨道中心线上,基标数据内容包含轨道高程和轨道超高等数据;同时,疏散平台测量基础为轨道中心和轨面中心高程。只要及时掌握轨道基标测量数据和基标位置,把以轨道为基础的疏散平台测量数据转换为以基标为基础的测量数据,就可以通过基标位置测量出疏散平台安装位置,并记录数据,通过测算整理,确定支架和平台步板的数据。

2.2 研制轨旁设备轨前测量仪

通过无轨测量方法的研究,基标中心位置即轨道中心,轨道数据转换为了基标数据,因此轨前测量仪测量时,轨道中心和基标中心能够保持一致性,同时测量仪既能够测量高程,又能够进行侧面限界测量(见图2)。

根据测量要求,进行了产品设计,“轨旁设备轨前测量仪”主要包括支架主杆①、支架连接架②和激光测量仪,支架连接架设有支架调节杆③,支架主杆上设置有用于水平安装的水泡,支架主杆顶上通过滑尺设有滑动标尺,滑动标尺上套设激光测距仪底座④。激光测距仪底座与滑动标尺套接部分开设有读数窗,读数窗侧设置与滑动标尺上刻度对应的游标刻度,增加测量精度至1mm级。通过读数窗进行高程测量,在激光测量仪底座上放置激光测量仪进行侧面限界测量。

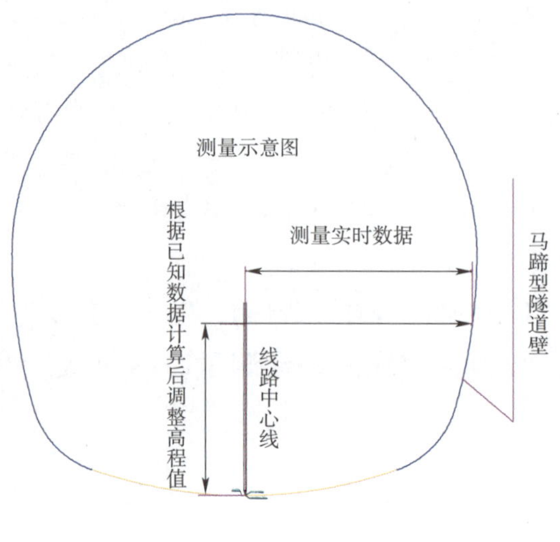

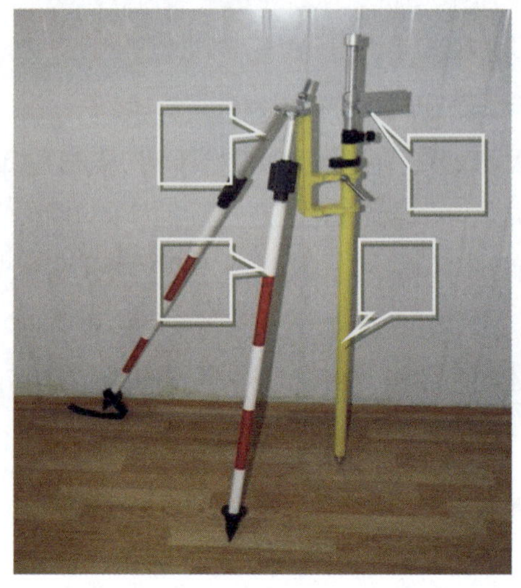

图 2

2.3 测量仪器的应用

根据施工图纸要求及轨道基标数据,计算出疏散平台相对于基标点的高度。首先,测量仪主杆对准轨道中心基标点,通过水泡调整支架主杆垂直度,然后调整测量仪主杆上的滑动标尺和激光测距仪安装底座至测量疏散平台的高度位置,实时用激光测距仪测隧道侧面限界,并记录。进而进行疏散平台高度定位和测算疏散平台、支架材料加工宽度(见图3)。

图 3

2.4 无轨测量效果分析

根据调查,各项工作时间见表1。

各项工作时间　表1

序号	工作名称	工作效率	施工组数	完成1.5km时间
1	基标测量完成	铺轨前20天		
2	轨道铺轨进度	75m/天		20天
3	疏散平台安装工作开始时间	铺轨后20天	一般轨后1.5km施工	
4	疏散平台测量时间	1.5km/组/天	1	1天
5	平台步板、支架生产时间	30天		30天
6	螺栓打孔、安装	55m/组/天	4	7天
7	支架安装、调整	60m/组/天	2	12.5天
8	平台步板安装、调整	40m/组/天	3	12.5天
9	扶手安装、调整	80m/组/天	2	9.5天
10	步梯安装、调整	2套/组/天	2	1.5天

由于测量工作提前到基标测量完成后、轨道铺轨前进行，螺栓打孔、安装和扶手安装、调整以及平台步板、支架到货可以提前到轨道铺轨前展开工作，完成1.5km疏散平台工作，节约工期时间39.5天；轨后疏散平台安装施工时间为27天，确保了整体工期节点要求。

轨道调整完成后，利用轨后测量专用仪器进行检查测量，数据见表2。

检查测量　表2

序号	限界测量(mm)			高度测量(mm)		
	轨前测量数据	轨后测量数据	误差	轨前测量数据	轨后测量数据	误差
1	2340	2341	-1	1451	1447	4
2	2343	2355	-2	1491	1485	6
3	2343	2351	2	1511	1519	-8
4	2347	2350	-3	1509	1514	-5
5	2343	2338	5	1515	1512	3
6	2342	2341	1	1537	1540	-3
7	2359	2361	-2	1539	1534	5
8	2345	2345	0	1540	1547	-7
9	2344	2342	2	1564	1572	-8
10	2351	2356	-5	1547	1545	2
11	2345	2342	3	1561	1559	2
12	2346	2347	-1	1571	1577	-6
13	2351	2352	-1	1581	1577	4
14	2357	2353	4	1584	1587	-3
15	2345	2342	3	1580	1586	-6

续上表

序号	限界测量(mm)			高度测量(mm)		
	轨前测量数据	轨后测量数据	误差	轨前测量数据	轨后测量数据	误差
16	2350	2349	1	1533	1538	-5
17	2348	2344	4	1514	1508	6
18	2356	2358	-2	1529	1533	-4
19	2337	2340	-3	1543	1546	-3
20	2349	2352	-3	1568	1561	7
平均	—	—	2.4	—	—	4.95

通过测量数据表分析,轨前、轨后测量数据限界误差为2.4mm,高度误差为4.95mm,满足设计高度误差为+30mm~-10mm,限界误差为+50mm~-10mm的要求。同时,通过限界车检测,无一处超限。

3 结语

无轨测量技术极大地满足了现场测量的需要,减少轨行区的占用,从而减小道路行驶压力;轨前测量仪携带方便,提高了测量效率,有效降低了测量误差;测量工作的提前,保证了支架、平台的生产周期,确保施工工期的顺利完成,并保证了施工质量,很大程度上节省了施工费用,创造更高的价值。

复杂环境下洞桩法地铁车站设计施工关键技术

北京市轨道交通建设管理有限公司　罗富荣

摘　要：经过十几年的发展，洞桩法目前已成为北京地区暗挖地铁车站的主流工法。本文通过对洞桩法的原理及发展历程进行深入剖析，针对其特点，对复杂环境下洞桩法地铁车站小导洞、边桩及扣拱设计施工关键技术进行分析，明确了其设计原则及施工过程中的技术要点，为后续类似工程提供了可借鉴的依据。

关键词：洞桩法；地铁车站；小导洞；边桩；扣拱

0 前言

20 世纪 90 年代，洞桩法首次在北京地铁复八线得到成功应用，取得了很好的地层控制效果，随后在北京地铁 4 号线、10 号线一期得到了大范围的应用，积累了大量的经验，目前已成为北京地铁暗挖车站的主流工法。

通过十几年的发展，现阶段的洞桩法与早期洞桩法在设计思路和施工方法方面都有很大的差异，如早期复八线王府井和东单站采用“导洞 + 桩基 + 临时中柱”法进行施工，通过在上层开挖三个小导洞，施作边桩、中间临时支柱和梁，支撑上弧初期支护，形成两拱一柱临时支撑体系，然后采用顺作法进行主体土方开挖和二衬施作，由两拱一柱临时支护转换为三拱两柱的永久结构；再到天安门西站采用“小导洞 + 条基”方法进行施工，与东单站和王府井站不同之处在于改桩基为条基，通过增设下层导洞，施作条基基础，同时抛弃临时中柱方案，直接利用钢管柱作为支撑，改顺作为逆作，用结构板当支撑，减少了力的转换等；而到了北京地铁 10 号线黄庄站，则采用了“大导洞 + 条基”法，加大了上、下导洞的尺寸，在下导洞内同时施作底纵梁与条基，在上导洞内同时施作边桩与中柱，而在劲松站采用了“导洞 + 桩基”法，同时边桩普遍采用钻孔灌注桩进行施工；到了现阶段北京地铁 6、7 号线的洞桩法车站设计，基本上延续了天安门西站的设计思路和施工方法，但也有很多不同之处，如现阶段是在两中柱下方的底纵梁之间及边桩与中柱下方的底纵梁与条基之间都增加了横向连接，形成十字条形基础，使得整体性得到了加强。

北京地铁新一轮大规模建设即将开始,在城市复杂环境下,洞桩法仍然是暗挖车站的主流工法,为此有必要对洞桩法车站设计与施工的关键技术要点进行深入的总结分析。

1 洞桩法特点

洞桩法,又称"PBA"法,其核心思想是由边桩、中柱(桩)、顶底纵梁、顶拱共同构成初期受力体系,承受施工过程的荷载。该工法灵活多变,适应性较强。首先设法形成由侧壁支撑结构和拱部初期支护组成的整体支护体系,代替传统的预支护和初期支护结构,以保证在进行洞室主体部分开挖时具有足够的安全度,并有效地控制地层沉降。其利用预先开挖的两侧小导洞空间,施作侧壁支撑结构(钻孔灌注桩加桩顶冠梁)和主洞的拱脚,再进行主洞的扣拱施工,最后在侧壁支撑结构和主洞拱顶初期支护构成的整体支护体系形成后,采用大型机械进行全断面开挖洞室的主体部分。小导洞施工有利于洞室的自稳,对地层的扰动小,引起的地表沉降较小;侧壁支撑结构强度高、稳定性好,可以作为施工止水帷幕,最终作为永久结构的一部分。

洞桩法的优点主要有:

①桩、梁、拱、柱先期形成,首先形成了主受力的空间框架体系,后面的开挖都是在顶盖的保护下进行,施工安全。

②施工化大为小,独立成洞,支撑体系成型后进行后期土方施工,有利于变形控制,对周边环境影响小,适用于复杂条件下大跨暗挖车站施工。

③洞桩法施工灵活,施工基本不受层数、跨数的影响,底部承载结构可根据地层条件做成底纵梁(条基)或桩基。

④小导洞施工技术成熟、安全可靠,由于各导洞间具有一定距离,故可同步进行导洞施工,施工干扰小,各导洞内的柱、纵梁也可同时作业。

⑤开挖洞身下部土方后,边桩在边墙全高范围内承受土体侧向压力,通过设置两排或三排横向钢支撑,减少土体向结构内的收敛,也间接地控制了地表沉降。

⑥扣拱后内部一般无需进行地层加固等辅助措施,施工空间开阔,可采用机械开挖,作业效率高,整体施工速度快,精度高,施工中也便于地下水的处理。

⑦直墙式结构内有效净空大,节省了曲墙及仰拱结构工程投入。

⑧结构二次衬砌分段浇筑,工序简单,作业面宽敞,能较好地保证防水层及

二次衬砌混凝土的浇筑质量。

洞桩法的缺点主要有：

①施工工艺复杂，施工难度大（特别是洞内进行钻孔灌注桩施工难度较大，泥浆排泄比较难），结构力系转换频繁，给设计和施工都增加了不小的难度。

②洞桩法因需在两侧施作灌注桩而提高了造价，且在一个十分狭窄的小导洞内完成一系列的钢筋、立模、浇筑、吊装等操作，作业环境较差。

③扣拱施工作业困难，拱架节点不易连接，受力较差。

④拆除的临时结构体量大。

⑤结构施工缝较多，防水及施工缝处理要求高，处理不当易形成渗漏。

⑥需要在无水条件下施工，而在城市复杂环境下有时不具备降水条件，且由于埋深较深，有时车站进入承压水地层，工程降水与堵水难度都比较大。

2 洞桩法设计与施工关键技术

2.1 小导洞设计与施工

(1)导洞尺寸设计

小导洞的作用是为竖向支撑体系的施作提供施工作业面，其结构型式、尺寸与边桩、中柱施工密切相关。洞桩法导洞形状一般为拱顶直墙形式，从以往的设计情况来看，导洞的尺寸大小不一，如北京地铁 10 号线苏州街站侧导洞尺寸为 3.5m（宽）×4.25m（高），中导洞尺寸为 3.5m（宽）×4.50m（高），光华路站的导洞尺寸为 5.0m（宽）×5.8m（高）；6 号线东四站侧导洞尺寸为 4.1m（宽）×5.7m（高），中导洞尺寸为 4.1m（宽）×5.9m（高），东大桥站侧导洞尺寸为 4.1m（宽）×4.85m（高），中导洞尺寸为 4.1m（宽）×5.1m（高）。

导洞设计时，除净空尺寸应满足洞内边桩及中柱作业要求外，还应从经济方面及对周边环境的影响方面进行考虑，导洞尺寸设计应尽量小，在结构体系形成后以减少初支拆除量，同时也能更好的控制变形。因此导洞的尺寸设计应从以下几个方面进行综合考虑：

①边桩及中桩（柱）的施工操作的空间要求。导洞过小，会造成施工不便，甚至难以施工，设计时应充分考虑边桩及中桩（柱）开挖、运输、吊装等施工方法及施工机械对导洞净空的要求。

②导洞的结构安全性和允许变形能力。施工导洞过大，不仅会引起初支的变形过大，从而侵入二衬范围，造成二衬厚度减少，给二衬的永久受力构成安全隐患，严重的还会造成初支破坏，酿成施工事故，同时也会增加初支的拆除量。

③周边环境的敏感性。当地铁车站附近有重要建(构)筑物和市政管线时,应尽量减小导洞尺寸,合理安排导洞间间距,以便更有效的控制变形,减小对其的影响。

(2)导洞位置设计

导洞为临时结构,在结构形成后进行拆除与回填,导洞与主体结构的位置关系直接关系到临时结构的拆除量与回填量,导洞的位置应从以下几个方面进行考虑:

①竖向方面。因导洞内冠梁为主体断面提供支座,导洞仰拱应位于主体结构起拱线以下,因此导洞竖向位置,只要在结构方面满足要求,应越低越好,以减少回填量。

②横向方面。应考虑相邻隧道施工的相互影响。一般来说新建隧道施工影响范围不要到达既有隧道,两隧道之间的距离越大,对既有隧道的影响越小,但同时还应考虑扣拱的施工难度及安全性。

如将导洞断面等效考虑为圆形,按照经典的普氏压力拱理论中的滑动面假设,邻近隧道平面最小净距 E 应满足式(1):

$$E = R\left(\frac{1}{\sin\left(45 + \frac{\varphi}{2}\right)} - 1\right) \tag{1}$$

式中:E——邻近隧道最小净距;

R——既有隧道半径;

φ——土体内摩擦角。

因此,平面位置上两相邻导洞之间的净距应大于隧道最小净距 E。同时,对于边洞在满足边桩施工的条件下,应尽量靠近主体结构线,以减少初支背后回填量。

(3)导洞数量设计

导洞数量主要由施工跨度、桩(柱)基础型式等决定的,从以往的案例来看,洞桩法设计的地铁车站导洞数量主要有:8 导洞(图 1a)、4 导洞(图 1b)、6 导洞(图 1c)、3 导洞(图 1d)。

现阶段北京地区洞桩法施工的地铁车站大多采用 8 导洞进行施工。

(4)导洞施工

导洞一般采用台阶法施工,台阶长度应选择 1 ~ 1.5 倍洞径左右为宜,拱部采用预留核心土环形开挖,施工时严格遵循"管超前、严注浆、短开挖、强支护、快封闭,勤量测"十八字方针。其施工顺序一般采取"先下后上、先边后中、错洞开挖"

的原则，在上层导洞或下层导洞施工过程中，相邻导洞应错开开挖，经研究表明，导洞应力的减少与相邻导洞开挖面距离的立方成正比，因此错开距离应能满足群洞效应最低，一般为 3 ~ 5d（d 为小导洞开挖净空洞径），以避免相互干扰。同时从以往的施工经验来看，在小导洞施工阶段产生的地表沉降基本占到总沉降量的 60% ~ 90%，因此在施工过程中应合理安排导洞施工顺序及导洞前后错开的距离对控制总体沉降尤其重要。

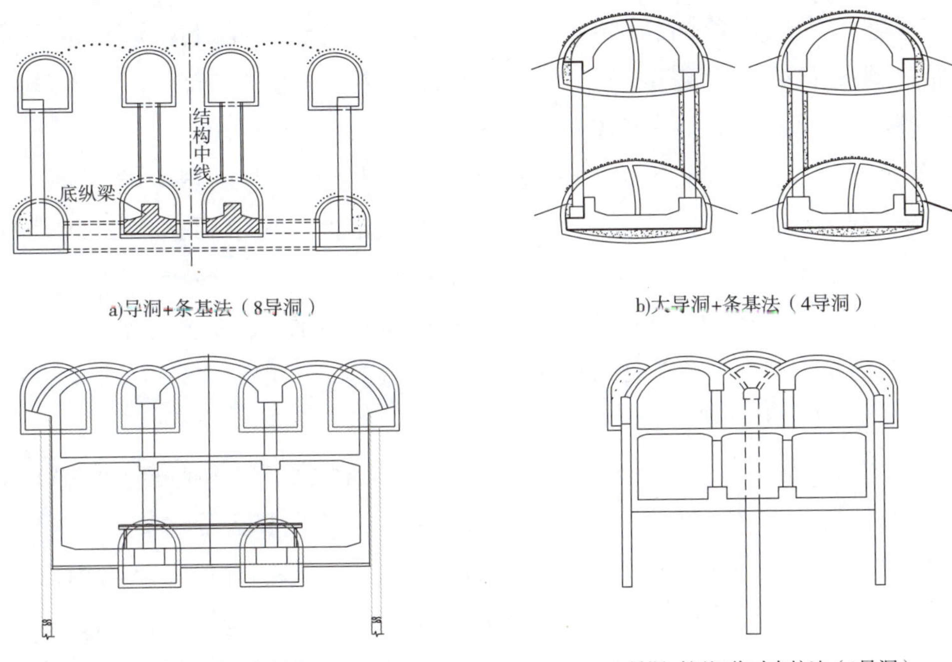

a)导洞+条基法（8导洞）

b)大导洞+条基法（4导洞）

c)导洞+桩基法（6导洞）

d)导洞+桩基+临时中柱法（3导洞）

图1　洞桩法分类

北京地区地下水位一般都位于第一层导洞之下，从工期方面考虑，现阶段大多采用先上后下的施工顺序进行施工，降水与上导洞开挖同步进行，以达到节约工期的目的。

2.2　边桩设计与施工

（1）边桩设计基本原则

边桩的作用主要承担底板结构封闭前的侧向土压力及顶拱作用的竖向荷载，其直径的大小，直接决定小导洞的尺寸。同时由于边桩是在暗挖小导洞内施作完成，施工时需要局部破除导洞的初期支护，对导洞的稳定性和整体沉降有一定的影响，直接关系到地层变形和地表沉降。因此，在满足结构受力及桩间土体稳定性的情况下，是选择桩径较大、间距较大的边桩还是选择桩径较小、间距较小的边桩，需要根据施工方法、支护效果、综合经济分析等最终确定。目前北京地区边桩普遍采用灌注混凝土桩,桩径为1m,桩间距为1.5m,桩间采用喷射混凝土护壁,必要时设置钢筋网片或短钢筋钉。

(2)边桩基础设计

现在洞桩法施工案例中,边桩有两种做法:一是为小导洞内施作条形基础;二是加长边桩,利用桩基代替条基作用。当地基承载力较高时,边桩及中桩(柱)的下导洞可取消,变为桩基。条基的做法,可缩短边桩的长度,但多挖两个小导洞,为条基施工提拱作业面,在控制地面沉降以及节省工程费用等方面并没有明显的优势,因此应结合工程地质情况以及边桩参数的选取,在综合考虑基础承载力及开挖稳定性的基础上确定边桩基础做法。

结合导洞施工及桩(柱)的基础型式,可把洞桩法分为以下4类:

①上导洞内施作边桩、中柱及顶纵梁与桩顶冠梁,下导洞施作底纵梁及条基(图1a),如北京地铁6号线东四站、朝阳门站等。

②上、下导洞开挖尺寸较大,在下导洞内同时施作底纵梁与条基,在上导洞内同时施作边桩与中柱以及顶纵梁与桩顶冠梁(图1b),如北京地铁4号线黄庄车站等。

③上导洞内施作边桩、中柱及顶纵梁与桩顶冠梁;下导洞施作底纵梁,用桩基取代下边导洞内条基(图1c),如北京地铁10号线劲松站等。

④上导洞内施作边桩、临时中桩及桩顶冠梁,桩基取代下边导洞内底纵梁或条基(图1d),如北京地铁复八线东单站及王府井站。

现阶段,北京地铁6、7号线洞桩法施工普遍采用的是"小导洞+条基"法。同时为了提高地基承载力,在工程设计时通过在下导洞之间开挖横向导洞并施作横向条基,形成十字条形基础,从而有效地提高了开挖的稳定性和地基的承载力。

(3)边桩施工

边桩施工主要有钻孔灌注桩或人工挖孔桩。但导洞内机械成孔灌注桩由于施工空间狭小,常常存在成孔时间长、清孔效果差、洞内环境差等缺点,而且钢筋焊接和灌注施工难度大,成桩质量不易保证。人工挖孔桩克服了钻孔桩的缺点,但受地下水影响,桩长受制约,工人挖孔劳动强度较大,安全性差,需要结合实际情况采取增大桩径、缩短桩长和加固地层提高桩底承载力等措施以缩短桩长。因此,在成桩工艺选择上需充分考虑二者的可行性。

目前北京地区洞桩法边桩施工普遍采用人工挖孔方法成孔,以克服砂卵石地层钻孔桩成孔困难及导洞内空间狭小,作业环境差等缺点。同时,施工过程中为确保安全，采用“隔三施一”的跳桩施工方法，待相邻桩混凝土达到设计强度后，方可进行了下一根桩施工。施工时采取分批跳孔施作，人工挖孔桩施作的顺序为 1→2→3，如图 2 所示。

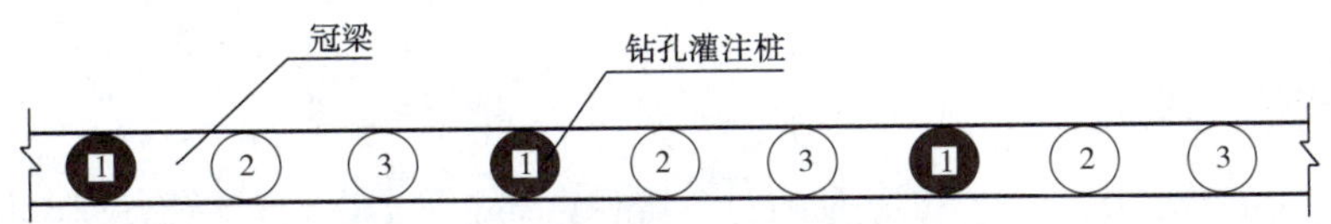

图 2　钻孔桩施工顺序示意图

2.3　扣拱设计与施工

(1)初支扣拱

合理的开挖和支护顺序是扣拱施工的关键问题，边跨与中跨土体的开挖顺序不同，导致扣拱的顺序不同。对于三跨的结构形式，由于中导洞拱部初支为非约束结构，为消除中、边跨拱脚推力差对中柱产生的不利影响，一般情况下拱部开挖顺序是中跨先行，边跨落后 2 ~ 3m，在进行两侧边跨扣拱作业时还应注意同步性，以防止出现偏压现象；对于双跨结构形式，为保证受力平衡，梁两侧的土体开挖进度必须一致，然后进行对称扣拱部初支。

初支扣拱时，一般利用大管棚 + 超前小导管超前预注浆对前方土体进行预加固及支护，采用台阶法进行开挖，当开挖跨度较大时，可以采用 CD 法通过设置中隔墙，减小开挖跨度，如北京地铁 6 号线车公庄站。初支扣拱施工时，应加强格栅拱架与导洞的连接，并注意扣拱与导洞之间拱顶形成三角区域的沉降控制。

①格栅连接。中跨初支扣拱格栅两端连接方式采用钢板螺栓连接。在保证节点板螺栓连接到位的前提下，一般在跨距约 1/3m 处设置分节，格栅主筋采用帮焊连接，帮焊钢筋与格栅主筋同规格，同时在距焊缝中心左右两侧 15cm 位置四面设置“U”字筋与主筋满焊。施工时应确保单面帮焊连接部位的焊缝长度满足 10d，纵向相邻两榀格栅帮焊连接部位应左右相互错开。

边跨初支扣拱施工时，如小导洞预留节点施工误差较大、难于连接时，采用与中跨初支扣拱相同的原则，取消原设计跨中角钢节点，一般在跨距约 1/3m 处设置分节，其余要求同边跨初支扣拱格栅连接原则。

②扣拱与导洞之间拱顶形成三角区域的沉降控制：首先加强超前支护注浆，特别是三角区域注浆，并在三角区域埋设回填注浆管，开挖完成后及时进行回填注浆加固。

(2)二衬扣拱

扣拱二衬施工需对小导洞部分破除，破除小导洞时将有受力转换，破除长度根据设计文件要求及施工中的量测结果确定。施工时,应遵循先支后破的原则,破除完成后,在施做防水前再拆除临时支撑。二衬达到强度后相邻组才能破除小导洞。

3 结束语

洞桩法是在浅埋暗挖法的基础上,结合了盖挖法的理念发展起来的,其核心思想在于:"分大化小,独立成洞;先分散,后整体;暗做围护结构,明做整体结构"。因该工法施工灵活,对周边环境具有良好的适应能力,特别适合于复杂环境下暗挖地铁车站的施工,目前已经成为北京地区暗挖地铁车站的主流工法。本文通过对洞桩法地铁车站设计与施工关键技术进行分析,得出如下结论:

①导洞设计应从技术、安全及经济的角度出发,综合考虑桩(柱)的施工工艺、周边环境的敏感性、相邻导洞施工的相互影响、桩(柱)的基础型式等综合确定。

②为控制地表沉降及结构变形,导洞开挖宜遵循"先下后上、先边后中、错洞开挖"的原则进行,但在实际工程中,受工期、降水进度等条件限制,大都采用"先上后下"的开挖顺序进行开挖。

③在满足结构受力及桩间土体稳定性的情况下,桩径及桩距应根据施工方法、支护效果、综合经济分析等最终确定。

④在下导洞之间开挖横向导洞并施作横向条基,形成十字条形基础,可以有效地提高基坑开挖的稳定性和地基的承载力。

⑤扣拱施工时,重点应消除中、边跨拱脚推力差对中柱产生的不利影响。对多跨结构扣拱施工时,宜遵循"先中后边"原则进行,并且两侧边跨应同步进行,从而保持结构体系受力平衡,避免出现偏压;双跨结构扣拱施工时,应使梁两侧的土体开挖进度保持一致,然后进行对称扣拱施工。

参考文献

[1] 杨秀仁. 浅埋暗挖洞桩逆作法设计关键技术分析[J]. 都市快轨交通,2012,25(2):P64-68.

[2] 王梦恕. 地下工程浅埋暗挖技术通论[M]. 合肥:安徽教育出版社,2004.

[3] 建筑结构荷载规范(GB 50009—2001)[S]. 2006 版. 北京:中国建筑工业出版社,2006.

北京地铁4号线系统保证工作研究

北京城市轨道交通咨询有限公司　王　元

摘　要：系统保证是一套以技术分析(可靠性、可使用性、可维护性和安全性分析,简称RAMS)为基础,配合现代化企业管理方法,从宏观科学角度决定所需保证工作的综合管理架构,以确保能有效地在项目各阶段落实相关设计目标,保证各系统在投入服务时,符合营运服务的功能要求,确保系统已充分地整合,并且考虑了安全性、可靠性、可使用性及可维护性等要求。本文分析了北京地铁4号线开展的系统保证工作,总结了工作取得的成绩,并提出了深入开展系统保证工作的建议。

关键词:系统保证;RAMS;可靠性;可使用性;可维护性;安全性

1 北京地铁4号线工程概况

1.1　4号线工程规模

北京地铁4号线(以下简称"4号线")南起丰台区公益西桥站,贯穿北京西部,途经西城区,北至海淀区安河桥北站。在公益西桥站与大兴线接轨,贯通运营。线路正线全长28.2km,全线共设车站24座,其中地下车站23座,地面站1座。在线路南端马家堡设车辆段1座,线路北端龙背村设停车场1座,线路指挥中心(OCC)设在北京轨道交通线网指挥中心(TCC)内(小营),运营商为北京京港地铁有限公司。如图1所示。

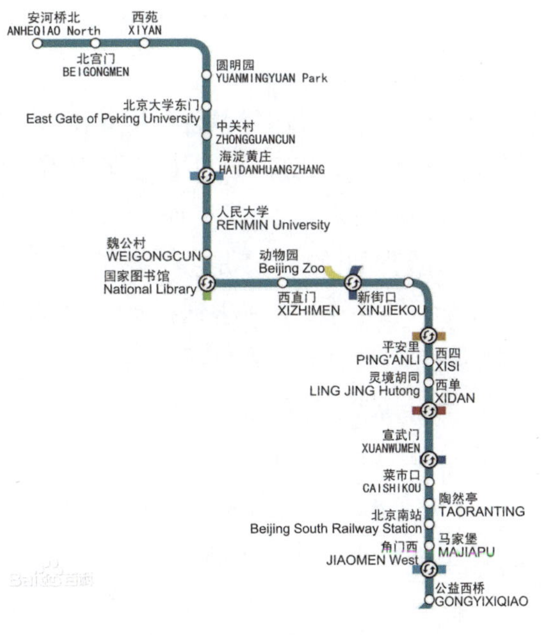

图1　北京地铁4号线

4号线穿越了人口密集的丰台、西城、海淀三个行政区,沿途经过大型居民生活区、学术文化浓厚的科教区(清华、北大、人大等)、有“中国硅谷”之称的高科技园区(学院南路—中关村)、繁华的商业区(新街口—西单—菜市口)以及旅游名胜区或风景点(颐和园、圆明园、动物园、陶然亭等),是北京市客流密集量最大的南北走向的交通主干线和大动脉。

1.2 4 号线系统保证工作

(1)开展系统保证工作的背景

RAMS 全称为可靠性(Reliability)、可使用性(Availability)、可维护性(Maintainability)和安全性(Safety),是一项从系统整体的角度出发,对系统进行优化,使系统的通用特性、专有特性、时间性、经济性达到最优的工程实践活动,非常适用于城市轨道交通系统这种人—机—环境三方面相互作用的、包含多种专业设备的结构复杂的客运系统,RAMS 在欧洲、亚洲等许多国家的轨道交通行业已得到广泛应用,特别是香港地铁,从 20 世纪 90 年代引入 RAMS 管理,成为世界上为数不多的可以盈利的地铁之一。

2008 年 3 月,我国将国际标准 IEC62278—2002 转换为国家标准 GB/T 21562,命名为《轨道交通可靠性、可用性、可维修性和安全性规范及示例》,我国轨道交通装备的 RAMS 工作正逐渐得到重视。

鉴于此,北京京港地铁有限公司参照英国 EN 50126 标准,依据其与北京市政府签订的 4 号线建设运营经营承包协议,并结合香港地铁公司开展 RAMS 工作的实际经验,提出了 4 号线 B 部分工程(车辆及机电设备)的管理要求,并要求开展 RAMS 工作,建立完整的 RAMS 管理体系,以指导新线建设,全面提升新建线路的 RAMS 水平及服务质量。

4 号线采用的 RAMS 工作又称为“SA”(System Assurance)即“系统保证”工作,本文所称系统保证工作等同于 RAMS 工作。

(2)开展系统保证工作的意义

系统保证的要义是:着眼于整体,寻求系统整体 RAMS 的最优,而不是单纯追求某一设备或专业达到最好。因此,系统内各项参与因素便不再是此消彼长,而是互惠互利的关系。系统保证工作的意义主要体现在:

①保障地铁安全运营。轨道交通安全第一,车辆及各机电设备的工作环境非常严酷,对产品的可靠性水平要求较高,同时由于近年来轨道交通车辆的提速,对机车的安全、可靠、稳定运营提出了进一步的要求,因此,为了轨道交通运输安全的需要,应该重视和研究系统保证工作。

②保证地铁服务质量。轨道交通系统的目的是在安全的前提下,在给定的时间内获得轨道交通运输规定的服务水平。RAMS 提供了轨道交通系统确保达

到此目的的可信程度，轨道交通的服务质量与RAMS有很大的关系，系统保证是地铁树立信誉、完善服务的重要手段。

③与国际先进水平接轨。国外工业发达国家都对RAMS工作给予了足够的重视。半个世纪以来，RAMS工程在航空、电子、军工、交通运输等行业得到迅速的发展和广泛的应用，许多国家的地铁都在RAMS工程方面进行了大量的工作。相比之下，我国地铁的RAMS工程起步较晚，应用较少，与发达国家差距较大，因此大力发展系统保证工作也是与国际先进水平接轨的需要。

④降低寿命周期费用（LCC）。轨道交通产品的使用和维护费用很高，往往超过了采购成本，通过RAMS技术的推动和运用，为LCC的分析和控制提供了技术支持，通过RAMS工程技术的推广应用，权衡产品运营、维护维修策略、备件储备和供应等方面要素，分析寿命费用的关键因素，降低寿命费用水平。

（3）4号线工程RAM指标

可靠性、可使用性与可维护性（RAM）管理要求根据顾客服务/安全要求、现时的表现及所用技术，制定RAM指标，以助确定设计策略。

如4号线车辆及信号系统的RAM指标如下：

①车辆系统

a. 可靠性目标（表1）

可靠性目标 表1

需求	说明	目标	单位
可靠性（故障次数）	2分钟或以上之初始延误（间隔）	≤1.48	故障次/百万车厢公里
	不适合继续服务/未能发送（掉线率）	≤0.41	故障次/百万车厢公里
可靠性（故障次数）	2分钟或以上之初始延误	≥67.6	万车厢公里/故障次
	不适合继续服务/未能发送	≥243.9	万车厢公里/故障次
可维护性（MTTR）	可更换组件（LRU）	≤0.5	小时
	矫正维护（不须起车作业）	≤4	小时
	矫正维护（须起车作业）	≤6	小时

b. 每列车平均无故障时间（MTBF）（表2）

每列车平均无故障时间 表2

说明	每列车平均无故障时间	单位
2分钟或以上之初始延误	3218	运营小时
未能发送	11614	运营小时

②信号系统(表3)

信 号 系 统 表3

需 求	详 解	目标值
可靠性(影响服务事件的值)	2分钟或更长的列车运行延迟	≤1.54故障次/百万车厢公里
	错误侧的故障	$\leq 10^{-9}$故障次/百万车厢公里
	不适当的服务\不能发送	≤0.43故障次/百万车厢公里
平均无故障时间	两分钟或更长的列车运行延迟	≥3092运营小时
	不适当的服务\不能发送	≥11074运营小时
平均无故障的运行间隔	两分钟或更长的列车运行延迟	64.9百万车厢公里/故障次
	不适当的服务\不能发送	2326百万车厢公里/故障次
可维护性	LRU的可维护性	≤0.5小时

2 4号线系统保证工作主要内容

4号线开展了比较完整、系统、可操作性强的系统保证咨询服务工作,其主要工作内容为:

2.1 建立系统保证管理体系

(1)建立内部系统保证工作组织机构,确定人员职责

为了做好系统保证工作,必须实行全过程、全员的系统保证管理,协助4号线项目部建立和运行系统保证的组织架构,特别是帮助每个工程技术人员在传统的基础上转变观念,结合自己的本职业务开展系统保证工作,这样才能取得实效,并提高系统的整体水平。

(2)根据4号线各方参与人员、组织的各自特点及相互关系,制定4号线项目系统保证管理办法,形成相关管理制度

①系统保证工作会议制度

定期沟通交流,通报信息,避免误解及信息遗漏。

②系统保证文件传递、管理制度

确保文件的及时提交及回复,并使各方信息保持一致且最新。

③供应商系统保证工作实施阶段性现场过程监控制度

监督供应商切实开展RAMS工作并正确、顺利进行,保证RAMS工作落到实处。

④供应商系统保证工作阶段专家评审制度

对阶段工作进行总结,评审阶段工作的进展、工作效果,提出专业意见,指导下一阶段工作。

⑤内部系统保证培训制度

使专业人员及管理人员逐渐树立 RAMS 意识,将其渗透至日常工作中。

(3)编写相关文档规范,确立相关工作流程

①系统保证文件命名和编写规范。

②招标书中系统保证部分的文件标准结构与模板。

③适合于地铁机电系统的危害记录。

④适合于地铁机电系统的主要危害清单。

⑤“系统保证计划”(SAP)文件标准结构与模板。

⑥“危害登记册”(HL)文件标准结构与模板。

⑦“安全原则及规范要求的符合性评估”(DSA)文件标准结构与模板。

⑧“故障树分析/量化风险评估报告”(FTA/QRA)文件标准结构与模板。

⑨“故障模式、影响及重要性分析报告”(FMECA)文件标准结构与模板。

⑩“RAM 分析报告”(RAR)文件标准结构与模板。

⑪“RAM 证明计划”(RMP)文件标准结构与模板。

⑫“RAM 证明报告”(RMR)文件标准结构与模板。

⑬“FRACAS 报告”文件标准结构与模板。

⑭“系统安全报告”(SSR)文件标准结构与模板。

⑮“系统保证工作审核报告”文件标准结构与模板。

⑯“系统保证文件审查意见表”标准结构与模板。

⑰月度系统保证例会标准议程。

⑱月度报告标准模板。

2.2 对供应商系统保证文件的审核与咨询

针对 4 号线工程,系统保证工程师对各系统保证文件提供技术服务、咨询、审核、评估和总结。根据业主要求,按不同工程阶段完成各专业的系统保证相关报告和更新。系统保证工作包含安全管理和可靠性、可用性、可维护性(RAM)管理两个方面内容。

(1)安全管理

①危害登记册(HL):将隐患类别、隐患说明、可能成因、影响范围、影响后果、建议减轻措施等列表造册登记,并及时不断更新。

②安全原则及规范要求的符合性评估(DSA):根据系统设计的特点或安全要求,识别其相关的潜在危害,对照应采用的设计规范、运营安全原则及法规要求,评估系统设计是否符合相关的安全要求或设计特点。

③系统安全报告(SSR):详述供应商安全管理体系、有关的安全分析工作及

总结,以证明供应商提供的系统已符合业主的安全要求,系统安全报告包括各系统(子系统)之描述、安全管理、安全要求、危害确认及监控、安全原则的符合性评估、故障树分析及量化风险评估、运营安全评估、总结等。

(2)可靠性、可使用性与可维护性(RAM)管理

①RAM 分析报告(RAR):在设计阶段提出报告,运用 FMECA、可靠性框图、QRA 等方法,说明系统满足总体 RAM 要求、并预测系统的 RAM 表现水平,或依据业主分配的各项指标进行 RAM 分析。

②故障模式影响及重要性分析报告(FMECA):确定系统分解的层次及边界,辨识系统潜在的故障模式,分析故障致因及对系统造成的影响,并提出纠正及消除故障或降低系统所受影响的方法。

③RAM 证明计划(RMP):在质保期内,按照系统/设备的实际表现,证明该系统/设备达到 RAM 目标。包括进行 RAM 监管工作的组织架构、主要人员,职责,须证明符合 RAM 目标,证明方法,包含测试运行情况、故障计算规则、RAM 是否接受的标准,提交 RAM 证明报告的时间。

④RAM 证明报告(RMR):通过测试及试验或系统试运行证明 RAM 指标达成情况。包括在试验前应做好的各项准备工作、验证方法、验证结果及故障报告、分析与纠正措施系统(FRACAS)。

2.3 各工程阶段主要系统保证管理咨询工作和输出成果(表 4)

各阶段主要系统保证工作和输出成果一览表 表 4

工程阶段	主要系统保证工作	阶段输出成果
项目策划、招/投标阶段	(1)业主/业主代表进行: ①服务表现分析; ②初步危害分析; ③系统保证要求,RAMS 目标; ④系统保证文件模板/结构。 (2)建立项目系统保证管理架构。 (3)制定项目系统保证管理办法。 (4)确定项目系统保证工作计划	(1)招标书中各机电专业系统保证要求。 (2)系统保证文件模板/结构。 (3)项目部系统保证管理架构。 (4)项目部系统保证管理办法。 (5)项目部系统保证工作计划
与中标的机电系统供应商签约后	(1)召开京港地铁、供应商参加的系统保证沟通会议,明确系统保证工作要求,确定系统保证时间进度。 (2)业主代表对供应商进行系统保证相关指导。 (3)督促供应商按期提交相关文件	(1)各机电专业供应商确定: ①系统保证组织架构要求; ②RAMS 设计、分析、验证和管理的方法; ③系统保证文件模板; ④系统保证文件提交时间表。 (2)文件提交/审核流程的确认

续上表

工程阶段	主要系统保证工作	阶段输出成果
产品设计阶段	(1)月度例会。 (2)对供应商文件审核/批复。 (3)对供应商设计过程监督。 (4)业主、业主代表、供应商沟通交流	(1)提交并审核通过的文件: ①系统保证计划; ②危害登记册; ③安全分析报告; ④RAM 预测报告; ⑤FMECA 分析报告。 (2)供应商在产品设计中实施 RAMS 设计分析的监控报告
产品建造/生产阶段	(1)月度例会。 (2)对供应商更新文件审核。 (3)对供应商建造过程监督。 (4)业主、业主代表、供应商沟通交流	(1)更新的危害登记册。 (2)更新的安全分析报告。 (3)供应商在产品建造中实施 RAMS 的监控报告
产品测试/调试阶段	(1)月度例会。 (2)对供应商提交/更新文件审核。 (3)对供应商测试过程监督。 (4)FRACAS 启动。 (5)业主、业主代表、供应商沟通交流	(1)审核通过的系统安全报告。 (2)审核通过的 RAM 证明计划。 (3)更新的危害登记册。 (4)更新的安全分析报告。 (5)RAM 指标的测试监控报告
产品试运营/质保阶段	(1)月度例会。 (2)对供应商提交/更新文件审核。 (3)对供应商试运营过程监督。 (4)进行 FRACAS。 (5)业主、业主代表、供应商沟通交流	(1)更新的危害登记册。 (2)更新的 RAM 证明计划。 (3)审核通过的 RAM 证明报告。 (4)试运营 RAM 监控报告

3 系统保证工作的主要成就

3.1 建立了一套适合4号线的系统保证组织架构和管理方法

(1)建立了4号线系统保证组织架构

①系统保证工作体系

系统保证工作通常由业主、业主代表、供应商等共同实施、配合完成。4号线系统保证工作涉及单位包括京港地铁、建管公司及各机电子系统供应商等,京港地铁在项目初期提出系统保证要求,供应商按要求制定系统保证计划,并在工程阶段按计划组织实施,建管公司代表业主负责对供应商的系统保证工作进行全过程的监督、审核、控制，及时协调京港地铁与供应商的相关工作，并聘请咨询公司担当顾问，进行系统保证的咨询服务与研究工作。如图2所示。

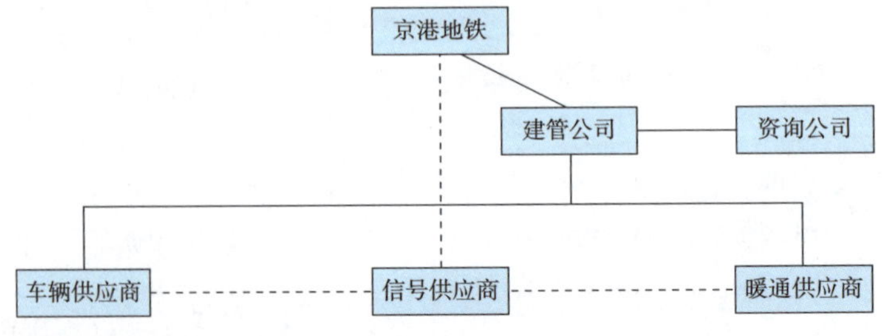

图2 京港地铁与建管公司和供应商的关系

②建管公司内部组织架构

建管公司内部的系统保证组织由系统保证领导小组、系统保证办公室以及机电系统相关专业工程师组成。系统保证领导小组是建管公司系统保证的归口管理部门，以项目经理为组长，由综合部、系统部、车站部、车辆部等相关部门领导组成；系统保证办公室是建管公司内组织和实施系统保证工作的职能部门，由系统保证经理、系统保证工程师和系统保证顾问组成；机电系统的专业工程师配合系统保证经理/系统保证工程师组织实施本专业供应商的系统保证相关工作。

(2)建立了4号线系统保证工作流程及管理方法

系统保证工作主要涉及各项RAMS文件的编写及其相应工作的实施落实，为了做好系统保证工作，必须实行全过程及全员的系统保证管理。建管公司和各供应商内部均须建立和运行系统保证的组织架构，需要每个工程技术人员转变观念，结合自己的本职业务开展RAMS工作。要制定严密的与工程研制同步实施的系统保证工作计划，建管公司除了对供应商提交的系统保证文件进行深入的审查并召开评审会议外，还需对供应商进行系统保证工作落实情况的现场检查，以便及时发现问题，采取解决措施。

①工作会议管理

通过会议推进系统保证工作落实，是系统保证管理的有效方法之一。因此，要组织好每次会议，落实会议决议，确保系统保证工作的顺利进行。

a. 会议议程：提前10个工作日由业主机电专业工程师向供应商、京港地铁及建管公司三方的系统保证联系人征集并共同确定会议议程、各方出席会议人员。

b. 会议通知：由建管公司机电专业工程师联系，确定会议时间、地点后，提前5个工作日向参会人员发送会议通知，参会人员收到通知后要明确回复。

c. 会议主持：原则上由建管公司主持。

d. 会议纪要：由会议主持人指定人员记录，并在会议结束前形成会议纪要，参会人员签字后，分送三方，并由业主存留会议纪要原件及电子版。

②系统保证文件的传递及审批流程

供应商按照各工程阶段的系统保证任务开展工作，编制及更新需交付的文件，建管公司及京港地铁进行审核，流程如图 3 所示。

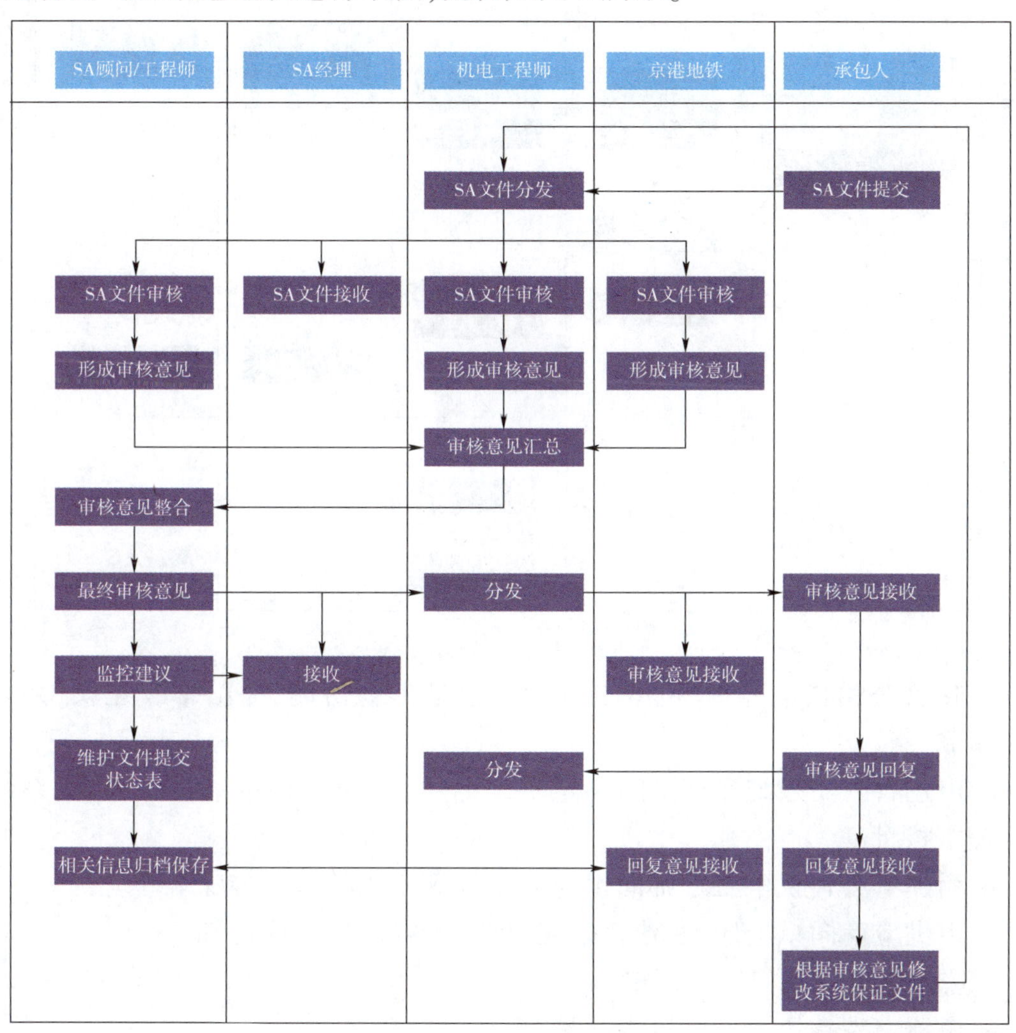

图 3　系统保证文件的传递及审批流程

③对供应商实施阶段性现场过程监控的管理

在各个工程阶段，系统保证工程师/顾问根据供应商系统保证工作进展情况，在适当时机提出对供应商进行现场监控的建议，在系统保证经理领导下，组织现场监控，具体流程如图 4 所示。

④对供应商阶段性系统保证工作专家评审会流程

a. 供应商提出评审要求（时间、地点、评审内容、议程）。

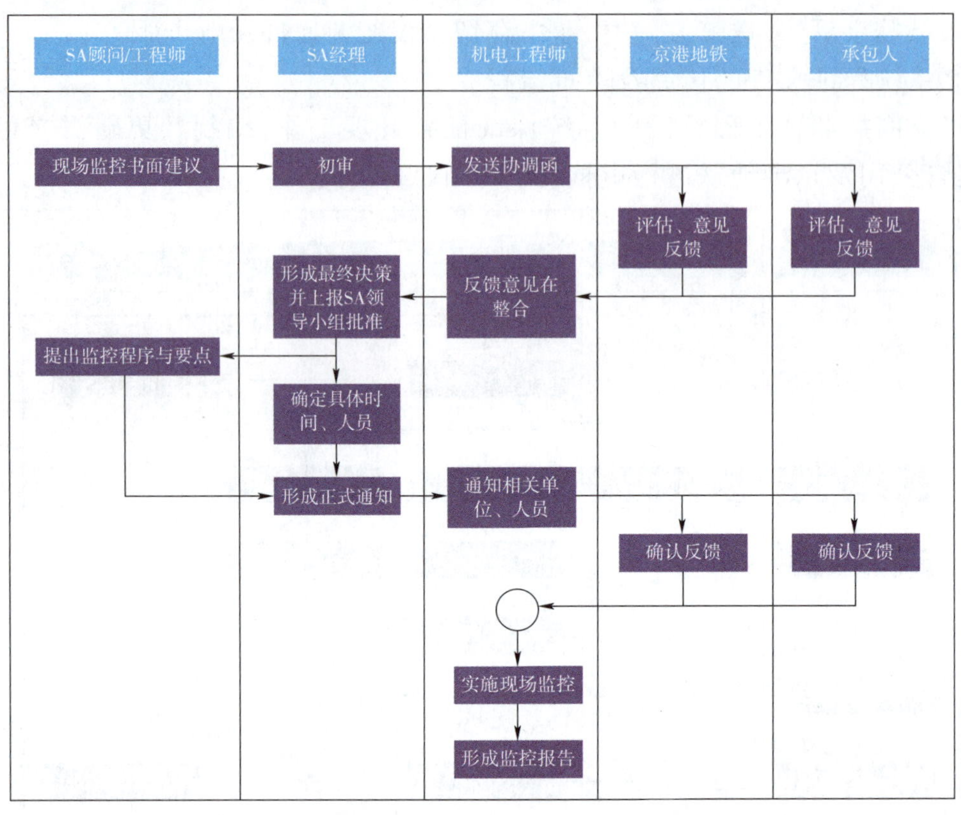

图4 对供应商实施阶段性现场过程监控的管理

b. 建管公司机电经理/机电工程师与京港地铁协商,提出修改建议,并与供应商达成一致。

c. 由建管公司系统保证顾问确定专家名单,并提出评审组长人选,由系统保证经理审核批准。

d. 由建管公司机电工程师向供应商反馈评审组组长和专家名单。

e. 由供应商向京港地铁、建管公司、评审专家发送会议通知。

f. 按评审会议流程进行评审。

g. 由评审专家撰写评审报告并签字。

h. 评审报告由建管公司系统保证工程师/顾问存档。

⑤内部系统保证培训管理

a. 由系统保证顾问向系统保证领导小组、机电工程师、机电经理、系统保证工程师、系统保证经理等方面收集系统保证方面的问题、困难和培训要求。

b. 由系统保证顾问整理培训需求,向系统保证经理提出系统保证的培训计划。

c. 由系统保证办公室向机电公司各有关部门、人员发培训通知。

d. 由系统保证顾问提供系统保证培训。

e. 评估培训效果。

f. 筹备和进行下一次的内部培训。

3.2 促进了供应商系统保证意识的建立

传统的安全管理往往是在意外发生后调查事故原因，再对设备进行维护或改良，已经发生的损失不可挽回，具有亡羊补牢的滞后性缺陷；而系统保证的理念则要求在产品的研发设计阶段就提前预见了各种可能发生的危害并评定其风险等级，事先采取减轻措施来避免可能产生的危害，具有未雨绸缪的前瞻性优势。

将系统保证要求以及明确的RAMS目标写到合同中，使供应商接受系统保证的概念和任务，能够有力的督促供应商完成系统保证工作并建立系统保证意识和方法体系。

3.3 发现了一些RAMS方面的问题

在审查供应商提交的文件过程中，系统保证工作组发现了一些RAMS方面的问题。

例如：安全门专业存在弯道间隙过大的问题。4号线有11个弯道站台，当弯道站台曲率半径过小时，安全门采取直线过渡的方式安装，此时可能引起安全门和站台边缘间隙过大的问题，这种情况容易造成乘客在错误的时机从安全门进入列车时，被夹在安全门和车门之间。当车启动后，乘客可能会受伤，如上海地铁一号线一名乘客被夹在安全门和列车之间，列车启动后乘客坠落隧道当场死亡。

4号线将采取在安全门和车门之间安装激光探测的方式，来探测安全门和列车之间的人或障碍物，有效杜绝此类事件的发生，保证列车和乘客的财产和人身安全。

通过上述案例可以看出，系统保证工作能够在系统运营前找到并解决存在的安全隐患，不仅提高了系统的RAMS水平，使地铁更加安全可靠，而且节省了事后故障处理的人力物力，并减轻了对公众带来的负面影响。

3.4 RAMS要求在轨道交通领域基本得到认同

通过4号线系统保证工作的实施，起到了宣传作用，RAMS的概念和重要意义迅速被轨道交通领域的领导和技术人员接受和认同，在目前新建的国内轨道交通线路招标文件中，几乎无一例外都提出了RAMS的要求。这一趋势已基本不可逆转，为今后更深入、更有效地推进系统保证工作打下了很好的基础。

3.5 在产品设计及生产制造等方面发挥潜移默化的作用

RAMS 的基本知识和管理方法在 4 号线参研单位得到初步普及,虽然不可能在短时间内熟练掌握,但仍然在产品设计、工艺设计、原材料控制和生产制造等方面发挥了一定的潜移默化作用。

①4 号线对系统保证工作的要求,将提高供应商对产品 RAMS 工作的重视程度,通过业主对系统保证工作要求的牵引,帮助供应商建立起将 RAMS 工作贯彻到设计和生产制造等各阶段的意识。

②通过对供应商 RAMS 相关文件和设计、工艺文件的审查,引导供应商解决各阶段存在的潜在问题。

③通过对供应商 RAMS 工作的审查,促进和推动了供应商加强对其子供应商的 RAMS 管理,有效提高了产品 RAMS 水平。

④4 号线倡导的 RAMS 技术方法和工作成果,已在供应商所承担的其他轨道交通产品上不同程度地发挥了作用。

3.6 部分供应商开展了较深入的系统保证工作

很多供应商通过 4 号线项目认识到了系统保证工作的重要性,构建了比较严密的系统保证工作体系。如南车四方机车车辆股份有限公司加强了 RAMS 工作及监督检查的力度,将 RAMS 要求延伸到所有的子供应商,同时更将 RAMS 工作深入推进到成都 1 号线项目中,取得了显著成效;南京康尼机电新技术有限公司建立和成功运行了 RAMS 体系和 FRACAS 体系,在所有有关的程序文件中增加了 RAMS 工作的内容,申请并已顺利通过了 IRIS 体系认证,很好地掌握了系统保证各项工作的方法。

3.7 北京地铁系统保证管理体系研究工作取得进展

在开展系统保证日常工作的同时,本项目同时开展了系统保证管理体系的研究工作。其目的为通过 4 号线系统保证工作的开展,研究并制定北京城市轨道交通工程建设中系统保证工作体系,主要内容包括:

①城市轨道交通系统保证的应用研究。

②系统保证与安全、质量管理的关系研究。

③系统保证的推广运用与实践。

4 深入开展系统保证工作的建议

4 号线的系统保证工作取得了一定成效,但同时也存在滞后于产品的研发、部分工作被边缘化等问题,而系统保证工作发挥作用的机理是通过设计、工艺、制造、管理方法的改进切实提高产品的 RAMS 水平,所以能否发现问题,提出改进措施,并将改进措施落实到具体工作中对系统保证工作是至关重要的。为此,对深入开展系统保证工作提出如下建议:

4.1 对重点供应商开展系统保证工作的实地检查

4 号线供应商进行的大部分系统保证工作都是一些文件工作,然而仅通过文件审核难以了解实际情况,因此业主可以对重点供应商的系统保证工作进行实地检查,如对设备现场查看,进入工厂对产品设计者或制造者就具体问题详细询问,了解产品真实情况。

4.2 加强系统保证文件的执行力度

4 号线的系统保证文件尚未从设计、制造、工艺等方面进行更改和完善,从而未能真正提高产品的可靠性。因此,应加强对这些系统保证文件的执行力度,令行之有效。对此有如下建议:

(1)危害登记册

①尽量收集所有的安全隐患,可参考危害说明、以往工程的故障记录以及其他地铁线路发生的重大安全事故等。只有在设计初期考虑所有的安全隐患,并采取相应的措施,在运营中才能保证减少故障或及时维修,杜绝重大安全事故的发生。

②根据得到的危害分析,由设计、建造、运营、维修等人员组成的小组找到相应的保护措施,危害登记册的目的就是为了发现没有解决的或将要发生的产品故障,因此,小组应提出目前产品缺乏的新保护措施来减少产品的故障率。

③应贯彻落实提出的保护措施。通过开展系统保证审核会或现场实地考察,可以发现危害登记册与产品实际情况是否相符,是否还存在其他的问题等。各方达成共识后,危害登记册才真正完成。

(2)FMECA 文件

危害登记册是从安全的角度来分析问题,FMECA 文件则是分析产品所有可能的故障模式及其可能产生的影响,通过 FMECA 分析产品硬件、软件、生产工艺等的设计缺陷与薄弱环节,为产品设计的改进提供依据。

①产品进行 FMECA 分析时应考虑产品所处的环境条件,当要求条件不同时产品的某些设备也应做适当修改才能满足要求,例如安全门专业,必须考虑 4 号线与其他线路的不同,由于存在几处弯道,此时应研究怎样在弯道处确保安全门与车门的间隙不要过大的问题。

②产品的 FMECA 工作应与产品的设计同步进行。在产品论证与方案阶段、工程研制阶段的早期主要考虑产品的功能组成,对其进行功能 FMECA;当产品在工程研制阶段、定型阶段,主要进行硬件、软件的 FMECA。随着产品设计状态的变化,应不断更新 FMECA,以便及时发现设计中的薄弱环节并加以改进。

(3)RAM 分析文件

RAM 分析文件主要是进行 RAM 预计工作。该文件用量化形式来体现了产品的可靠性水平,因此在文件中进行 RAM 预计工作的数据应真实可靠,说明数据的来源。RAM 预计不仅要得到 MTBF 的数值,更重要的是通过对数据的分析找到产品中存在的薄弱环节,作为后期系统保证工作的重点。同时 RAM 预计也是不断迭代的,当产品的设计、生产、工艺等有所改进时,应重新进行 RAM 预计。

4.3 加强对供应商的监督和控制

地铁系统中包含了多个专业,这就意味着业主对供应商的管理是一项非常重要的工作。因此,在进行系统保证工作时,业主应对供应商的系统保证工作进行监督与控制,必要时采取相应的措施,以确保供应商交付的产品符合规定的可靠性要求。对供应商的监督和控制可以包括以下一些项目:

①业主应对供应商的系统保证工作实施有效的监督和控制,督促供应商全面落实系统保证工作计划,以实现合同规定的各项要求。

②业主应明确对供应商产品的系统保证要求,并与地铁系统的可靠性要求协调一致。

③业主应明确对供应商的系统保证工作要求和监控方式。

④业主对供应商的要求应纳入有关合同,主要包括以下内容:

a. 可靠性定量与定性要求及验证方法。

b. 对供应商系统保证工作项目的要求。

c. 对供应商系统保证工作实施监督和检查的安排。

d. 对供应商执行 FRACAS 的要求。

e. 供应商参加对子供应商产品设计评审、可靠性试验的规定。

f. 供应商或子供应商提供产品规范、图样、可靠性数据资料和其他技术文件等要求。

⑤业主与供应商成立轨道交通 RAMS 工作系统。

RAMS 工作系统的宗旨是:各成员单位统一思想、统一步调、采用正确的方法,紧密结合项目深入有效地开展 RAMS 工作,以最低的全寿命周期费用达到项目各系统的合同中规定的 RAMS 指标,从而地铁系统达到业主的 RAMS 要求,实现所有成员单位互利共赢。基于本宗旨,由业主牵头,所有成员单位共同制定并遵循RAMS工作系统的章程。根据各系统合同规定的RAMS指标要求和本章程,基于项目研发工作计划,业主将陆续制定并发布RAMS工作的技术和管理文件,以及必要的指南文件,以便帮助和监督各供应商深入开展RAMS工作。

各供应商都应参加轨道交通RAMS工作系统,明确并向业主上报本公司RAMS负责人、本项目RAMS负责人和联络员,按照项目RAMS工作系统提出的要求,依托本企业的RAMS体系,组织本企业设计、工艺、制造、质控等人员开展各项RAMS工作,并对合同规定的产品RAMS指标负责。

4.4 要求供应商加强对子供应商的管理

根据现在的情况,众多供应商中又有子供应商,因此为了确保系统保证工作能够顺利地进行,供应商应加强对子供应商的管理,为此应提出如下要求:

①供应商可对子供应商提出RAMS要求,将其纳入合同管理,并在合同中规定关于产品的可靠性方面双方必须完成的工作。

②收集和管理子供应商与产品有关的质量可靠性信息(包括相关的合同、技术文件、试验报告等)。

③供应商的FRACAS系统须延伸到所有的子供应商,并详细规定双方的职责。

④供应商有责任对子供应商就RAMS方面进行辅导。

5 附件

附件1　工程阶段系统保证任务和交付文件

附件2　系统安全报告(SSR)结构及目录

附件3　危害登记册(HL)

附件4　安全原则及规范要求的符合性评估(DSA)

附件5　故障模式、影响及重要性分析(FMECA)

参考文献

[1] 董锡明.轨道列车可靠性、可用性、维修性和安全性(RAMS),北京:中国铁道出版社,2002.

附件 1

工程阶段系统保证任务和交付文件

<table>
<tr><th rowspan="3">项目</th><th rowspan="3">所需工作/文件</th><th colspan="5">工 程 阶 段</th></tr>
<tr><th colspan="2">设计</th><th rowspan="2">制造及装置</th><th rowspan="2">测试及启动</th><th rowspan="2">试运营/质保期</th></tr>
<tr><th>初步</th><th>最后</th></tr>
<tr><td colspan="7">安全管理相关工作</td></tr>
<tr><td>1</td><td>系统安全及可靠性计划</td><td>呈交</td><td>—</td><td>—</td><td>—</td><td>—</td></tr>
<tr><td>2</td><td>安全分析报告:
第一部分——安全原则及规范要求的符合性评估(包括安全验证)
第二部分——故障树分析/量化风险评估报告</td><td>—</td><td>呈交</td><td>更新</td><td>更新</td><td>—</td></tr>
<tr><td>3</td><td>危害登记册</td><td>呈交</td><td>更新</td><td>更新</td><td>更新</td><td>更新</td></tr>
<tr><td>4</td><td>系统安全报告</td><td>—</td><td>—</td><td>—</td><td>呈交</td><td>—</td></tr>
<tr><td colspan="7">可靠性、可使用性及可维护性管理相关工作</td></tr>
<tr><td>1</td><td>可靠性、可用性及可维护性分析及报告</td><td>呈交</td><td>更新</td><td>更新</td><td>更新</td><td>—</td></tr>
<tr><td>2</td><td>故障模式、影响及重要性分析及报告</td><td>呈交</td><td>更新</td><td>更新</td><td>更新</td><td>—</td></tr>
<tr><td>3</td><td>可靠性、可用性及可维护性证明计划</td><td>—</td><td>—</td><td>—</td><td>呈交</td><td>更新</td></tr>
<tr><td>4</td><td>可靠性、可用性及可维护性证明及报告</td><td>—</td><td>—</td><td>—</td><td>—</td><td>呈交</td></tr>
<tr><td>5</td><td>故障报告与修正措施系统(FRACAS)</td><td>—</td><td>—</td><td>—</td><td>进行</td><td>进行</td></tr>
</table>

附件2

系统安全报告(SSR)结构及目录

1 序论
  1.1 背景
  1.2 目的词汇
  1.3 简写及词汇
2 各系统之描述
  2.1 系统概要
  2.2 系统及子系统之描述
  2.3 接口描述
  2.4 安全功能和特色
  2.5 紧急操作
3 安全管理
  3.1 安全管理架构及职责
  3.2 安全管理程序
  3.3 各阶段的安全管理活动
4 安全要求
5 危害确认及监控
  5.1 简介
  5.2 危害确认
  5.3 危害监控(包括监控架构、危害评审、危害结束等等)
  5.4 危害分析结束总结
  5.5 重要的危害(安全关键)概述
6 安全原则及规范要求的符合性评估
  6.1 简介
  6.2 方法
  6.3 结果总结
7 故障树分析/量化风险评估(如适用)
  7.1 简介
  7.2 方法
  7.3 结果总结

8 运营安全评估

8.1 运营程序

8.2 维护程序

8.3 训练

9 总结

9.1 安全管理

9.2 危害管理

9.3 故障树分析

9.4 未能符合要求的项目(如有的话)

9.5 运营危害——剩余风险指数 R1 或 R2(如有的话)

9.6 整体总结

10 附件

附件3

危害登记册(HL)

危害编号	系统	子系统	位置	危害类别	危害分类编号	危害说明	可能成因	影响组别				影响/后果	原订风险			保护措施	剩余风险			危害管控员	保护措施类别	验证减轻措施方法	状况		参考危害编号	目标完成日	备注
								乘客	员工	公众	承包人		概率	严重性	风险等级		概率	严重性	风险等级				个别	整项			

附件 4

安全原则及规范要求的符合性评估(DSA)

序号	设计特点	参考章节	相关的潜在安全危害	相关设计 / 营运安全原则 / 工业守则 / 法例 / 规范	现在符合状况	设计符合类别

*符合类别注释:*C*——已经符合;

I/C——尚未结束,仍虽在建造时审查或维修程序。

附件5

故障模式、影响及重要性分析（FMECA）

编号	系统	子系统	设备	部件	功能	故障模式	故障成因	故障侦查方法			故障特性（老化、随机、磨损、威布尔）	故障影响/后果					重要性分析								备注/假设/意见
								可由运营员工发现	可由维护员工发现	内置测试功能		子系统（局部）	系统（整体）	安全	服务/运营	延误时间（分钟）	故障率（每小时发生次数）	后果（注：等级按风险矩阵中的1~7填写）	受影响种类			保护/减轻措施（设计或程序）	恢复系统运作行动		
																			安全	环境	运营		行车时间之实时行动	非行车时间之跟进行动	

城市轨道交通车辆装备国产化计算研究

北京市轨道交通建设管理有限公司　宋占勋

摘　要:本文首先从地铁车辆装备国产化对轨道交通事业、经济与技术三个方面的影响阐述了国产化的必要性,进而对地铁车辆装备国产化计算进行研究。在研究国产化计算的过程中,分析了地铁车辆装备国产化计算范围、计算方法以及核算原则。最后,以北京地铁线路车辆国产化计算为例,研究了地铁车辆装备国产化现状。

关键词:地铁车辆;国产化率;牵引系统;进口设备

0 前言

随着经济发展,城市规模不断扩大,交通拥堵日益严重,国内迎来了大规模的城市轨道交通建设阶段,轨道交通建设将进一步提速,国内各大城市已经相继制定了城市轨道交通规划,并开始筹建城市轨道交通系统。目前,我国城市轨道交通总里程已达2100km,全国有20多个城市的轨道交通项目正在修建或得到国家批准,另有20多个城市的城市轨道交通项目正在编制及上报审批中,今后还将修建城市轨道超过6000km,投资金额将达4万亿元。城市轨道交通已成为我国城市基础设施建设领域的一个热点。城市轨道交通主要包括地铁与轻轨,是涉及机械、电气、电子及通信业的技术密集型产业,其技术装备的水平反映了国家的工业基础水平。我国如今正在不断地加大地铁国产化的实施力度,促进机电装备水平的提高,以此带动制造业的发展,拉动经济增长。

1 地铁车辆装备国产化的必要性

1.1 地铁车辆装备进口设备对轨道交通事业的影响

根据国家财政部、工业和信息化部、海关总署、国家税务总局《关于调整三代核电机组等重大技术装备进口税收政策的通知》(财关税[2011] 45号)规定,符合条件的城市轨道交通设备免税进口零部件及原材料,免征关税和进口环节增值税。这一规定虽然目的在于降低轨道交通车辆进口设备的价格成本，扶植国内有一定基础的厂家率先引进消化国外的先进技术，但是有实例表明，以及后期投入使用的过程中，在没有掌握到其核心技术的情况下，这些设备仍旧由国外厂商进行后期的安装、管理、保养以及维修，反而增加了后期成本。进口设备凭借其优势占领了大部分国内市场，造成国内轨道交通车辆事业受制于发达国家的局面，不但会大幅度增加地方政府对轨道交通的财政支出，还会导致国内装备制造业低迷，阻碍国内装备制造业的发展。

1.2　地铁车辆装备国产化在经济方面的影响

城市轨道交通属于社会公益性城市基础设施，主要依靠国有资金和政府的补贴。国家在城市轨道交通建设事业上投入巨大的财力和物力，自然就会带动相关产业的发展，从而进一步提高国内装备制造业的生产、技术水平，扩大国内市场占有份额，增加就业。国产化率的提高，有利于降低轨道交通建设项目的后期运营维护成本，带动国内轨道交通设备制造业的发展，拉动国民经济增长。国家对装备国产化企业制定的各项优惠政策及扶持措施，对国产化企业来说则是相对更加明确的、良好的、具有扶持作用的政策导向，企业在进行战略筹划工作时，就会充分考虑到国家当前的政策导向，从而进一步调动起装备国产化企业的生产积极性。对于国内厂家进口设备的扶植政策在一定程度上制约了市场竞争，导致进口设备占据了国内大部分市场，国内装备制造业无法得到公平竞争的机会，对此国家要扩大竞争范围，在保证安全质量的前提下，放松厂家的条件，让更多的装备国产化企业得到竞争机会。同时，招标方要进一步打开限制范围，不要有区域保护的错误思想，而应从长远角度上，为国产化企业营造出一个公平竞争的市场环境。

1.3　地铁车辆装备国产化在技术方面的影响

设备国产化率的高低代表着一个国家的企业在某个行业的认知和制造能力的高低。企业通过进口方式引进具有先进技术的整车，牵引系统等，学习并研究其技术；另一方面，企业通过学习和改良进而制造优异的产品，提高地铁车辆装备的国产化率。国家对城市轨道交通产品国产化率有一定的要求，整车不低于70%，电气牵引系统不低于40%。国产化率要求是对我国轨道交通制造业的一种激励，国产化率越高，则表明我国地铁车辆装备企业对城市轨道交通业有更深的认识，地铁车辆装备企业能够生产更多满足城市轨道交通运营的车辆和部件，从而提高产品质量以满足市场需求。

2 地铁车辆装备国产化计算

鉴于国家对地铁车辆装备国产化工作的高度重视,通过对近年来国产化工作经验的总结,城市轨道交通建设过程中采取了国产化调研、设立目标、国产化控制及国产化检验等一系列措施,从而有效地保证国产化率工作满足国家相关要求,达到预定目标。近年来轨道交通的民族产业飞速发展,部分系统设备的国内技术趋向成熟和完善,某些行业已达到国际先进水平,这种趋势在一定程度上对国产化率的提高亦起到了重要的意义和作用。地铁车辆装备采用招标方式,招标方式下的采购是以最经济的成本购置最优质的设备,故所有投标厂家在保证技术质量的前提下均尽可能的采用了国产设备以降低其投标成本,从而增加其中标几率,这在一定程度上也促进了国产化率的提高。随着近年来国产化工作的开展,设备供应商逐渐了解并重视国产化工作,在进行分类清单的填制过程中积极配合,能够提供较为真实、准确的国产化数据。

2.1 核算范围

车辆在轨道交通系统中具有重要作用。通常情况下,车辆购置费用占车辆和机电设备投资的20%以上,对实现城市轨道交通车辆及机电设备国产化具有深远的战略意义,因此,车辆系统是国产化率核算及专家评审的重点,在国产化工作中需要特别关注。目前,国内城市轨道交通项目车辆系统的国产化率基本为70%~75%。

车辆系统的国产化实施情况如下:

车体:除部分城市轨道交通项目不锈钢板采用进口产品外,基本实现国产化。

内装:座椅实现国产化,主要进口部分为地板布、幅流风机。

车门:主要进口部分为门电机。

车窗:实现全部国产化。

驾驶室及控制设备:实现全部国产化。

风挡:折蓬、篷布部分多数采用进口设备。

列车广播及旅客信息系统:实现全部国产化。

转向架:主要进口部件为轴箱轴承、齿轮减速箱。

车钩、缓冲器:主要进口部件为钩头、缓冲器。

车辆电气总装:实现全部国产化。

电气牵引系统:主要进口部件有牵引逆变器、高速断路器、牵引电机、齿轮减速箱、联轴节等，电气牵引系统采用的进口关键零部件比较多。

辅助电源系统：主要进口部件为蓄电池、逆变器等。

空气制动系统：国内自主研发的制动系统起步比较晚，生产技术尚不成熟，目前大部分城市轨道交通项目空气制动系统采用进口产品。

车辆空调装置：主要进口部件为压缩机。

列车监视、控制和通信系统：大部分采用进口设备。

2.2 核算方法

根据相关规定，城市轨道交通设备国产化率的计算公式如下：

以建设项目当期内的全部轨道车辆和机电设备价格作为国产化率的计算基数，进口机电设备和零部件以进口到岸价格为计算依据。具体计算公式为：

$$\frac{\text{项目全部车辆和机电设备价格}-\text{进口机电设备和零部件价格}}{\text{项目内全部车辆和机电设备价格}}\times 100\%$$

其中：轨道车辆和机电设备分系统的国产化率计算也以价格为计算基数和计算依据。

简化后的国产化率计算公式为：

$$\left(1-\frac{\text{进口机电设备和零部件价格}}{\text{项目内全部车辆和机电设备价格}}\right)\times 100\%$$

依据相关规定进行核算，简化后的国产化率计算公式见表1。

国产化率计算公式　　表1

序号	国产化率 a 计算公式	适用范围	备　注
1	$a=1-\frac{\text{进口部分(CIF+服务、安装)}}{\text{合同总价}}$	信号专业	CIF 报价： 1. 一级进口： CIF = 一级合同的设备单价(CIF 价) 列“美元单价、美元合计、人民币合计”3 项； 2. 二级进口： (1) CIF = 一级合同中的设备单价 - 附加费 (2) 一级合同没有时： CIF = 供货商上报的设备单价，随附证明材料
2	$a=1-\frac{\text{进口设备或材料价(CIF)}}{\text{材料费(不含管理费、利润、安装费)}}$	安装工程	
3	$a=1-\frac{\text{进口设备金额(CIF 价)}}{\text{设备总金额(出厂价+税金)}}$或 $a=1-\frac{\text{进口设备金额(CIF 价)}}{\Sigma(\text{综合单价}-\text{附加费})\times\text{数量}}$或 $a=1-\frac{\text{进口设备金额(CIF 价)}}{\text{合同总价}-\text{附加费合计}-\text{服务费}}$	其他各专业	
4	$a=1-\frac{\text{各系统分子金额之和}}{\text{各系统分母金额之和}}$	整线	

注：①上述各公式中分子和分母都含软件费；

②上述公式中的“附加费”指运保费、包装费、装卸费和其他；

③上述公式中的 CIF 价(Cost, Insurance and Freight)是指到岸价，即“成本、保险费加运费”，指的是在装运港当货物越过船舷时卖方即完成交货。CIF 价不包含进口关税与增值税部分。

2.3 核算原则

(1)国产化率分母的计算

①国产化率分母是“建设项目当期内的全部轨道车辆和机电设备价格”,实际是指设备出厂含税价,提出设备附加费,具体计算规则见表1。

②设备附加费一般在合同的分项报价表中列出,若没有列出(如供电等专业),则以合同的货物单价分析表为依据,严格按照国产化工作要求剔除设备附加费,并将进口零部件单独拆出填报。

③对于设备安装专业,其中电缆、电缆桥架、光缆等供货商采购的非甲供设备或材料,同样需要列入国产化率核算中,其单价要采用剔除各项杂费的设备或材料费价格。

(2)国产化率分子的计算

①国产化率分子是CIF价格(不含税),“并按合同签订时的汇率折合成人民币统一计算”。

②对于由项目委托方直接从国外采购的设备即一级进口设备,国产化率分子采用进口合同中的CIF报价。需要注意部分进口合同中包含了境内运保费的价格,在国产化率核算中需要将该部分价格剔除。

③由供货商采购的进口设备或零部件,若一级合同列出了该部分的设备价格,应采用同一级合同的价格。

④对于一级合同中未体现的零部件其设备单价为供货商或分包商提供的采购合同或报关单中列明的设备单价。

⑤合同中涉及香港、澳门、台湾地区的设备或零部件,由于该部分涉及进口报关程序,与进口设备同样需要缴纳进口关税及增值税,因此,在国产化率核算中该部分设备或零部件按进口处理,列入国产化率核算的分子部分。

3 地铁车辆装备国产化核算结果分析

本文以北京地铁部分线路的国产化计算结果为例来分析我国的国产化进展情况。随着我国地铁线路的增多,新增线路的整车国产化率在不断的提高,牵引系统国产化率增幅不大,且除4号线外,其余线路的国产化率均达到了国家对车辆设备国产化率的要求。从图1中不难发现北京地铁房山线的国产化率较高,其余线路的地铁车辆设备国产化率相对较低,这是因为房山线车辆为具有完全自主知识产权国产地铁电动客车,牵引系统为国内供货厂商提供,目前,除了在建的7号线外,北京地铁线路中只有房山线采用国内供货商提供的牵引系统,另一方面，这也说明我国已经完全具备独立自主生产地铁车辆的能力。比外，地铁车辆在分期建设的项目中，国产化率存在一定的不同，北京奥运会前开通的奥支线车辆后与十号线一期一起招标采购，2012 年底 8 号线开通时，奥支线划分为 8 号线的一部分，重新对 8 号线车辆招标采购，因此，10 号线一期招标采购时的国产化率相对于 10 号线二期较低，这在整车国产化率方面表现比较明显，而牵引系统方面表现不是很明显。牵引国产化率相对整车国产化率较低，这是因为我国在地铁车辆的核心技术 – 牵引系统方面比较薄弱，如果在牵引系统方面提高国产化率，将大大提高车辆整体的国产化率。

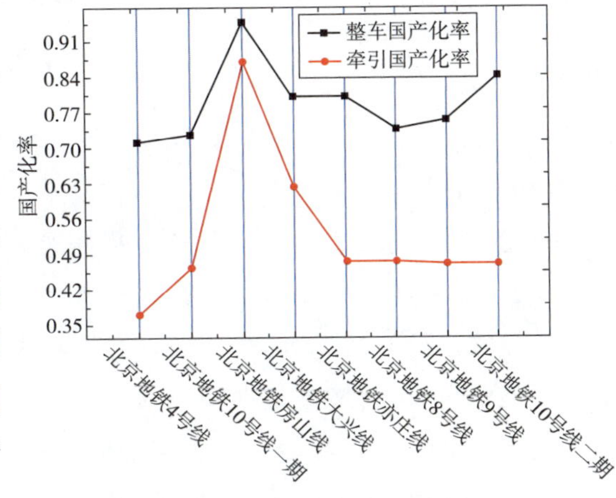

图 1　北京地铁部分线路国产化率

4 结论

随着我国地铁线路的增多，地铁车辆装备制造技术日益成熟，我国地铁车辆装备国产化率呈逐渐提高的趋势。北京地铁房山线的高国产化率显示着我国已经完全具备独立自主生产地铁车辆的能力，并为以后的地铁车辆装备的全部国产化打好了基础。牵引系统是地铁车辆装备中的核心技术，且国产化率相对较低，如果能够大幅提高牵引系统的国产化率，将会使我国地铁车辆装备的国产化率上一个新的台阶。

参考文献

[1] 李照星，孙宁. 城市轨道交通车辆和机电设备国产化发展现状分析[J]. 中国铁路，2008(6).

[2] 孙宁. 我国城市轨道交通装备技术发展战略研究[M]. 北京：中国铁道出版社，2004.

北京轨道交通换乘站人性化设计

北京市轨道交通建设管理有限公司 陈 曦
规划设计总部 李泽慧

摘 要:随着北京轨道交通网络逐步形成,换乘站作为最直接为乘客服务的关键之一,将成为体现北京轨道交通建设水平的重要方面。本文以北京轨道交通换乘车站为研究对象,针对既有换乘车站存在换乘客流大,换乘楼梯、通道等设施能力不足,通道换乘距离过长等问题,在分析换乘站设计受到初期目标、技术、环境、经济及历史认识不足等方面制约因素影响的基础上,总结了在新线建设过程中,通过规划、管理、技术、标准等多个层面对换乘站设计组织体系的优化,包括加强线网规划、合理分流客流,实行首席设计师负责制、过程专家跟踪评审、增加第三方评价等,以及在换乘距离、换乘方式、人性化设计、无障碍换乘等方面进行探索和改进;并对今后换乘站设计中仍需进一步解决的问题提出了建议。

关键词:换乘站;组织体系;持续改进;人性化设计

0 引言

21 世纪初,特别是以 2008 奥运为契机,北京轨道交通逐步进入了大规模建设阶段。随着轨道交通网络逐渐形成,换乘站数量不断增多,加上棋盘状的线网布局,线路直达性较差,大部分乘客必须通过换乘才能到达目的地。因此,在新线建设过程中,市规划部门、建设管理单位及设计单位都高度重视换乘站的设计,通过优化新线换乘站设计组织体系,对新线换乘站“换乘距离”“换乘方式”“人性化设计”“无障碍换乘”等进行了不断探索和改进,以提高轨道交通新线服务水平,体现了轨道交通“以人文本、科技创新”的理念。

1 北京轨道交通换乘站落后的历史成因

北京是我国最早建设地铁的城市,1969 年根据战备的需要修建了中国第一条地下铁道,随后建成了目前的环线 M2 线和 M1 线。这两条地铁线在城市交通中发挥了重要的作用,特别是 M1 线更是促使石景山沿线由一片田地变成了繁华街道。但在很长一段时间里，地铁建设都处于半停顿状态，直至 2008 年，以奥运为契机，才进入高速发展期。

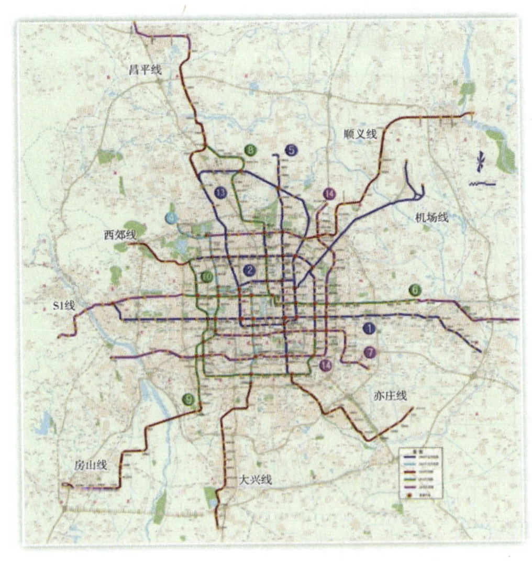

图 1　2015 北京轨道交通线网规划

目前，北京轨道交通共运营 17 条线路，总里程 456km。到 2015 年，总里程将达到 584km（图 1）。随着线网的延伸，换乘站作为直接为乘客服务的窗口之一，将成为体现北京地铁建设水平的重要方面。

通过调查发现，北京既有换乘车站存在换乘客流大、高峰小时换乘客流分布具有方向不均衡性和短时冲击性，换乘楼梯、通道等设施能力不足，通道换乘距离过长等问题。

上述北京轨道交通的发展历程对既有换乘站设计造成了一定的影响，主要表现在以下方面：

（1）标准制约

地铁战备功能到交通功能的转变以及城市经济人口跨越发展的变化，换乘站客流组织与设计预期存在较大差异，对换乘客流规模储备不足，导致车站规模偏小造成客流拥堵，如复兴门站。

（2）技术制约

地铁建设第一阶段采用明挖施工技术，形成分离站厅，限制换乘形式选择及设施功能布局，如鼓楼大街站；第二阶段暗挖施工技术应用初期，预留技术不成熟，车站偏离路口，影响换乘形式选择，如西单站。

（3）环境制约

城市已建成基础设施对换乘站设计产生制约，包括车站周边立交桥、道路、管线等对换乘站设计的影响，加大了换乘车站的施工难度。

（4）经济制约

初期经济条件不足，导致换乘站整合性和功能实现差，换乘距离长，如西直门站。

（5）历史认识不足

受当时历史条件制约，人们对城市大规模发展预期不足，造成部分换乘车站与预留条件相差较大，影响换乘功能的实现，如国贸站。

2 北京轨道交通新线换乘站设计工作明显改进

在新线建设中,政府部门及建设管理单位高度重视新线换乘站的设计,从规划、管理、技术、标准等多个层面优化换乘站设计组织体系(图2),包括加强线网规划、合理分流客流,实行首席设计师负责制,过程专家跟踪评审,增加第三方评价等,组织设计在换乘距离、换乘方式、人性化设计、无障碍换乘等方面,进行探索和改进。

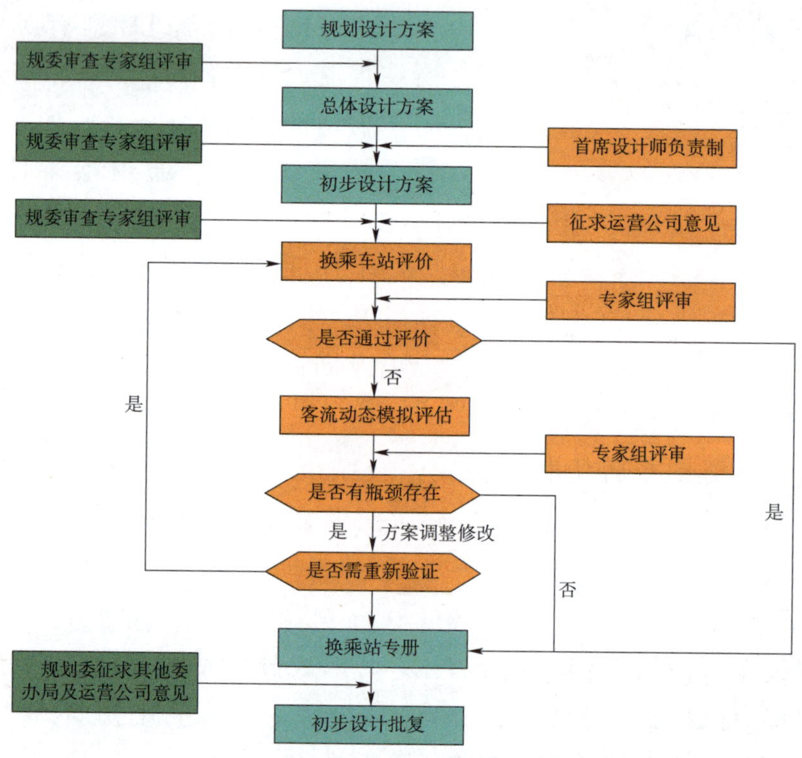

图2 新线换乘站设计组织体系

2.1 规划层面——加强线网规划、合理分流

加强北京轨道交通2015线网和2020线网的规划,对中心城内部的线网进行适当加密,着重加强了三环、四环之间这一高强度开发区域的轨道交通覆盖,并提高新城的服务水平,使得线网总体上更为均衡,客流合理分流,避免某些换乘站客流承受压力太大。东直门、西直门、复兴门和建国门等换乘站随新线建设换乘问题将有所缓解。

2.2 管理层面

(1)实行首席设计师负责制

对北京轨道交通新线重点换乘站实行首席设计师负责制。对首席设计师任职条件、职责和权利、奖惩措施都作了相应的要求和规定。首席设计师对车站建筑功能与服务水平负首要设计责任,有助于换乘站方案的功能整合。

(2)过程专家跟踪评审

针对换乘站设计缺乏专项评审,新线换乘站采用评审和评估结合的方法,确保设计方案合理性。建立相对固定的专家组,在设计过程中,对规划设计方案、总体设计方案、初步设计方案进行全程跟踪审查(图2)。

(3)组织专题会,听取运营公司意见

加强与运营单位的沟通,组织换乘站设计专题研讨会,认真听取运营公司的意见,结合运营公司的运营经验新线与既有线的换乘站进行优化,包括在换乘通道中设置换乘厅,缓冲客流冲击,如车公庄站、军博站等。

2.3 技术层面

(1)修正换乘客流

目前,我国几乎所有城市的轨道交通客运量预测值与实际运行情况均存在很大差异,大部分线路的预测客流比实际客流大,误差在100%以上,有的则超过300%。因此,北京轨道交通在新线换乘站设计中严格把握客流规律,结合北京城市实际情况,对预测客流进行修正,作为换乘站功能评价的基础,修正后的预测客流较原单线客流有了大幅度提高(表1),增加了设计的抗风险能力。

换乘客流修正前后预测值的对比 表1

换乘站	高峰小时上车总量	高峰小时换乘量
十里河	40231	35115
地安门	16333	13140
鼓楼大街	16826	12563
霍营	15558	9444

原设计预测换乘量与修正后预测值对比

车站举例	原高峰小时换乘量
十里河	5131(10和14)
地安门	2956
鼓楼大街	7268
霍营	171

(2)增加第三方评价

除根据传统的设计理念和经验判断换乘是否便捷外,还结合第三方评价体系,采用换乘站的设施饱和度、客流冲击系数、换乘便捷系数等对换乘站进行逐一的量化分析评价,对车站形式、规模及内部设施布局进行更科学合理的优化。

(3)对重点换乘站进行动态仿真模拟

对重点换乘站进行动态客流仿真模拟,再现客流使用效果,如西二旗站通过运用客流仿真模拟,找出客流拥堵点,对方案进行优化,通过调整电梯位置,增设一组楼扶梯,快速疏散换乘客流,如图3所示。

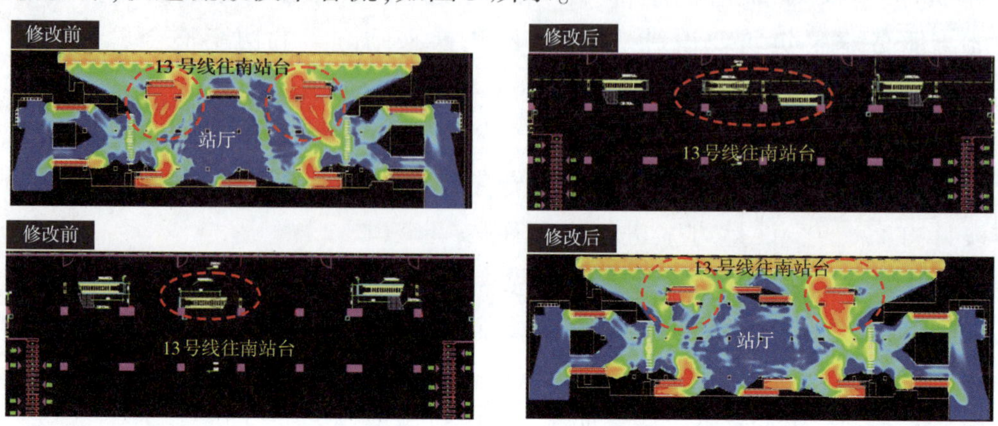

图3 西二旗站根据动态仿真模拟优化情况

2.4 标准层面——提高设计标准

从设施能力、换乘便捷性、设施配置和设计控制4方面提高了原有设计标准(表2),并拟上升到地方标准出台,指导新线换乘站设计,整体上提升服务水平。

新线换乘站设计标准 表2

标准种类	设计部位	原设计标准	新设计标准
设施能力	换乘车站站台宽度	一般不小于12m	一般不小于14m,人流密度<1人/平方米
	换乘通道宽度	单向4m,双向8m	单向6m,双向10m
	换乘楼扶梯尺寸	按高峰小时客流计算,未考虑超高峰系数和短时冲击的影响	最大拥堵人数不大于200人,一批客流疏散时间小于发车间隔
换乘便捷性	换乘型式选择或换乘通道长度	无	同台<30s,其他台到台平均换乘时间<3min,最大不宜大于5min
设施配置	站内自动扶梯	高度大于6m设上行	一般设上下双行
设计控制	是否同期设计	未做硬性规定,根据分期情况考虑	应进行同期设计

3 新线换乘站设计改进效果

3.1 换乘便捷性提高

既有换乘站:无同站台换乘;多采用通道换乘,纯换乘通道长度平均值137m,平均换乘时间3.5min(台到台)。

新线换乘站:有同台换乘,如郭公庄、宋家庄、北京西站、国家图书馆等(图4);

纯换乘通道长度平均值 84m,站厅/通道平均换乘时间 2.6min(台到台)。

新线平均换乘时间较既有线节约近 1min,平均通道长度缩短 52m。新线换乘距离、时间明显缩短,便捷性提高。

图4　国家图书馆站4号线和9号线实现同台换乘

3.2　设施规模、能力明显增强

(1)站台宽度增加——每平方米人数降低

既有换乘站:站台宽度1、2号线12m居多。

新线换乘站:站台宽度14m居多。

(2)换乘通道宽度增加——舒适度提高

既有换乘站:单向为3~4.5m。

新线换乘站:单向4~7m,双向4~11m。

3.3　完善无障碍换乘

既有换乘站:4号与10号线、奥运支线设置,其他线路设置轮椅升降机等设施,曾服务于残奥会,日运送轮椅3000余台次。

新线换乘站:站内站厅付费区至站台段,每个独立的站台原则上至少设置1部垂直电梯。换乘通道应采用垂直电梯、坡道等设施,实现无障碍。

4 下一步仍需改进的问题及建议

4.1　择机对既有老线彻底改造,提高线路运能

新线与既有老线换乘站的设计改进是个长期持续的过程,从最初站台板开洞(如崇文门站)到通道换乘(如霍营站),再到在换乘通道+换乘厅(如军博站、

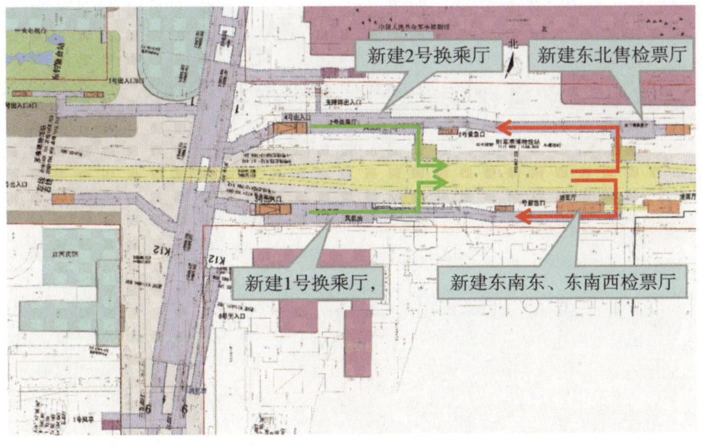

图5　军博站换乘关系图

车公庄站),换乘能力不断提高;但受既有老线运能不足的影响仍有部分换乘站存在问题,如军博站采用4组换乘通道+换乘厅的换乘方式,换乘仍存在既有线运能不足的问题,需等轨道线网成熟,1号线可暂时停运后,对其进行彻底的扩能改造,才能从根本上解决换乘站的问题(图5)。

4.2 对既有老线换乘站遗留问题,择机进行局部改造

随着客流激增,对既有换乘站中换乘效率低等问题较突出的车站,通过增加换乘通道、换乘厅等方法择机进行局部改造,缩短换乘距离,提高便捷性。如东直门站、国贸站等。

4.3 进一步完善换乘站设计标准规范

北京市规划部门组织制定了北京轨道交通设计地方标准,目前正在征求各方意见,未来新建地铁若按标准执行,则同站台换乘的走行时间不应超过1min,同期规划建设新线之间其他换乘方式的走行时间不宜超过3min,其他(新线与既有老线)通道换乘方式走行时间不宜超过5min。

4.4 结合客流特性优化运营组织

根据北京轨道交通客流特点,并结合客流时间分布特征,高峰、平峰差异化组织管理。

5 结语

综上所述,北京市的轨道交通新线换乘站设计虽取得了一定的成绩,但在设计建设过程也存在一定的问题和不足,需要不断地发现问题和优化完善持续改进,从而使轨道交通更加高效、便捷,更好地发挥网络优势。

参考文献

[1] 周楠森. 北京市轨道交通建设总结及规划调整建议. 都市快轨交通,2011(4).
[2] 安栓庄,王波,李晓霞. 轨道交通换乘站客流特性分析及车站设计. 都市快轨交通, 2010(4).

历史责任　发展机遇

——北京市轨道交通设备系统创新发展10年之路

设备管理总部　吴铀铀　李仲华

摘　要：本文阐述了北京市轨道交通设备系统建设者的历史责任，回顾了北京市轨道交通建设自5号线开工以来设备系统推进自主化、科技创新、管理创新的历程，总结了10年来北京市轨道交通设备系统工程建设、推动科技进步的经验和成果，展望了北京市乃至国内轨道交通设备系统的未来发展。

关键词：轨道交通；设备系统；自主化；创新

0 历史责任

20世纪80年代，我国只有北京、天津两座城市有地下铁道。北京仅开通目前一号线的苹果园至复兴门段和环线共约41km，天津1号线约3.6km。进入90年代，上海、广州利用外国贷款开始建设第一条地铁，其他城市也陆续开始启动地铁建设。2000年后，轨道交通在我国越来越多的城市开始建设，并形成了一直延续至今的建设高潮。至今北京开通线路已达456km，上海开通线路已达464km，全国城市轨道交通通车总里程已经达到2114km。

虽然我国从20世纪初开始进入城市轨道交通的大规模建设阶段，但在当时城市轨道交通的设备系统中许多关键设备国内尚不掌握制造技术，同时也缺少工程建设管理经验，如车辆电气（牵引及控制网络）、车辆制动系统、信号系统、无线集群系统、通信传输系统等。

城市轨道交通建设项目投资巨大，一条线路动则花费上百亿的投资，在我们国家大规模轨道交通建设过程之中，如果不能伴随着工程建设过程研制、开发并应用自主化关键设备系统，那么我们不仅要花大量的资金购买国外设备，而且也将使国内轨道交通设备制造业继续落后于国际同行业水平。因此，大规模的轨道交通项目建设为我国轨道交通设备制造业的发展提供了一次难得的历史机遇。由于轨道交通是运输乘客的大型公共交通服务系统，对系统安全性的要求极高，采用国产的“首台套设备”对于轨道交通建设者来说需要承担很大的风险。

但是,如果没有轨道交通建设者作为桥梁联接设备研发制造方和运营方,我国的轨道交通设备制造行业将与机遇擦肩而过,待轨道交通工程的大规模建设周期一过,市场萎缩,再想赶上世界先进水平将难上加难。

北京市轨道交通建设管理有限公司承担着北京市轨道交通的新线建设管理任务,我们清醒地认识到了历史机遇的到来和我们肩上的历史责任。作为建设管理者,处在轨道交通项目工程建设的需求制定、设备选型和推动国产轨道交通设备研发应用的关键环节,如果我们不勇于承担历史责任,主动架设起制造和应用之间的桥梁、推动国产轨道交通设备的研发与应用,那么我们国家的轨道交通设备制造业将会丧失这次非常难得的历史机遇。

北京市轨道交通建设管理有限公司自 5 号线开工建设开始,联合高等院校、科研院所、设备生产制造企业,依靠政府支持,分阶段、分线路有计划地开展了关键技术装备的研发和工程示范应用,实现了具有自主知识产权的全国产 B 型地铁电动客车、基于无线通信的移动闭塞 CBTC 信号系统、轨道减振设备等一批城市轨道交通关键设备和控制系统的自主化和产业化。

1 10年来城市轨道交通设备系统科技创新重点回顾

1.1 车辆系统自主化

车辆是城市轨道交通设备系统中投资最大的设备专业。20 世纪初,我国虽已具备地铁列车的整车制造能力,但是车辆内部的核心设备,如车辆电气系统、车辆制动系统仍然依赖进口。说的更清楚一点儿,就是我们“只能做出壳子,再装入国外的瓤子”。针对这种核心技术和设备被国外厂商垄断的现象,北京市轨道交通建设管理有限公司联合南车株洲时代电气股份有限公司开发国产车辆电气系统、联合中国铁道科学研究院开发国产车辆制动系统、联合北京地铁车辆装备有限公司及中国北车长春轨道客车股份有限公司两家整车厂设计制造整车,并以北京市轨道交通建设管理有限公司承建的房山线为示范工程线,开展了 B 型地铁电动客车自主化工程示范应用。2009 年 12 月 22 日房山线地铁电动客车通过了专家审查组设计审查;2010 年 6 月 30 日,首列房山线地铁电动客车在北京地铁车辆装备有限公司顺利下线;2010 年 12 月 30 日,房山线顺利开通载客试运营。2010 年底开通运营至今,房山线共 21 列电动客车运行情况总体良好,车辆自主化率达到了 97%。2010 年具有安全自主知识产权及国产车辆制动装置,在北京地铁房山线、昌平线工程地铁电动客车进行了推广应用。

房山线车辆系统自主化的成功设计、制造及应用,标识着我国已可以大批量生产并应用自主研发制造的B型地铁电动客车,对于推动国内轨道交通车辆制造行业的发展具有非常重要的意义。B型地铁电动客车研制成果包括:具有自主知识产权的国产车辆牵引系统,填补了国内VVVF列车牵引系统的空白;通过自主研发国产列车网络控制及监控系统软件,全面掌握网络控制系统的开发技术、应用技术和集成技术,降低轨道交通运营维护成本。自主化B型电动客车申请发明专利9项、实用新型专利11项、软件2项。

在推动轨道交通车辆系统自主化方面,北京市轨道交通建设管理有限公司主要做了4件大事:提出了对国产地铁电动客车的需求导向,搭建了房山线自主化车辆示范工程的应用平台,联合各方共同开发产品,组织编制自主化地铁车辆规范及标准。

多年的努力付出得到了丰硕的成果,即将于2014年开通试运营的北京地铁7号线通过招投标方式确定了将再次采购自主化B型电动客车,标志着自主化地铁电动列车真正具备了在主城区大客流线路工程应用的条件。

1.2　基于通信的移动闭塞CBTC信号系统自主化

在城市轨道交通的几个大型控制系统当中,信号系统是直接关系行车安全和运营效率的大型关键控制系统。20世纪初,国内只具备设计制造基于轨道电路的传统固定闭塞信号系统,而国际上城市轨道交通信号系统已经从准移动闭塞向移动闭塞过渡,当时的国内轨道交通信号系统完全依赖国外技术设备。北京市轨道交通建设管理有限公司认真研究了城市轨道交通信号系统的状况,下定决心打破国外垄断,开展跟上世界技术水平的自主城市轨道交通信号系统的研究。首先以需求为导向,引导北京交通大学从事应用技术研究,在此基础之上,推动北京交控科技有限公司进行系统产品技术研发,并以新开工建设的亦庄线作为工程应用示范线开展了工程应用示范,为确保安全,还通过招投标选择了英国劳氏公司作为亦庄线信号系统的独立第三方国际安全认证机构。2009年2月28日,北京市轨道交通建设管理有限公司与北京交通大学签订了北京轨道交通信号系统示范工程核心技术ATP/ATO系统设备的定向采购协议;2009年6月10日,确定了卡斯柯信号有限公司为信号系统集成商、英国劳氏铁路公司为工程的独立第三方,轨道交通亦庄线国产CBTC示范工程信号系统采购合同签约仪式在北京举行;2010年12月30日,亦庄线开通试运营,CBTC信号系统全功能投入使用。

通过近10年的不懈努力,最终完成了自主CBTC信号系统从研发、制造到应用的全过程,使我国成为继德国、法国、加拿大之后第4个掌握这项技术的国家。自主CBTC信号系统研发成果主要包括:突破了CBTC核心技术瓶颈,可以做到

90s 的行车间隔;实现了无线自由波、波导管、漏泄电缆三种互相组合的地车信息传输方式;实现了 CBTC 移动闭塞、点式固定闭塞、联锁控制等三级控制模式,并可以自由切换与升降级;国内第一个获得英国劳氏公司颁发、国际通行的"自主开发 CBTC 系统产品 SIL4 级的独立第三方安全认证证书"。

北京市轨道交通建设管理有限公司同时作为亦庄线自主 CBTC 信号系统示范工程重大专项的承担单位和工程建设管理单位,打通了"首台套"政策与国家招标法结合的通道,实现了第三方独立安全认证推进核心技术工程化的项目管理方式,建立了首席专家与实施专家的全程咨询与决策机制。在北京市科学技术委员会大力支持和领导下,北京市轨道交通建设管理有限公司牵头与北京市基础设施投资公司、北京交通大学、北京市地铁运营有限公司、北京交控科技有限公司等单位联合组成了一个目标一致、职责分明、任务明确的集体团队,共同实现了核心技术落户亦庄线并成功开通的目标。

1.3 轨道减振技术研发与推广

随着轨道交通越来越深入城市核心区、老城区,线路上小半径曲线增多以及国家相关环保标准越来越严格,城市轨道交通运行产生的振动对周边建筑及居民生活都带来了一定影响。如何在发展城市轨道交通的同时做好减振降噪工作,是城市轨道交通建设能否持续发展的一个关键点。

一列 6 节编组 B 型地铁电动客车总重量达 200 多吨,如何用"硬"的轨道结构支撑列车,用"软"的轨道结构吸收列车振动波,是长期困扰城市轨道交通减振降噪研究的一个大问题。

北京市轨道交通建设管理有限公司联合北京市城建设计院、北京市劳动保护研究所在学习国外先进技术的基础上,共同研发出钢弹簧浮置板特殊减振技术,并将研究成果通过北京九州一轨隔振技术有限公司实现了产业化。2008 年,钢弹簧浮置板减振技术首先在北京地铁 4 号线 180m 试验段铺装,目前在全国范围内已大规模推广应用。

轨道减振需要不同等级的系列减振产品,在研发钢弹簧浮置板特殊减振技术的同时,北京市轨道交通建设管理有限公司联合北京交通大学开展高等级减振技术产品研发,研发完成了梯形轨枕减振技术,引导北京易科路通铁道设备有限公司实现了产业化。梯形轨枕产品 2006 年首先在北京地铁 5 号线 171m 试验线铺装,目前在全国范围内已大规模推广应用。

轨道减振技术在获得大规模工程应用的同时,还取得了 7 项实用新型专利和 4 项发明专利。

2 动车调试管理体系创新

城市轨道交通是一个多设备专业联动、复杂的运输系统，要保证轨道交通的安全、高效，必须在建设阶段做到系统设计、产品制造、安装施工、调试全过程高质量完成。如何组织好轨道交通新建线路的多设备专业联合调试，是确保新线按计划节点实现高水平开通的重要先决条件。

动车调试是城市轨道交通工程建设过程中的系统综合调试。主要目的是完成车辆、信号、综合监控、通信、安全门等设备专业的系统综合联调，检验设备系统的功能、完整性和系统联动，解决检验中出现的问题，同时，验证与运行有关的轨道、供电等能否满足车辆运行和设计要求。通过动车调试工作，让设备系统满足新线运营安全、可靠、可用性的要求，为全线列车试运行和试运营奠定基础。

动车调试在建设工期上属于建设阶段，但在执行上需要有运营组织的管理工作。在紧张的工期条件下，动车调试的时间紧，任务重，成为能否开通的关键环节。这要求轨道交通建设管理者必须结合工程组织和运营组织的特点，建立动车调试管理体系，以确保多方协调、紧密配合并高效率完成系统联通，顺利开通投入运营。

2007 年，在北京地铁 5 号线的建设过程中，北京市轨道交通建设管理有限公司提出了动车调试的管理概念，主要内容包括：

“一个中心，四大调度”：建立并运转动车调试组织管理体系。设置行车调度室、供电调度室、计划调度室、安保调度室，组成动车调试指挥中心，综合分配时间和空间资源，为动车调试提供安全、可靠、高效的试验环境。

“处处见管理，事事有办法”：编制各种规章制度，如行车调度管理办法、电力调度管理办法、轨行区施工管理办法、安全保卫管理办法、突发事件应急处置办法、发放施工管理手册。组织各类人员的上岗培训，宣贯岗位责任制和管理程序。

“三权管理”：根据工程进展情况，对具备动车调试条件的区段进行封闭，将封闭区域纳入集中控制、统一管理，实行调度指挥权、施工管理权、安全保卫权的三权管理。

“安全管理，降低风险”：建立动车调试安全保障管理体系，实施了工程建设期间的动车安全保障与防护。

“立足管理基础，创新灵活实施”：首次探索动车调试管理体系的建立，提出了样板段的概念、分区段动车调试的概念、分左、右线动车调试的概念等，并在实施中取得良好的调试效果。

通过动车调试创新管理的实施,在国内首次新线路开通时实现了准移动闭塞列车追踪的列车自动防护功能(北京地铁5号线,2007年)、移动闭塞列车追踪的列车自动防护功能和列车自动驾驶功能(北京地铁10号线,2008年)、国内首条自主知识产权信号系统全功能开通(北京地铁亦庄线,2010年),成功实施了在既有运营线上安装和改造设备、新线与既有运营线路贯通动车调试(8号线二期,2011年)。

3 城市轨道交通设备系统10年创新之路的总结

3.1 理念引导

2001年7月13日,北京以"绿色奥运、科技奥运、人文奥运"三大理念赢得了第29届奥运会举办权,实现了中华民族的奥运梦想。申奥成功之后,北京市轨道交通建设进入快速发展时期,北京地铁5号线、10号线(含奥运支线)、4号线和机场线相继开工,北京市轨道交通建设管理有限公司作为4线的建设管理单位,在工程建设过程中注重三大理念的落实,紧抓土建工程施工进度同时大力推动设备系统联合调试和功能实现,着力提高开通时的运营能力和服务水平。新开通的城市轨道交通线路显著提高了北京基础设施的水平,在2008年奥运会期间圆满完成了大客流运输、开闭幕式和多个重要比赛场次集中客流疏散的任务。

2009年,北京市轨道交通建设指挥部发布了《在建轨道交通线路落实"人文交通、绿色交通、科技交通"三大理念行动方案》。北京市轨道交通建设管理有限公司在总结前期自主创新经验的基础之上,提出了轨道交通建设的"三大理念、八个抓手"的概念。三大理念是建设"绿色轨道交通、科技轨道交通、人文轨道交通","绿色轨道交通"是"节能型、环境友好型" 的轨道交通;"科技轨道交通"是"自主化、标准化和网络化"的轨道交通;"人文轨道交通"是"服务型、安全型、快捷高效型"的轨道交通。

《在建轨道交通线路落实"人文交通、绿色交通、科技交通"三大理念行动方案》主要内容包括:根据行动方案的总体要求,在北京市轨道交通工程建设中不断加强科技创新,尤其是在昌平、房山、大兴、亦庄等多条线路通过自主研发以及"引进、消化、吸收、创新"国外先进技术和设备,研究应用大量新技术、新工艺与新标准。

人性化方面,在各新线推广应用了可变换数字电子乘客导向系统。节能方面,组织了直接蒸发式空调机组在北京地铁9号线的示范应用。减排降噪方面,在新线沿线敏感地区设置隔振浮置板整体道床。运营安全方面,新线区间内增设乘客紧急疏散平台、新线车辆设置了撞击吸能装置及防爬装置等。网络化和运营效率方面,轨道交通指挥中心一期工程于2008年投入使用、二期工程于2013年4月投入使用;实现了第一、第二光纤骨干环网接入小营指挥控制中心并预留一定的容量接入未来规划线路,实现新开通线路OCC与TCC的同步对接;建成了自动售检票系统10线大LC,统一了读卡器;实施了无线频点和集群交换机专项规划;开展了换乘站设备系统资源共享专项设计;在北京地铁6号线开展了基于行车指挥为核心综合自动化系统示范应用,实现了信号ATS系统和综合监控系统的深度集成。自主化方面,除了B型电动客车、CBTC信号系统外,还在多线应用了自主知识产权的综合监控软件平台和自主化安全门示范应用。

经过5年的奋斗,到2013年《在建轨道交通线路落实"人文交通、绿色交通、科技交通"三大理念行动方案》既定的目标已经基本完成,北京市轨道交通建设管理有限公司再次总结了首轮"三大理念"计划实施5年来发展创新的经验,提出了第二版《北京市轨道交通建设新技术新设备研发、应用、示范计划科技行动计划》,计划在智慧轨道交通、绿色节能环保、关键设备自主创新及产业化、建设与运营安全、新型城市轨道交通系统、前瞻性基础研究、标准化体系建设8个方面实施具体30多项新技术新设备研发、示范和应用。其中主要的设备系统行动计划包括:最后一个尚未实现自主化的关键设备系统"轨道交通无线集群系统"自主化研究及示范工程应用;结合燕房线工程建设实施全自动驾驶综合科技示范线,通过多设备专业集成实现智能化全自动无人驾驶运营模式等。

3.2　自主创新经验总结

总结10年来我们走过的轨道交通设备系统的自主创新之路,得出如下几点经验:

(1)自主化是贯穿城市轨道交通建设全过程的工作,应结合城市轨道交通建设规划,长期筹划、分步实施、重点突破。

(2)自主化是一个集"研究、示范、应用、产业化"的多方面工作,在实践过程中应充分发挥"政、产、学、研、用"各方的积极性,应强化需求引导作用。

(3)城市轨道交通建设是大投入、大产业,政府通过建设单位了解研究产业情况、梳理需求、编制行动计划,引导企业投入,推动产业化发展。

(4)城市轨道交通建设单位在自主化方面,应起积极的牵引作用,通过提出需求、提供平台、组织示范推动自主化工作。

(5)城市轨道交通技术装备的自主化应是大系统、关键技术、核心部件的自主化。

(6)自主化应以保证线路运营安全、提高运营效率、节约能源和提升服务水平为目标。

(7)自主化不应追求百分之百,要有所为、有所不为,与世界各国共同进步。

(8)建设单位处在轨道交通发展中处于的关键环节,应当勇于承担历史责任。

3.3 取得的科研成果

10 年来,随着北京市轨道交通新线的建设发展,一系列轨道交通设备系统科研项目进行了立项申请、项目研究和成果应用推广,其中一些优秀项目获得了国家级和北京市的科技进步奖,主要包括:

(1)基于通信的城轨列车运行控制系统关键技术及其应用,获北京市科学技术奖一等奖、国家科技技术进步奖二等奖。

(2)车辆轮轨诱发的环境振动与噪声控制关键技术及产业化,获国家科技技术进步奖二等奖。

(3)轨道交通阻尼弹簧浮置板道床隔振系统成套技术研究及产业化,获北京市科学技术奖一等奖。

(4)城轨车辆盘形电-控制动系统,获北京市科学技术奖三等奖。

(5)DKZ6 新型地铁客车的研制,获北京市科学技术奖三等奖。

4 展望北京城市轨道交通设备系统发展的未来

经过了 10 年创新之路,作为建设者我们可以骄傲地说,北京城市轨道交通已经到达了世界水平,其标志就是:城市轨道交通各核心设备、大系统中除无线集群、全自动驾驶无人驾驶外,都在北京的轨道交通新建线路中得到了工程应用。北京市轨道交通建设管理有限公司已经联合中国电子科技集团公司第五十四研究所,将以 7 号线、燕房线作为示范线实施自主无线集群系统的工程示范应用;已经选定燕房线作为全自动驾驶综合科技示范线,正积极组织设计单位、咨询单位等各方开展全自动无人驾驶相关的功能需求和系统设计工作。

展望下一步北京城市轨道交通设备系统发展的未来,北京市轨道交通建设管理有限公司计划在《北京市轨道交通建设新技术新设备研发、应用、示范计划科技行动计划(2013 ~ 2017)》的基础之上,在未来城市轨道交通大规模建设的过程之中跨越两个台阶。第一个台阶,推动自主化城市轨道交通设备系统设计、制造水平进一步提高,进入世界上少数几个轨道交通设备制造先进水平的国家行列;其标志是:大系统、关键设备在实现自主化的基础上实现先进性、可靠性达到世界一流水平。第二个台阶,加大前瞻性基础研究和需求分析研究,整合国内自主研发科研院所和制造企业的优势力量,破解面向复杂网络条件下如何实现设备资源共享、网络互联互通等更深层次的城市轨道交通建设难题;结合大规模城市轨道交通建设的有利时机,通过开展精品工程信息化管理、控制系统安全防护、减振降噪(结构、轨道、车辆)、节能降耗、全自动驾驶、列车状态检测、无线集群、长期跟踪运营数据分析、车辆技术进步长期跟踪(国产化、轻量化、动态检测、集中动力)、综合自动化控制系统继续发展、自主化售检票系统钱币识别模块等方面的研究、示范和应用,在设备制造、系统集成等方面超越发达国家同行业水平,与土建工程施工技术并肩实现我国轨道交通建设水平的全面国际领先。力争经过我们这一代城市轨道交通建设者的奋斗,实现两个台阶的跨越,使我们国家轨道交通建设真正走在世界最前列。

参考文献

[1] 董叶青,吴献龙. 中国城市轨道交通发展现状. 世界轨道交通,2013(7).

浅析新技术与新材料在北京地铁9号线电动客车上的应用

设备管理总部 王力杰 李国香 饶 东

摘 要:本文介绍北京地铁9号线电动客车在节能降耗方面所做的应用及尝试,并从车辆轻量化结构设计、新材料的应用、提高电制动利用等方面进行了阐述。

关键词:电动客车;轻量化设计;新材料;节能

0 前言

绿色城市轨道交通是指在城市轨道交通的全寿命周期内,最大限度地节约资源,在实现高效、安全运载乘客的同时,减少对环境的污染,为乘客提供舒适、健康、便捷的交通运输方式。

北京地铁9号线电动客车,通过实现轻量化不锈钢车体结构,车辆制动时充分利用电制动,应用新技术新材料,降低车辆的传热系数,进而降低空调的能耗等措施,践行绿色节能。

1 车辆轻量化设计

车辆轻量化设计既包含车体结构轻量化也包含车上电气设备轻量化,并对相关材料进行了选型。

1.1 地铁车辆用不锈钢材料

不锈钢车于1934年最早出现在美国,但使其高速发展的却是日本。由于轻量化不锈钢车体具有寿命长、重量轻、无涂装、免维修等特点,在国外得到很大的发展。

地铁车辆用不锈钢材料与以往的碳钢和耐候钢材料有着本质的不同,同时与普通的不锈钢材料也有很大的区别,这是一种专门针对地铁车辆而开发的不锈钢材料,为了全面地利用这种不锈钢材料,我们对其特点与特性进行了深入的研究。

不锈钢按其Cr和Ni含量分为以下两大系：

①高铬系不锈钢。包括有马氏体不锈钢和铁素体不锈钢两种。

②高铬、镍系不锈钢。此种材料含有Cr、Ni元素，耐腐性延展性及加工性都很优越，主要是指奥氏体不锈钢，奥氏体不锈钢是指Fe中含有18%的Cr和8%的Ni的合金。其和马氏体不锈钢和铁素体不锈钢相比，且有或获得很高的强度的材料，适合于塑性加工等优点，是非常适合地铁车辆使用的材料。具有耐腐蚀性强，在常温下通过加工硬化。

地铁车辆所使用的不锈钢材料作为结构用材料，必须具有耐久性强、稳定高等特点。同时还要具有以下特点：

①价格便宜。

②耐腐蚀性强。

③具有高强度。

④具有良好的剪切、弯曲、拉延与焊接等加工性。

考虑到以上因素，地铁车辆应该使用奥氏体系不锈钢材料，奥氏体系不锈钢具有耐腐蚀性强；在常温下通过冷加工，利用加工硬化的特性获得高强度材料；适合于进行塑性加工的特点。

地铁车辆用奥氏体系不锈钢，比较有代表性的是SUS301和SUS304两种，在日本工业标准JIS中，规定SUS301的含碳量要低于0.15%，东急车辆厂要求供应商提供的材料含碳量低于0.08%，等同于SUS304材料。日本于1983年开发出含量在0.03%以下的不锈钢材料，代号为SUS301L，于1984年开始应用于车辆钢结构上。此后SUS301L成为地铁车辆中普遍普遍的不锈钢材料。SUS301L这种材料的特点是，通过冷加工，利用不同的压延率，可以获得不同强度等级的材料。北京地铁9号线车体就是采用的这种不锈钢材料，这种材料有5种调质状态：LT、DLT、ST、MT、HT。

1.2 轻量化不锈钢车体钢结构

地铁车辆车体钢结构是由位于车体上部的车顶、位于车体两侧的侧墙、位于车体下方的底架及位于车体两端的端墙（头车的一端为司机室端墙）构成的立面体。其上要搭载乘客和各种设备，还要承受和传递静止和运行过程中产生的各种荷载，因此，它必须具有足够的刚度和强度，以保证车辆安全正常地运行。

（1）车体钢结构设计

不锈钢车体钢结构和耐候钢车体钢结构一样，是由车顶、侧墙、底架及两端的端墙组成的一个六面体,但不锈钢车体钢结构有着其独特的特点,即全车各大部件及各大部件间的连接采用的是点焊连接。这就要求在进行结构设计时,所设计的结构要满足点焊要求。同时,地铁车辆为满足快速频繁上下旅客的需要车门比较多(每列车4个车门),这就影响到了车体的强度和刚度。为了解决这一矛盾,车体采用板梁结构,整体承载以达到满足足够的强度与刚度问题。

(2)车体钢结构总图

车体钢结构总图表达的是车顶、侧墙、底架及端墙等几大部件间的相对位置及连接关系,给出整车车长、宽高等主要尺寸及设计基准。

车体钢结构图纸包括Tc车、T车、M车等几种车型,具体结构形式如图1、图2所示。

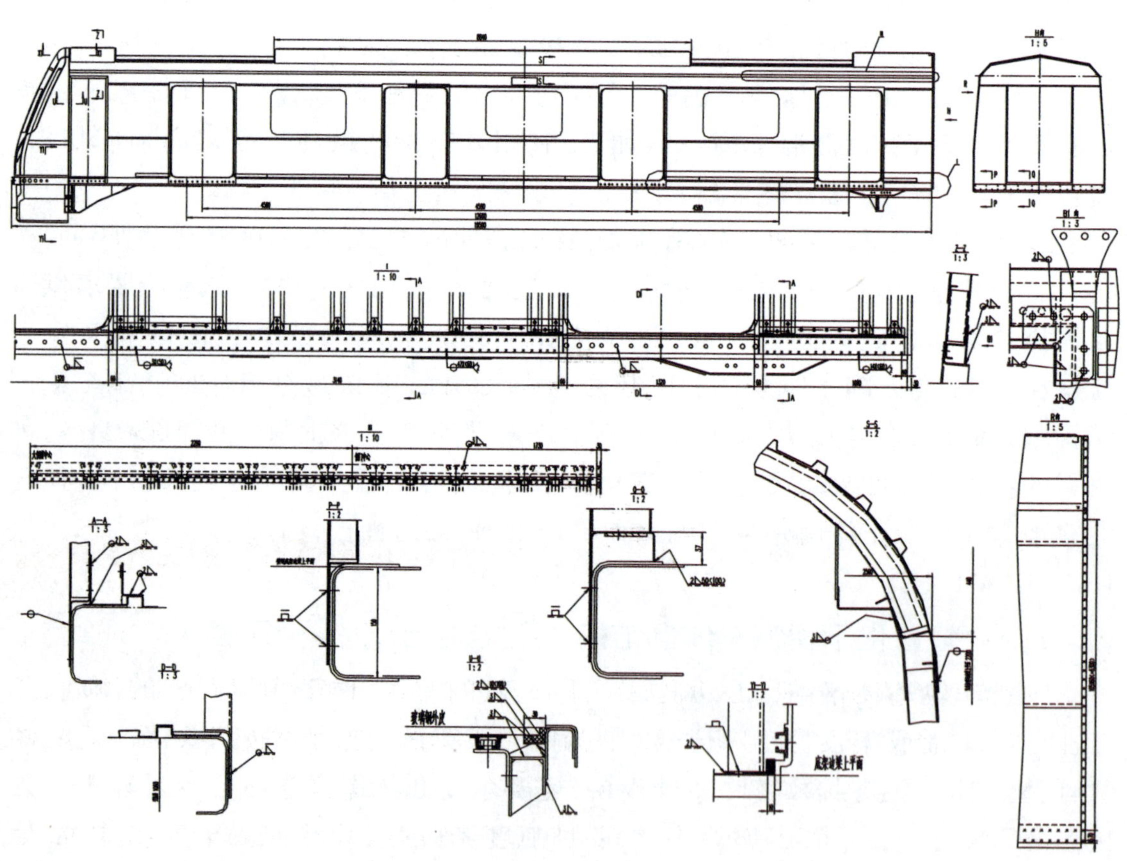

图1 Tc车

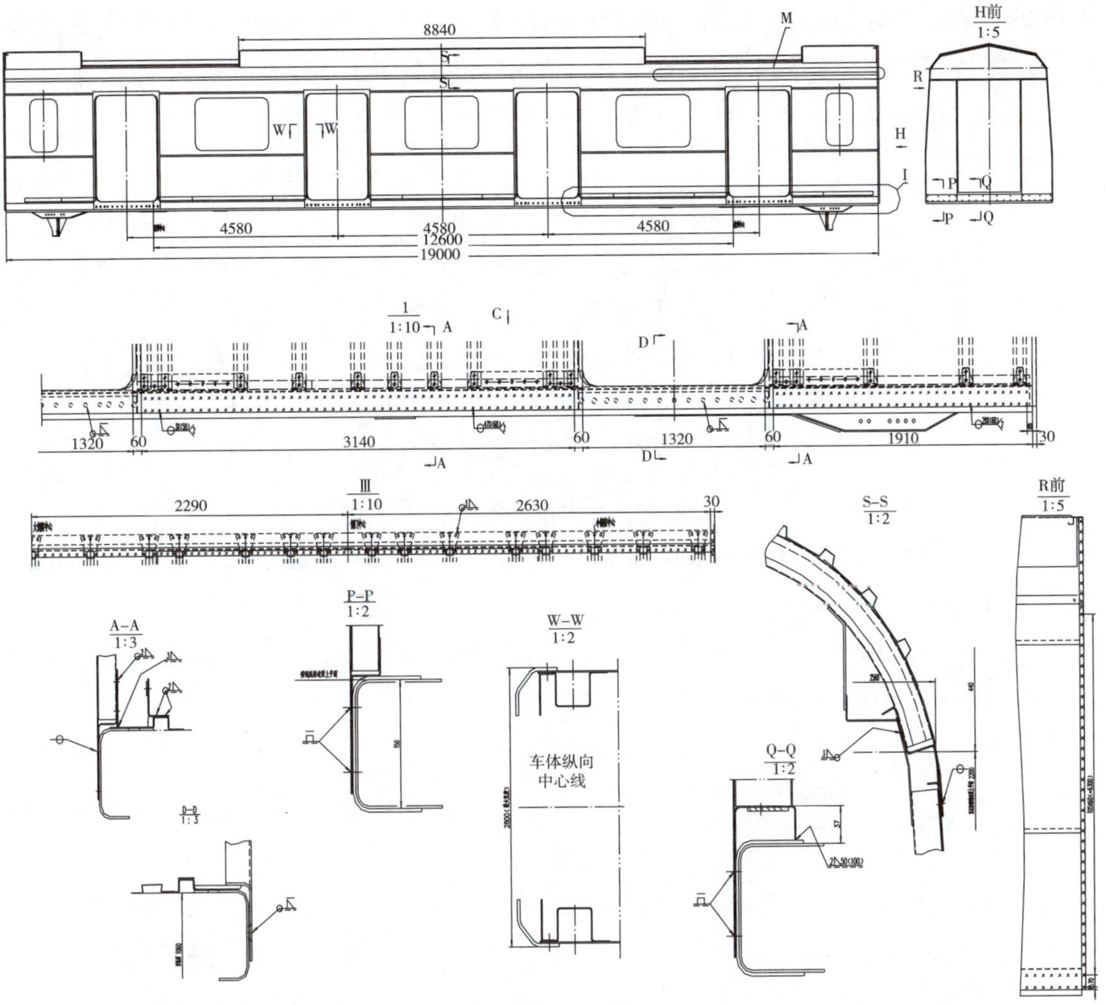

图2　T车与M车

(3)结构特点

①车顶与侧墙的连接。车顶与侧墙采取点焊连接,如图3所示。在距侧顶板边15mm处,沿车体纵向焊一排点焊,将侧顶板、车顶上边梁、侧墙上墙板、侧立柱等点固在一起,达到车顶与侧墙连接的目的,同时在侧立柱处用连接板将侧立柱与车顶上边梁连接(此处采用了塞焊连接)。

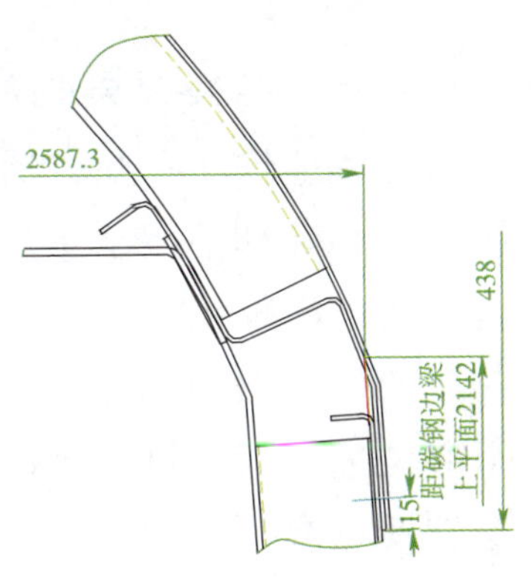

图3　车顶与侧墙点焊连接

②侧墙与底架的连接。侧墙与底架通过遇回点焊连接,沿车体纵向点两排焊点,将侧墙外板、侧墙下边梁点固在底架不锈钢边梁上。但在门口下方,由于有

4mm 的门扣铁、焊接能力不足，所以在此外采用塞焊，将门扣铁及与外板和侧墙下边梁等厚的垫板塞焊到不锈钢底架边梁上，如图 4 所示。

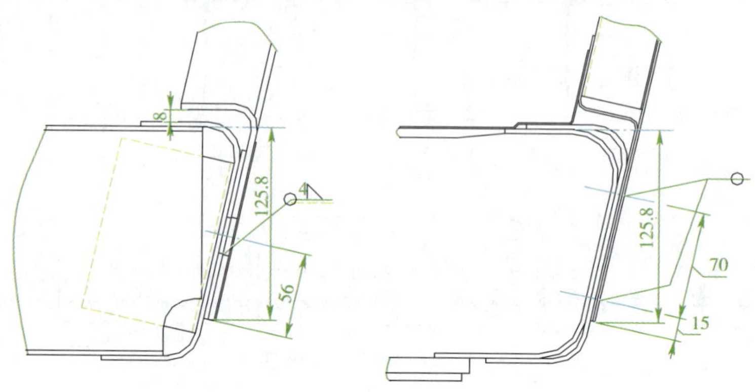

图 4 侧墙与底架的连接

③端墙与车顶的连接。端墙与车顶间通过端墙顶端弯梁与机组座边梁间搭接点焊相连接。如图 5 所示。

④端墙与侧墙的连接。通过点焊，将角柱和侧墙外板连接起来，以达到侧墙与端墙的连接，如图 6 所示。

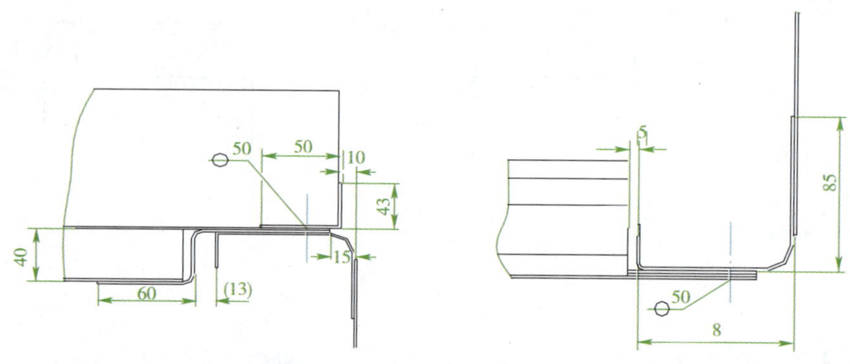

图 5 端墙与车顶的连接

图 6 端墙与侧墙的连接

1.3 内装等其他系统轻量化设计

北京地铁 9 号线电动客车不仅在不锈钢车体结构上进行了轻量化设计，而且还在内装等其他系统进行了轻量化设计。与其他传统列车相比其最大特点是：改变了以往采用内藏门的车辆必须通过内门盒过渡才能进行内墙板和门立罩板安装的传统结构，取消了内门盒，并对铝蜂窝地板、铝蜂窝间壁、空调风道等 20 多个部位进行了轻量化改进设计，每辆车比采用传统结构减重 1000kg 以上。其主要创新点有：

①首次在采用内藏门的车辆上实现了无内门盒结构设计；扣除取消内门盒

带来墙板安装所需增加的零件重量外，每车平均纯降低车重360kg以上。

②首次采用了轻量化铝蜂窝地板结构，每车平均减少铝板用量（降低车重）140kg以上。

③首次采用了轻量化空调风道结构，每车平均减少铝板用量（降低车重）140kg以上。

④首次采用了轻量化铝蜂窝顶板、间壁、玻璃钢车头等结构。

综上所述，北京地铁9号线电动客车减重效果见表1。

降低车重效果表（与北京地铁10号线一期对比）　　表1

序　号	项　目	减重（kg）/车		
		MP	T	T_C
1	不锈钢车体	160	160	160
2	铝地板	102	152	152
3	内门盒、立罩板	270	460	460
4	风道	72	72	72
5	其他	72.6	72.6	72.6
合　计		676.6	676.6	676.6

由表1所示，北京地铁9号线通过对不锈钢车体结构进行轻量化设计以及对内装等系统进行的轻量化设计，并选择最优的轻量化设计方案，经过实车称重试验验证，北京地铁9号线（6辆编组）车辆在原来的北京地铁10号线一期车辆的基础上再次减重4吨/列车，轻量化效果明显，按照北京地铁9号线24列计算，每年可降低牵引电耗202.5万度电（折合141.75万元），节约了车辆运行过程中的电能消耗。

2 降低车辆的传热系数 *K* 值

K 值为车辆的传热系数，*K* 值大小代表车辆传热的快慢。*K* 值越大，车辆传热越快，空调和电热会频繁启动，能量损耗就越大，反之能量消耗就越小。因此北京地铁9号线为了响应节能减排的号召，在车辆的研发阶段，就调研各种新隔热材料，并进行了各种试验，比较材料的传热性能，在北京地铁9号线采用高科技含量的隔热材料——纳能材料。2011年9月22日，在青岛四方机车车辆研究所铁道部产品质量监督检验中心车辆检验站对北京地铁9号线其中一辆Tc车进行了传热系数 *K* 值试验，试验结果 *K* 值为2.16，大大低于传统的地铁车辆的 *K* 值2.4～2.5，达到了降低传热系数，降低传热能耗的目的。

3 降低电制动和空气制动转换点

北京地铁9号线电动客车制动(除紧急制动外)采用电力再生与空气制动实时协调配合、拖车空气制动延时投入的混合制动方式。牵引系统主要从车辆充分利用电制动,减少空气制动的使用投入时间上进行了研究和分析。

以前在其他项目上,VVVF逆变器检测到速度为6km/h时,过0.4s后电制动下降,北京地铁9号线改为检测到速度为3km/h时,过0.4s电制动下降,即当速度在3km/h以下时电制动开始下降。见表2。

北京市轨道交通亦庄线与北京地铁9号线降低电制动对比 表2

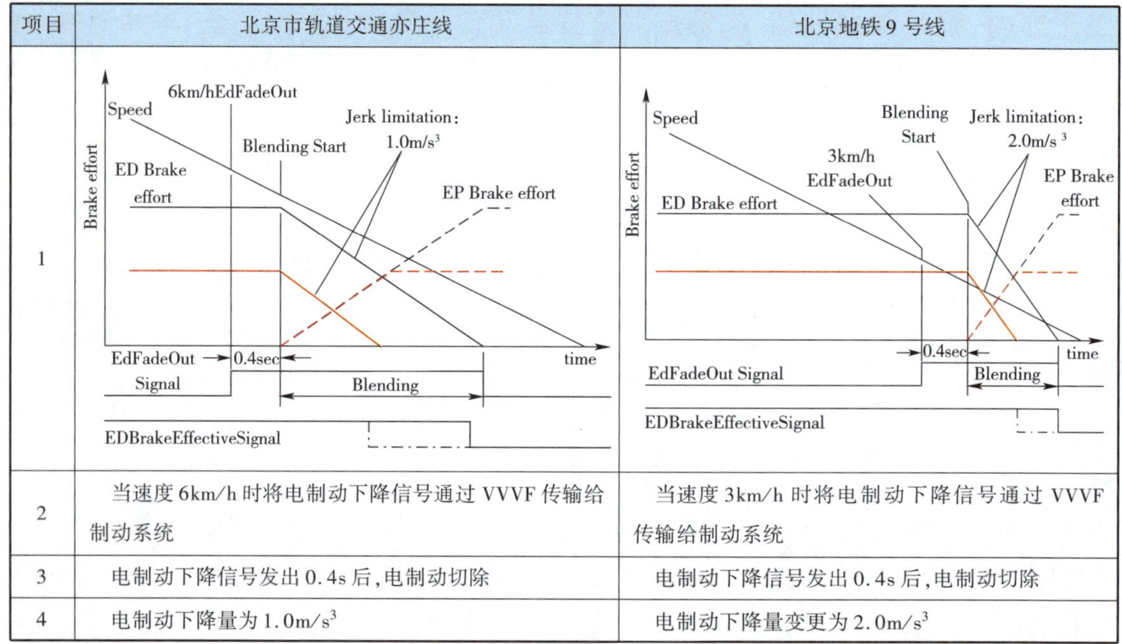

项目	北京市轨道交通亦庄线	北京地铁9号线
1		
2	当速度6km/h时将电制动下降信号通过VVVF传输给制动系统	当速度3km/h时将电制动下降信号通过VVVF传输给制动系统
3	电制动下降信号发出0.4s后,电制动切除	电制动下降信号发出0.4s后,电制动切除
4	电制动下降量为1.0m/s^3	电制动下降量变更为2.0m/s^3

2011年4月在长春轨道客车股份有限公司厂内进行北京地铁9号线车辆型式试验时,牵引系统对车辆的电制动使用情况进行了确认,通过对试验数据及试验波形的分析对比,证实了在低速停车时的电制动的效果比北京市轨道交通亦庄线要好许多,电制动与空气制动在3km/h以下速度时平稳地进行转换。

北京市轨道交通亦庄线电制动开始失效的速度设置在6km/h以下。即电制动与空气制动的转换在速度6km/h以下时开始,当速度下降到4km/h以下时,则全部变为空气制动。

北京地铁9号线电制动开始失效的速度设置在3km/h以下。即电制动与空气制动的转换在速度3km/h以下时开始,当速度下降到2km/h以下时,则全部变为空气制动。

北京地铁 9 号线低速停车时的电制动使用效果波形如图 7 所示。

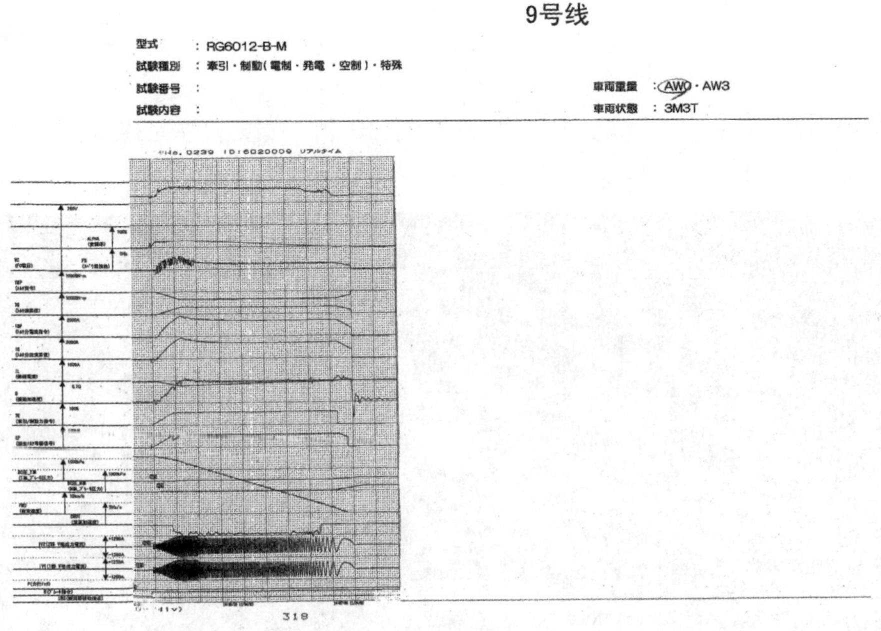

图 7　北京地铁 9 号线低速停车电制动使用效果波形

北京市轨道交通亦庄线低速停车时的电制动使用效果波形如图 8 所示。

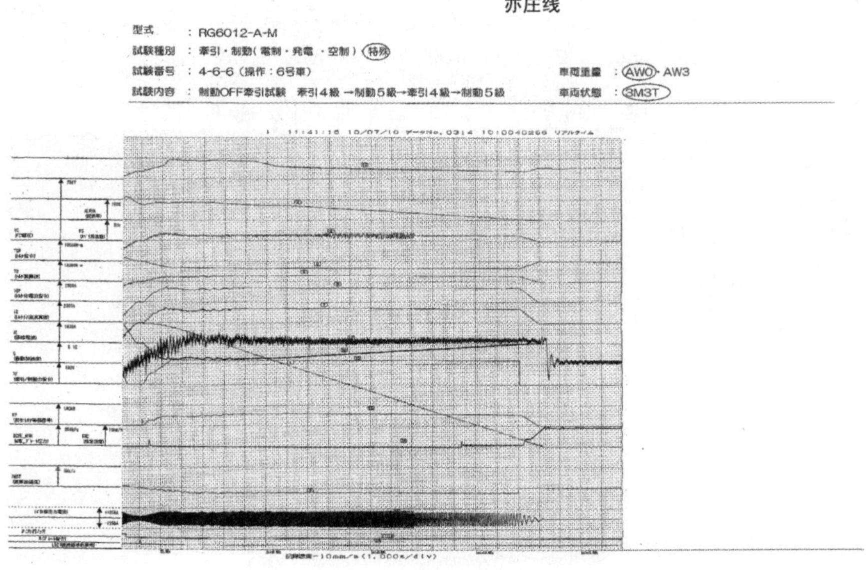

图 8　北京市轨道交通亦庄线低速停车电制动使用效果波形

4 结语

不锈钢车体及电气设备的轻量化设计、车辆电制动充分投入研究成果已经成功应用到了北京地铁9号线的车辆上，通过试验证明轻量化设计效果十分明显，每列车较以前的不锈钢车辆重量减少了4吨。

电制动充分投入，电空转换点尽可能低，电制动能力的提供也成功应用到北京地铁10号线二期项目上，试验曲线，如图9所示。

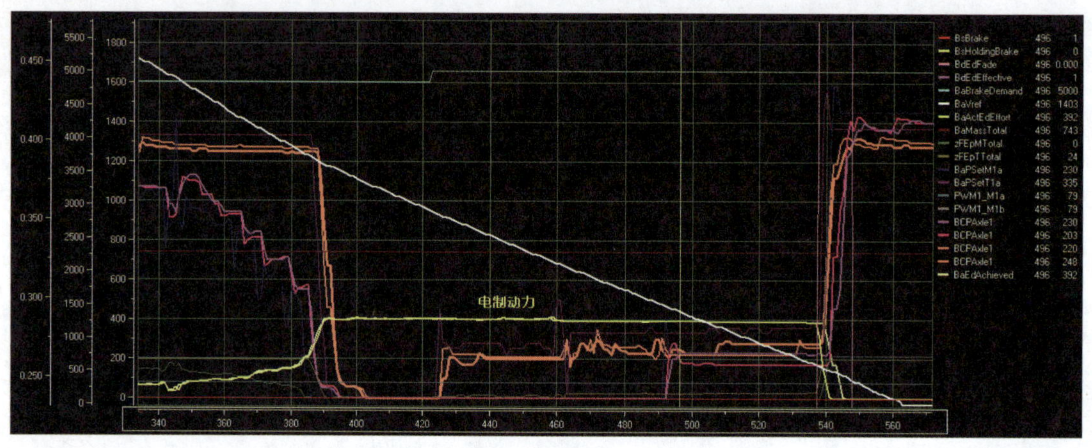

图9　试验曲线

试验时间：2012.9.24

试验人员：KNORR　CRC　TOYO

试验结论：电制动发挥平稳，速度稳定，电空配合也尽可能低的在5km/h转换，在原来北京地铁10号线一期项目基础上，改变了单次制动过程中电网不吸收情况下不再恢复电制动的缺陷，最大限度发挥车辆的电制动能力。

行车综合自动化系统的网络设计

设备管理总部　王 颖　杜 凡

摘　要：北京地铁6号线采用传统信号系统和综合监控系统深度集成的方案进行建设，并采用工业以太网交换机独立组网，由于信号系统和综合监控系统业务不同，组网方案非常复杂。本文详细分析了信号系统和综合监控系统应用和数据流，在此基础上确定了综合自动化系统的组网方案，该方案已在现场稳定运行。

关键词：北京地铁6号线；行车综合自动化系统；网络设计

北京地铁6号线是一条贯穿中心城东西方向的轨道交通线，西起五路居站，东至通州新城，全线长43.130km。全线共设车站27座，车辆段2座，停车场1座。一期工程由海淀区五路居站至朝阳区草房站，线路长30.690km，已于2012年底通车试运营，二期工程位于通州新城内，由物资学院站至通州东小营站，线路长约12.440km，计划2014年底通车运营。一、二期全部为地下站。北京地铁6号线第一次在国内采用行车综合自动化系统TIAS(Traffic Control Integrated Automation System)。该系统是将传统信号系统和传统综合监控系统进行高度集成的项目，采用统一技术平台、信息全面整合的技术方案。该方案将列车监控系统、电力监控系统、机电设备监控系统等系统统一纳入一个综合数据信息平台之内，从而使各系统的信息形成一个紧密结合的整体。TIAS系统在中心或者车站通过与列车监控系统、电力监控系统、机电设备监控系统、连锁、列车自动防护/列车自动驾驶、广播、乘客信息、闭路电视、自动售检票、门禁、安全门等系统集成或者互联，为运营提供以行车指挥为核心的综合运营指挥平台，统一实现对全线设备的监控。由于系统集成度高，业务比传统的信号系统或综合监控系统更加复杂，所以网络设计尤为重要，本文就6号线TIAS系统的组网方案做详细的介绍。

1 TIAS网络结构

TIAS网络从物理和逻辑上划分由三层，即主干层、局域层和现场层。

①主干层。用于控制中心(含备用控制中心)与各车站、车辆段、停车场局域网的互联，该主干层负责承载TIAS系统中央级系统与车站级系统之间的信息互

传。本方案的主干网采用双环型拓扑结构,不同站点之间根据相互位置,采用临跳接及隔站跳接的方式进行连接。每个环的可用带宽为千兆。

②局域层。即控制中心、各车站、停车场、车辆段的局域网。

③现场层。用于接入 TIAS 集成的各子系统级的现场设备。

由于局域层和现场层和以往线路的综合监控系统组网方式一致,不再详细描述。本文主要介绍 TIAS 网络的千兆工业级主干网组网方案。

2 TIAS主干网的可靠性设计

北京地铁 6 号线 TIAS 系统采用工业以太网独立组网,区别于以往线路综合监控或列车监控系统利用通信系统网络设备组网的方案。该方案具有很强的可靠性和单点自愈能力。主干网网络结构为双环形网络,两个环形网络同时运行,提供数据传输业务,同时分别提供断点保护功能。在单个环形网络上,网络自愈原理如下:

在图 1 所示的一个环形结构中,设定 Switch A 作为这个环的冗余管理器,则 Switch A 设定连接环的两个端口其中一个将作为逻辑断点,即图中虚线线路连接的端口为逻辑断点,则虚线线路对于数据传输来说是断开的,通常情况下不能够用于传输数据,所有用户数据的传输都在实线线路上进行。

作为冗余管理器的 Switch A 每 20ms 从连接环的两个端口发送控制检测帧(Watch Dog),用来检测整个环形线路的通断情况,虚线线路能够进行控制检测帧的传递。作为冗余管理器的 Switch A 通过发送和接收控制检测帧来判断传输线路的传输是否正常。

当环中某一处线路发生中断时,作为冗余管理器的 Switch A 将收不到控制检测帧,这时,Switch A 将接通原来作为逻辑断点的端口,通信恢复正常,恢复时间在全千兆传输速率、整个环上有 100 台交换机的情况下不超过 50ms(网络自愈恢复包括链路恢复及地址表更新)。发生线路中断情况下数据传输如图 2 所示。

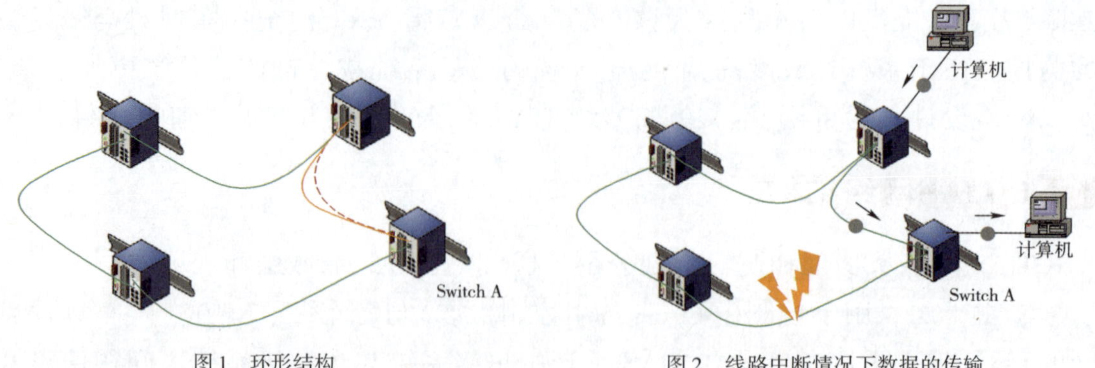

图 1 环形结构　　图 2 线路中断情况下数据的传输

总体来说，环网自愈恢复功能提供了一种网络单点故障情况下数据传输的保护功能，能够在环网出现单点故障(链路故障、网络设备故障)的情况下，在极短的时间内恢复数据传输的能力。双环网的设计则在网络出现多点故障的情况下，也能够提供可靠的传输通道，进一步增强了网络的可靠性。

6 号线实际的网络结构如图 3 所示。

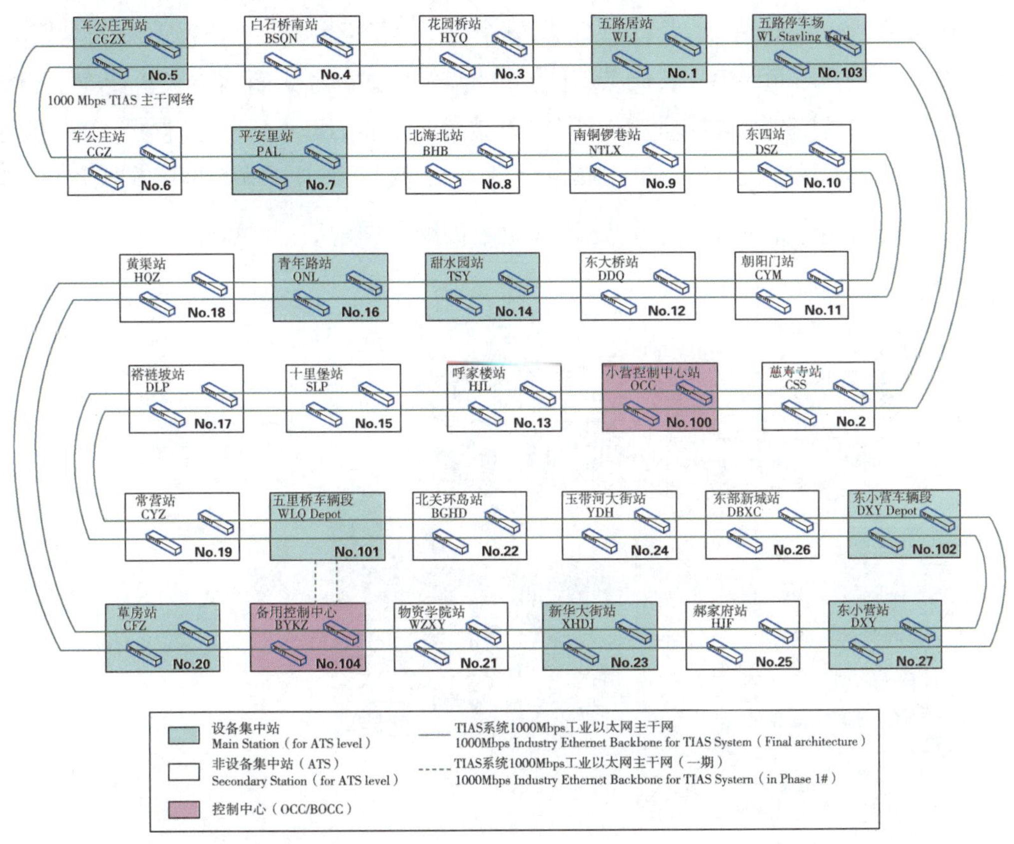

图 3　TIAS 主干网环形拓扑结构

控制中心与正线接入的车站分别为慈寿寺站、呼家楼站。其他站点根据站点之间的相互位置，采用临站跳接或隔站跳接的方式进行连接。

3 北京 6 号线的网络规划

在前期设计时发现，实际上原 ATS(列车自动监控子系统)系统和原综合监控的网络架构及数据流是不一样的，既有线路的 ATS 系统按照信号系统设备集中区划分不同的局域网，既几个站的设备在一个局域网内，集中区单独划分一个 VLAN，设备集中区内的信号设备之间有数据传输，一个集中区内由一个接口设备向中心服务器传输数据。既有的综合监控系统以车站为单位组成局域网，每个车站划分一个 VLAN,车站内设备之间数据传输,车站服务器和中心服务器通信,为了满足站间变电所互相浏览的功能,需要按照实际浏览要求打通临站之间的网关。

按照业务的不同,由于综合监控系统的报警、事件、界面显示、用户登录和 ATS 传输方式不同,综合监控的这些数据在一个域内(域是综合监控系统从物理上的一个划分,一个车站或一个中心即一个综合监控系统的子集为一个域)是以组播的方式传输的,而 ATS 采用点对点的传输方式,为了保证行车安全,ATS 的业务安全要求高于综合监控业务,所以从通信安全角度考虑,总体上 ATS 和综合监控划分两个不同的 VLAN,ATS 和综合监控的数据交互采用路由方式。

3.1 TIAS 网络层应用数据流向及实现方案

(1) ATS 数据流(图 4)

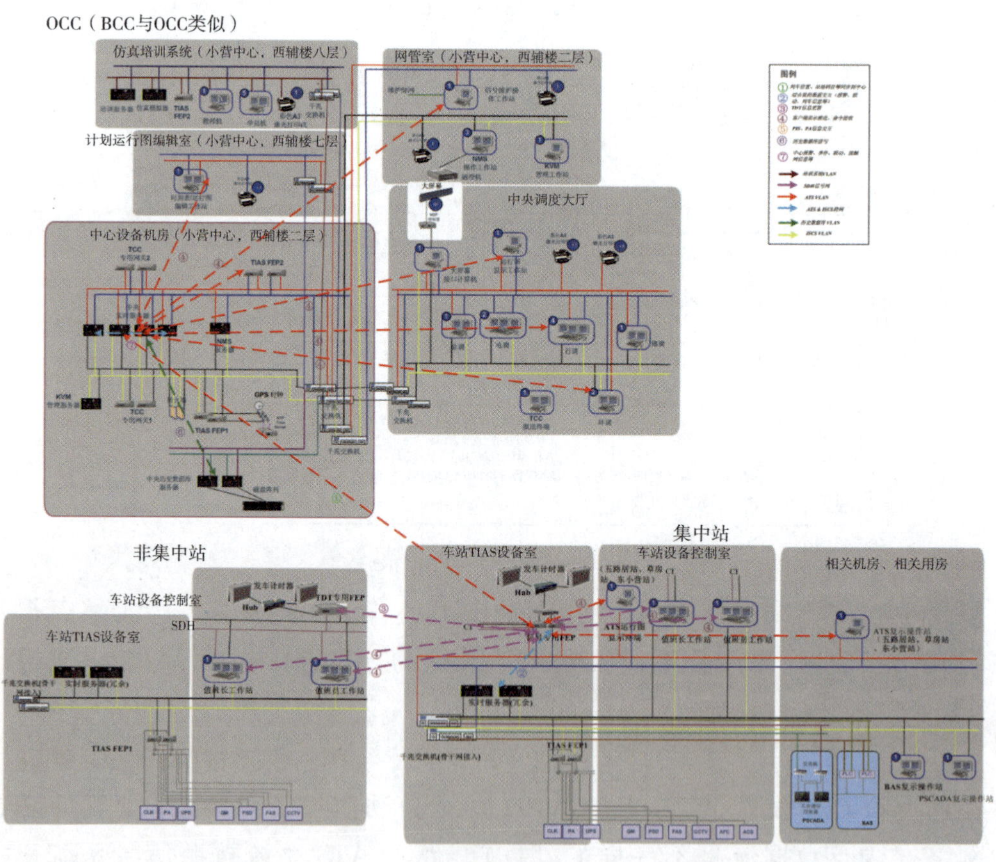

图 4 ATS 总体数据流

由于 ATS 系统对于列车监控的实时性要求,保留目前原有信号数据的传输方式。

①数据流1：集中站信号专用FEP(通信前置机)通过ATS VLAN网络和中央实时服务器ATS模块进行通信,同步车站数据、命令、报警等给中心,中心也将计划、命令等同步给车站。

实现方案:本站交换机和中心交换机在TIAS－ATS VLAN内做静态路由,采用三层通信实现。

②数据流2:集中站信号专用FEP通过路由连通ISCS VLAN发布报警、列车信息到集中站综合监控实时服务器。

实现方式:本站交换机TIAS－ATS VLAN至TIAS－ISCS VLAN双向静态路由,采用三层通信实现。

③数据流3:集中站信号专用FEP,将发车计时器信息通过信号网同步给非集中站的发车计时器专用FEP。

实现方式:集中站发车计时器信息由信号专用FEP转发至本站交换机TIAS－ATS VLAN,再由TIAS－ATS VLAN二层通信实现。

④数据流4:集中站信号专用FEP和车站工作站间通过信号网同步站场表示、命令等数据。中央实时服务器和中心工作站通过ATS VLAN同步站场表示、命令等数据。

实现方式:信号专用FEP转发,TIAS－ATS VLAN内二层通信实现。

⑤数据流5:中心实时服务器和中心工作站通过TIAS－ATS同步站场表示、命令等数据。

实现方式:中心交换机TIAS－ATS二层通信实现。

⑥数据流6:中央实时服务器将发给乘客信息系统、广播、专用无线系统、城市路网中心的数据,先转发给中心TIAS FEP2,中心FEP再发给外部设备。

实现方式:中心交换机TIAS－ATS二层通信实现。

⑦数据流7:中心实时服务器将历史数据同步到历史数据库。

实现方式:中心交换机三层路由实现。

(2)综合监控数据流

根据数据存放的数据库的不同,综合监控系统的数据流可以分为两类:实时数据流和历史数据流。综合监控系统的数据库由:实时数据库和历史数据库两部分组成。实时数据库是针对轨道交通领域自主开发的专用内存数据库,管理在线运行的数据;历史数据库主要用于存储系统模型、采样数据、告警等需要长期保存,但读写频率比较低的数据。

①采集及发布数据流

如图5所示,车站或中心FEP采集各子系统数据,然后转发至车站或中心的实时服务器,车站或中心的操作员通过车站或中心的实时服务器获取需要显示的数据。最后控制中心的实时服务器还需将关键数据同步到备用中心的实时服务器。

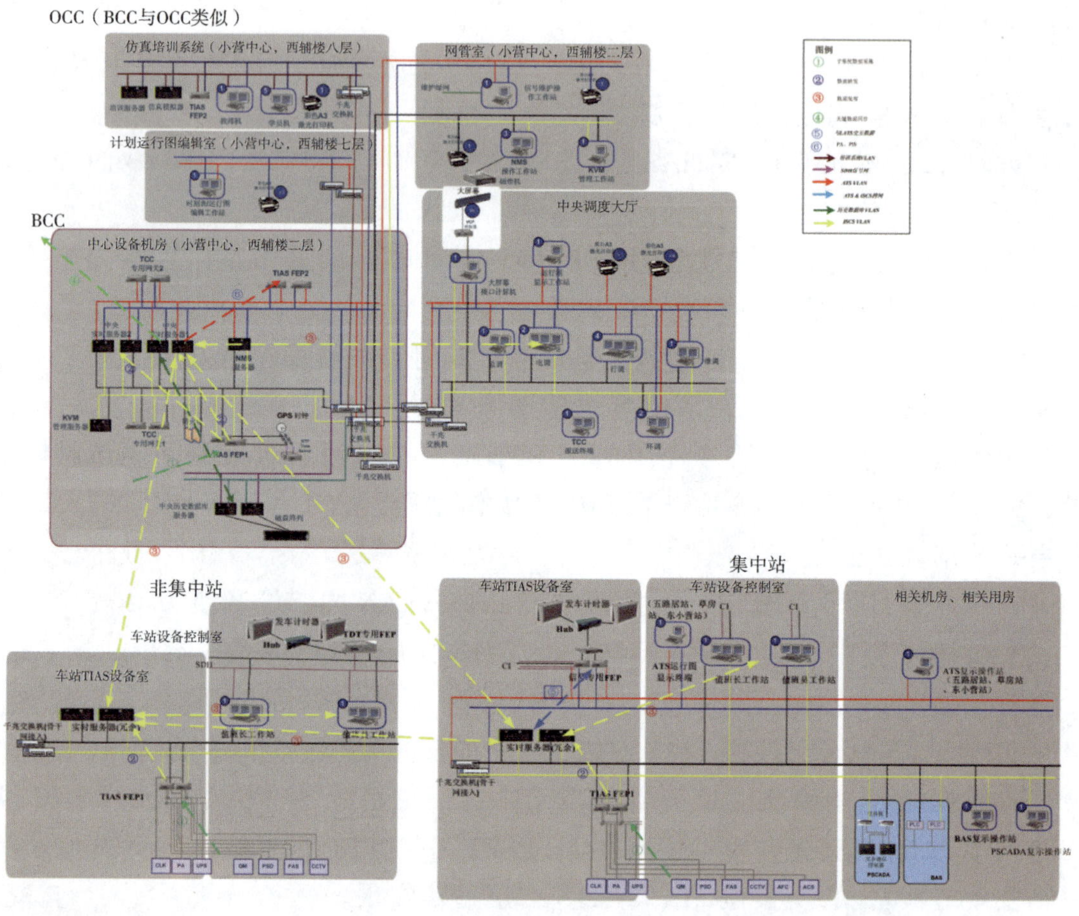

图5 采集及发布数据流

a. 数据流1:各子系统数据被采集到车站TIAS FEP或中心TIAS FEP。

实现方式:此数据为现场层。

b. 数据流2:车站TIAS FEP1或中心TIAS FEP1将采集到的数据转发给车站或中心的实时服务器。

实现方式:车站或中心交换机TIAS - ISCS VLAN二层通信实现。

c. 数据流3:车站或中心的实时服务器将相关数据发布到各工作站。

实现方式:中心至车站,TIAS - ISCS VLAN做静态路由,三层通信实现;若有临站需求,需增设相应路由设置。

d. 数据流 4：控制中心将关键数据同步到备用中心。

实现方式：中心至备用中心，TIAS - ISCS VLAN 跨地点静态路由，三层通信实现。

e. 数据流 5：集中站实时服务器与 LATS 交互列车信息、告警信息等。

实现方式：本站交换机 TIAS - ATS VLAN 至 TIAS - ISCSVLAN 双向静态路由，三层通信实现。

f. 数据流 6：中央实时服务器与 TIAS FEP 交互广播、乘客信息系统信息。

实现方式：交换机 TIAS - ATS VLAN 二层通信实现。

②控制数据流

控制数据流同样可以分为本地控制数据流和远程控制数据流两类。

a. 本地控制数据流

车站或中心的操作员有权对外部设备进行控制，车站或中心的操作员在工作站上所做的控制命令可以通过车站或中心本地的服务器将指令通过 FEP 发送至各子系统。

数据流：车站或中心的操作员经工作站将控制命令发送至车站或中心本地的实时服务器。

实现方式：交换机 TIAS - ISCS VLAN 二层通信实现。中心至备用中心，TIAS - ISCS VLAN 静态路由，三层通信实现。

b. 远程控制数据流

中心的操作员可以直接在工作站上将控制命令发送至车站实时服务器，再由车站实时服务器将命令转发到本地的 FEP，最后发送至各子系统。

数据流 1：中心的操作员经工作站将控制命令远程发送至车站的实时服务器。

实现方式：中心至车站，TIAS - ISCS VLAN 静态路由，三层通信实现。

数据流 2：车站的实时服务器将控制命令转发至车站本地的 FEP。

实现方式：赫斯曼交换机 TIAS - ISCS VLAN 二层通信实现。

数据流 3：车站的 FEP 将相关控制命令下达至各相关子系统。

实现方式：现场层网络实现。

③历史数据流（图 6）

a. 数据流 1：专业应用将相应数据进行功能处理，将产生的综合监控的告警、事件、采样等历史数据提交给历史数据服务程序。历史数据服务程序对接收到的数据过滤和提取，把处理过的数据发给历史数据库服务器。

实现方式:中心交换机 TIAS - ISCS VLAN/TIAS - ATS VLAN 至 TIAS - HIS VLAN 三层通信实现。

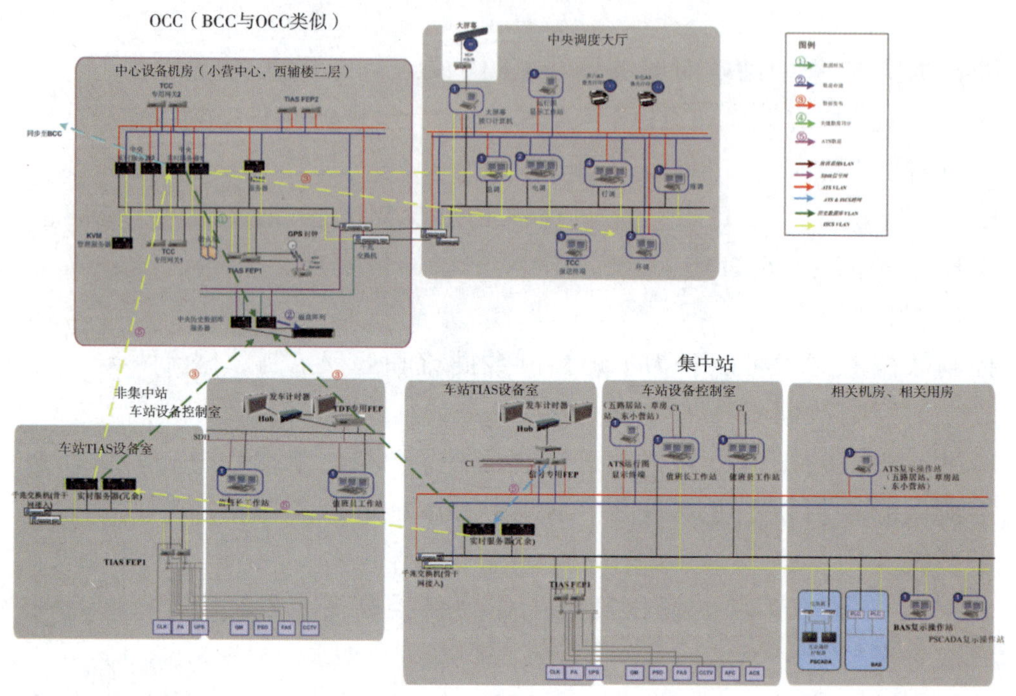

图6　历史数据流

b. 数据流 2:当工作站或车站实时服务器对历史数据请求操作时,通过历史数据服务,将请求数据发布给客户端或车站实时服务器。

实现方式:本地请求,交换机 TIAS - ISCS VLAN 二层通信实现。车站至中心,TIAS - ISCS VLAN 跨地点静态路由,之后跨 TIAS - HIS VLAN 实现,2 跳,三层通信实现,同时反向增加相应路由用于数据回放。

c. 数据流 3:控制中心将关键数据同步到备用中心。

实现方式:TIAS - ISCS VLAN 跨地点静态路由,三层通信实现。

d. 数据流 4: ATS 的告警、事件由集中站信号专用 FEP 传输至集中站服务器。

实现方式:集中站交换机 TIAS - ATS 与 TIAS - ISCS,1 对 1 静态路由实现。

e. 数据流 5:集中站服务器同步到非集中站实时服务器和中心的实时服务器。

实现方式:车站至车站,车站至中心,TIAS - ISCS VLAN 跨地点静态路由,三层通信实现。

ATS 在控制中心产生的报警直接通过数据共享或消息总线传输至控制中心

实时数据库,然后再转发至历史数据库服务器由其存入磁盘阵列中。

以上就是 TIAS 数据流分析,明确所有数据流后,可以在交换机上划分子网及设置相关的路由。

3.2 IP 地址分配方案

按照划分 VLAN 估算,最大的子网都不会超过 100 个结点,以三层方式实现,设计所有子网均为 C 类网,子网掩码为 255.255.255.0。按照上面的子网划分原则,考虑到一般思维的顺序和易记性,我们对子网 IP 作以下的规划,见表 1。

各 段 含 义 表 1

A 段	B 段	C 段	D 段
表示系统	表示 AB 网	表示车站	表示设备

在同一子网中,设备将通过 IP 中的 D 段来表示,理论上任何设备都可以设计使用 0 - 254 中的任一 IP,但是考虑到 IP 的分配最好能够易于管理和记忆,并给各专业以部分余量,对 D 段 IP 按照服务器、工作站、FEP 等进行了规划。见表 1。

按照上面的方案,6 号线 TIAS 系统在实验室内搭建了完整的网络平台做了为期 6 个月的性能和功能测试,通过数据和网络压力测试,发现并解决了相关问题,确定了交换机数据,并于 2012 年 6 月发布至现场。

6 号线一期工程行车自动化系统自 2012 年 6 月份实现全线网络贯通以来,到目前为止,网络系统运行稳定,实现了最初的设计方案。

城市轨道交通工程安全质量隐患排查治理标准化建设

北京市轨道交通建设管理有限公司　丁树奎
安全质量监察总部　韩少光　寇鼎涛

摘　要:本文从安全质量隐患排查治理创新管理的必要性入手,分别阐述了安全质量隐患排查治理创新管理的内涵和具体实施过程,并以6号线一期为例,介绍了安全质量隐患排查治理创新管理的实施过程和最终的实施效果。通过体系建设,在国内轨道交通建设领域首次实现了对安全质量隐患排查治理工作的信息管理,为国内同行业进一步优化责任落实、提升安全质量管理水平提供了良好的借鉴作用。

关键词:轨道交通工程;安全质量;隐患排查;标准化

0 引言

随着经济不断发展,国内城市轨道交通建设规模不断扩大、建设速度不断加快,目前全国有36个城市正在建设,规划建设里程超过6000km。仅北京市2008年以来,就累计通车272km。目前,在建195km;预计2020年开通累计将达1000km。且工程建设过程中存在着施工工法多、车站规模大、工程地质及水文地质条件复杂、工程环境条件十分复杂等一系列难题,且风险极高。尤其是北京市轨道交通工程线路大多沿干道布设,车站一般都在干道交叉口,采用暗挖法和明暗结合修建,近邻各种建筑物,地面交通拥挤,施工场地安排紧张,施工具有较大风险。暗挖车站及区间隧道大部分在主干道或建筑物下修建,且穿越河流、铁路、既有地铁及多种地下管线,尤其是与雨污水管线常年渗漏和个别渗漏的给水管线给工程施工增加了难度和风险。因此,建立一套完整的安全质量隐患排查与质量系统非常必要。

1 安全质量隐患排查治理创新管理的必要性

轨道交通工程属于系统工程,每一条线路中,不但有隧道、高架、车站建筑、出入口和换乘通道等土建设施,更有着复杂的设备系统,建设过程中,安全质量隐患无处不在,给施工带来很大风险。

1.1 轨道交通建设新形势的需要

近三年来，国家及北京市非常重视工程建设安全生产工作，先后颁发了《国务院关于进一步加强企业安全生产工作的通知》（国发〔2010〕23号）、关于印发《城市轨道交通工程安全质量管理暂行办法》的通知（建质〔2010〕5号）、《关于加强重大工程安全质量保障措施的通知》（发改投资〔2009〕3183号）、《关于印发全面规范本市建筑市场进一步强化建设工程质量安全管理工作意见的通知》（京政办发〔2011〕46号）等安全生产相关文件，这些文件鼓励和支持安全生产科学技术研究和安全生产先进技术的推广应用，提高安全生产水平，及时排查治理安全隐患，有效防范各类质量安全事故发生。

1.2 降低安全质量隐患引发的工程事故比例的需要

由于城市轨道交通工程大多为地下工程，面广、点多、线长，地质条件复杂，安全质量隐患多，2007～2010年期间，全国因物体打击、机械伤害、高支模等安全质量隐患引发的工程事故的比例呈上升趋势，造成了人员伤亡与经济损失，产生了不良的社会影响。

据不完全统计，2009～2010年，全国城市轨道交通共发生23起事故，其中物体打击事故发生率占比50%以上，城市轨道交通工程事故呈现以物体打击、施工机具伤害、高处坠落以及触电等为主要致因的特征，如图1所示。

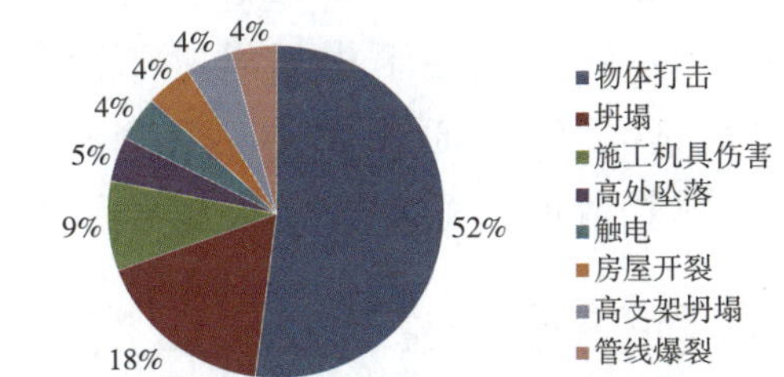

图1 2009～2010年全国城市轨道交通工程事故统计图

因此，迫切需要开展城市轨道交通安全质量隐患排查治理的研究与建设工作，从安全质量隐患源头抓起，以降低或规避因安全质量隐患管理不到位造成的人员伤亡与经济损失，减少不良社会影响。

2 安全质量隐患排查治理创新管理的内涵

2.1 城市轨道交通工程建设安全质量隐患

城市轨道交通工程建设安全质量隐患是指违反城市轨道交通相关法律、法规、规章、标准、规程和安全质量管理制度的规定或因工程技术措施不足，安全质量管理不到位等其他因素，存在可能导致物体打击、坍塌、施工机具伤害等安全事故，或隧道不均匀沉降、耐久性差等质量缺陷的物的不安全状态、人的不安全行为和管理上的缺陷。

2.2 城市轨道交通工程建设安全质量隐患排查治理体系

城市轨道交通工程建设安全质量隐患排查治理体系是以城市轨道交通土建工程、机电设备安装、轨行区作业、车站装修、试运行等各建设阶段为范围,以各建设阶段的安全质量隐患为对象,通过制定隐患排查、评估、治理等各环节的标准、制度以及建立信息化管理平台等技术手段,开展全过程、动态化的全面隐患排查,实施差别化、有针对性的隐患治理,以规避或减少轨道交通工程事故的发生。

城市轨道交通工程建设安全质量隐患排查治理体系建立了安全质量隐患管理组织机构及职责体系,落实了参建各方的安全质量隐患管理职责,创建了安全质量隐患等级划分标准,建立了施工安全隐患检查标准、施工质量隐患检查标准以及施工安全质量检查要点,并基于安全质量隐患排查治理业务需求建立了安全质量隐患管理信息系统,实现了参建各方的协同工作。

安全质量隐患排查治理体系主要包括以下6个体系文件组成:

①轨道交通工程建设安全质量隐患管理规定;

②轨道交通工程建设安全质量隐患等级划分;

③轨道交通工程建设施工安全隐患检查标准;

④轨道交通工程建设施工质量隐患检查标准;

⑤轨道交通工程建设安全质量隐患检查要点;

⑥轨道交通工程建设安全质量隐患管理信息系统使用指导书。

3 安全质量隐患排查治理创新管理的具体实施

3.1 建立安全质量隐患排查治理长效机制

(1)健全组织机构

在公司安全质量委员会领导下,安全质量监察总部监督,各部门、各单位按照职责分工,监理单位和施工单位全面参与,开展全员的安全质量隐患管理工作。安全质量隐患管理组织架构,如图2所示。

(2)建立轨道交通工程建设安全质量隐患上报和消除流程

针对隐患管理的长期性、复杂性、反复性等特点,从建立长效机制着眼,公司在完善管理体制、强化主体责任落实方面,进一步理顺和细化公司安全质量委员会以及主管部门、相关部门在安全质量管理方面的具体职责。把规范隐患和危险源的排查、辨识、分类、分级、评价、登记、上报、统计、检查、整改、责任、监控、考核等全部纳入严格健全的制度规范,做到以制度促排查、以制度保治理,努力实现隐患管理工作的规范化、制度化、经常化和重大危险源监管监控的科学化。为实现隐患发现、分析、处置及消除等管理工作的顺畅开展，明确了参建各方的工作内容、程序，保证实现安全质量隐患管理工作的闭合。

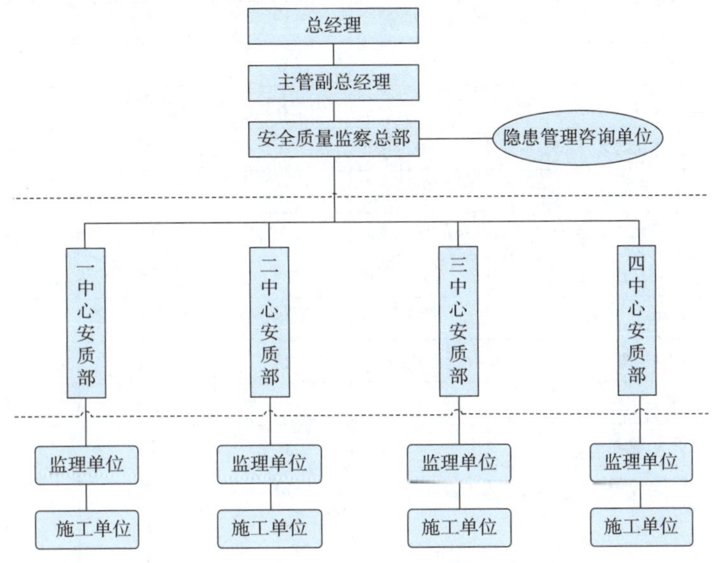

图2　隐患管理组织架构图

3.2　制定科学严谨的安全质量隐患等级划分标准

(1)安全质量隐患等级划分

对工程安全质量隐患进行分级管理，根据隐患产生的后果严重程度及社会影响程度，将隐患分为4级。

①一级隐患：可造成特别重大安全质量事故，社会影响较大。

②二级隐患：可致重大安全质量事故，社会影响较小。

③三级隐患：可造成较大安全质量事故，不会造成社会影响。

④四级隐患：一般安全质量问题，经过调整处理可以消除。

(2)安全质量隐患分类

安全质量隐患包括明挖法施工、盾构法施工、矿山法施工、施工材料、施工机具、施工用电等16项内容，包含4个等级(另有等外级)、16大类、795子项安全质量隐患，见表1。

城市轨道交通质量安全隐患排查表　　表1

序号	安全质量排查类型	隐患等级及数目				
		一级	二级	三级	四级	合计
1	施工材料	3	8	12	14	37
2	施工机械与机具	0	4	10	16	30
3	文明施工	0	1	10	32	43

续上表

序号	安全质量排查类型	隐患等级及数目				
		一级	二级	三级	四级	合计
4	临时用电	1	6	11	33	51
5	起重设备吊装作业	2	8	18	16	44
6	三宝、四口	0	3	5	7	15
7	脚手架	0	7	12	24	43
8	模板	1	3	11	19	34
9	明(盖)挖法施工	4	15	15	33	67
10	人工挖孔桩、钻孔桩	1	8	16	30	55
11	矿山法施工	5	23	24	62	114
12	盾构法施工	4	21	29	55	109
13	安全管理	1	8	11	29	49
14	质量管理	3	10	22	19	54
15	消防	1	7	7	11	26
16	防汛及冬施	0	2	8	14	24
合计		26	134	221	414	795

(3)安全质量隐患分类与分级

安全质量隐患分类分级是对轨道工程建设安全质量形势的分析和研判,严格执行施工单位、监理单位自评估与公司委托专家评估相结合的制度,依据评估结果对轨道工程安全质量以及参建单位开展差别化管理。

综合评判就是对受到多个因素(指标)制约的隐患作出总的评价,建立地铁建设工程安全质量隐患综合评估模型和评估指标,将评判对象分为三个层次,三级指标,采用三级综合评估模型。

根据评判分值结果将被管理单位安全质量隐患管理情况分为4个级别,从而实行差别化管理。如对“施工材料”安全质量隐患进行研判后形成表2内容。

“施工材料”安全质量隐患分类与分级 表2

排查频率	编码	排 查 内 容	隐患等级
每日	GLCL101	是否使用检验、检测结果不符合要求的原材料	一级
	GLCL102	新进场原材料、构配件、半成品标识是否清楚、与实际是否符合,是否有产品合格证书、质量验收报告是否齐全	三级
	GLCL103	原材料、构配件、半成品进场是否申报监理进行验收	三级
	GLCL104	商品混凝土强度、抗渗等级、和易性、坍落度是否符合设计要求	二级
	GLCL105	商品混凝土是否具有配比、强度、抗渗等级、坍落度试验报告单,各项指标是否符合设计要求	一级

续上表

排查频率	编码	排 查 内 容	隐患等级
每日	GLCL106	钢筋见证取样是否符合规范要求	三级
	GLCL107	钢筋见证取样复试结果是否符合设计要求	二级
	GLCL108	防水卷材是否按规定取样见证复检	三级
	GLCL109	大型模板的堆放高度是否违反规范规定	二级
	GLCL110	钢筋网片焊接采用的钢筋直径、长度、间距、焊接质量不符合设计规定	三级
每周	GLCL201	是否按原材料批次取样进行有见证复试	三级
	GLCL202	原材料批次抽样比例、方法是否符合规范规定	三级
	GLCL203	危险化学品、易燃易爆品是否建立合格的库房单独存放	三级
	GLCL204	防水卷材技术指标是否符合规范要求	二级
	GLCL205	砂石料是否符合要求(如粒径、含泥量、针片状含量、矿物质含量等)	三级
	GLCL206	钢格栅是否进行预拼装验收	三级
	GLCL207	重要结构、部位的材料使用时是否认真核对品种、规格、型号、性能	二级
	GLCL208	材料检验检测项目是否齐全、频率是否足够、代表部位是否齐全	三级

3.3 建立轨道交通工程建设施工安全隐患检查标准

为进一步加强城市轨道交通工程安全检查工作,增强检查的针对性和有效性,北京市轨道交通建设管理有限公司组织编制了《城市轨道交通工程施工安全检查标准》(试行)。旨在指导北京地区有效开展安全检查,切实消除工程隐患,预防事故和险情,保障工程安全。

内容紧密结合城市轨道交通工程特点,注重与工程实践结合,可操作性较强,便于使用。检查项目比较全面地体现了现行相关法律法规、标准规范和规范性文件的有关要求;评分标准重点突出,体现了检查项目对工程安全的影响程度,使评定等级结果比较客观地反映工程安全状况。本标准主要技术内容包括:①总则;②术语;③检查评定项目;④检查评分方法;⑤检查评定等级;⑥附录。

3.4 建立轨道交通工程安全质量隐患检查评分方法

城市轨道交通工程施工安全检查评定中,保证项目应全数检查。检查使用分项检查评分表和检查评分汇总表两种表现形式。

检查评分方法如下:

①分项检查评分表和检查评分汇总表的满分分值均应为100分,评分表的实得分值应为各检查项目所得分值之和。

②评分应采用扣减分值的方法,扣减分值总和不得超过该检查项目的应得分值。

③当按分项检查评分表评分时,保证项目中有一项未得分或保证项目小计得分不足40分,此分项检查评分表不应得分。

④检查评分汇总表中各分项项目实得分值应按下式计算:

$$A_1=\frac{B\times C}{100}$$

式中:A_1——汇总表各分项项目实得分值;

B——汇总表中该项应得满分值;

C——该项检查评分表实得分值。

⑤当评分遇有缺项时,分项检查评分表或检查评分汇总表的总得分值应按下式计算:

$$A_2=\frac{D}{E}\times 100$$

式中:A_2——遇有缺项时总得分值;

D——实查项目在该表的实得分值之和;

E——实查项目在该表的应得满分值之和。

⑥脚手架、基坑工程与人工挖孔桩、物料提升机与施工升降机、塔式起重机、龙门吊与起重吊装项目的实得分值,应为所对应专业的分项检查评分表实得分值的算术平均值。

按汇总表的总得分和分项检查评分表的得分,对城市轨道交通工程施工安全检查评定划分为优良、合格、不合格三个等级。

①优良:分项检查评分表无零分,汇总表得分值应在80分及以上。

②合格:分项检查评分表无零分,汇总表得分值应在80分以下,70分及以上。

③不合格:当汇总表得分值不足70分时;或当有一分项检查评分表得零分时。

3.5 建立功能完善的安全质量隐患管理信息平台

按照"统筹规划、统一标准、资源共享、讲求实效"的基本原则,积极探索利用信息化手段促进安全质量隐患管理,将隐患管理信息化建设作为公司安全质量体系建设的重要组成部分和核心载体。隐患管理信息化管理平台中的系统功能通过B/S方式实现,采用三层功能结构,将"综合信息、隐患排查、隐患评估、危险源管理、隐患态势分析、隐患统计、工程隐患管理报告、质量安全培训、隐患治理、事故预警"等工作转移到网络平台。

北京轨道工程建设方安全质量隐患管理信息平台主要包括以下4个方面。

(1)系统总体架构(图3)

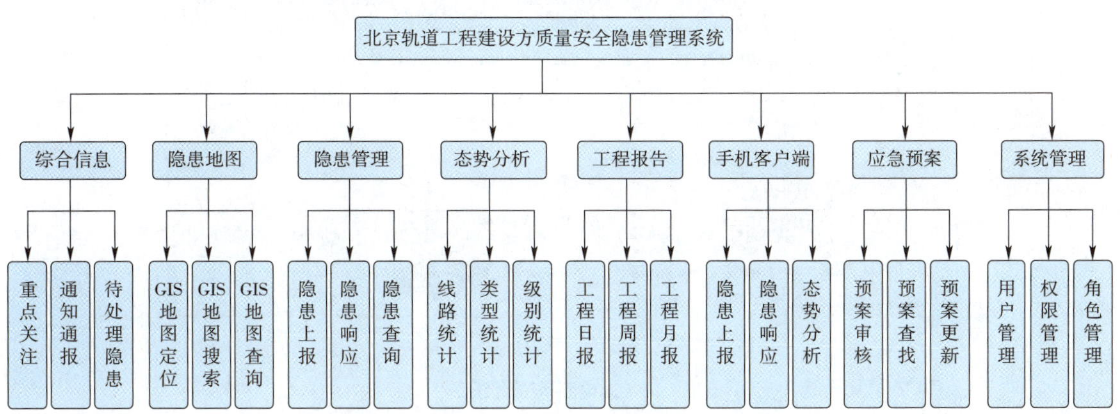

图3　系统总体架构图

(2)系统工作流程(图4)

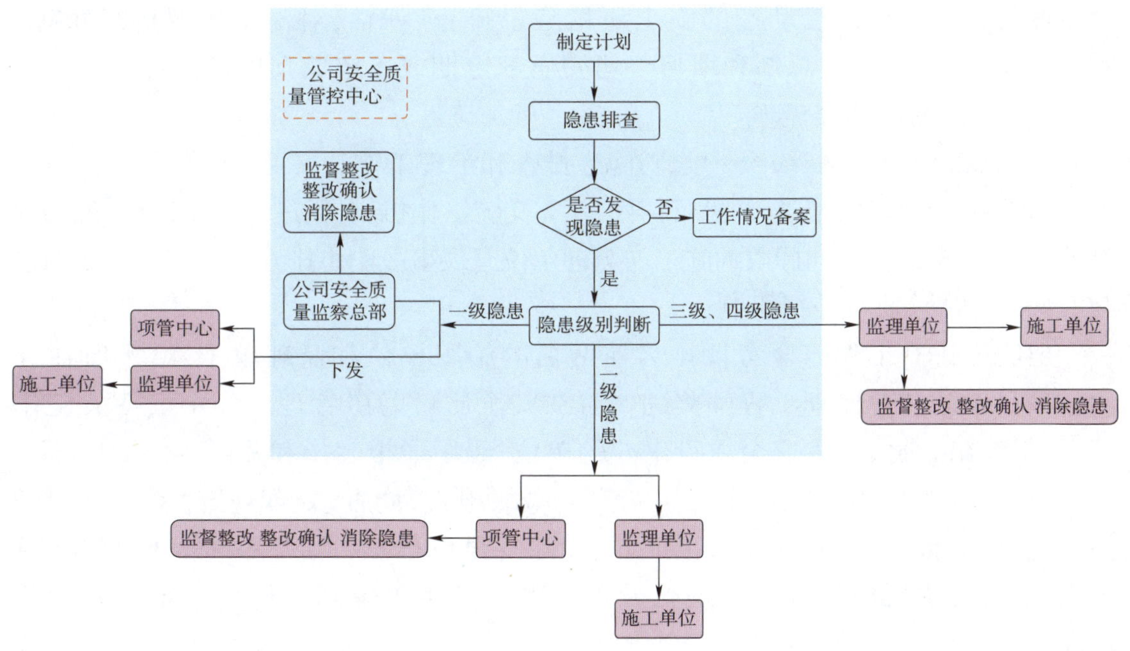

图4　系统工作流程图

(3)系统功能简介

城市轨道交通工程建设安全质量隐患管理信息系统包含10个功能模块,即系统管理、综合信息、隐患编码、隐患地图、隐患上报、手机报送功能模块、隐患响应、态势分析、综合分析及应急预案。隐患管理信息平台界面,如图5所示。

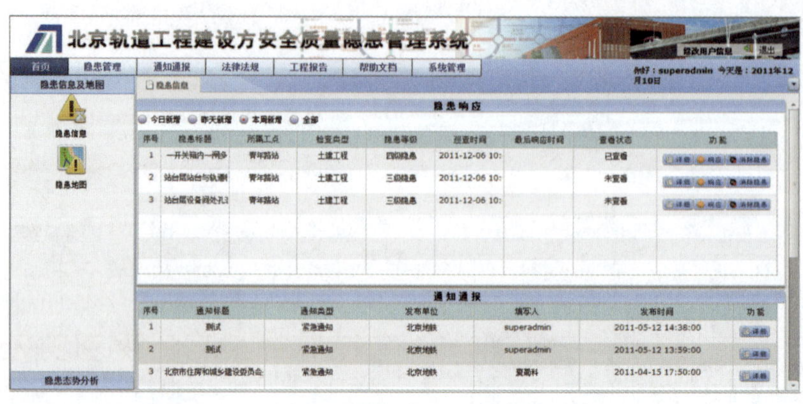

图 5　隐患管理信息平台界面

3.6　建立督促考核机制，注重整改落实

为将隐患管理工作达到实效，我们采取多种方式推动责任落实。

(1)加大监督检查力度

为督促各参建单位将隐患排查与治理工作落到实处，委托专业机构分重点、分专业对施工现场进行动态的安全质量隐患排查、评估，对治理情况进行跟踪、监督。公司领导、安质总部和项目公司安质部定期或不定期到现场检查。

(2)加强约谈和交流学习

建立施工、监理单位约谈制度，对隐患排查和治理工作开展不力的单位主要负责人约见谈话，约谈形成记录，并进行存档；建立交流工作机制，通过采取座谈会、现场观摩等方式，定期组织不同标段的施工与监理单位开展事故隐患排查的交流学习活动。

(3)建立激励与处罚机制

对隐患排查工作综合考评排名前两名的施工单位和监理单位，给予所在标段的项目经理和总监理工程师奖励。对在安全质量隐患管理工作中发挥关键作用，贡献突出，避免重大安全质量事故的单位，给予通报表扬和奖励。

按照《北京市轨道交通工程生产安全事故报告、调查、处理规定》对负有责任的参建单位，根据合同，采取通报批评、扣除安全责任违约金、更换责任单位项目负责人、清退责任单位等手段进行处理。事故发生单位和责任单位未按照相关规定进行事故调查的，扣除其安全责任违约金 1 万 ~3 万元，事故相关责任单位未处置责任人员、落实整改措施的，除其安全责任违约金 1 万 ~3 万元。在建设单位组织的安全质量隐患检查中，发现存在一级安全质量隐患及一级隐患没有按时整改，或出现“三杜绝”事故的参建单位不得参加评奖活动。

3.7　安全质量隐患排查治理创新管理实例——以 6 号线为例

虽然困难重重，但轨道交通建设的目标不能动摇。针对建设过程中存在的各种困难，只有群策群力，积极应对。几年来，轨道公司在每条新线的建设中，严抓隐患排查治理环节，建立整套安全质量隐患排查与治理体系，并立足这套体系，不断完善管理理念，应对每条线的现场实际，大胆实施创新管理，拓展和提安全质量管理制度管理和现场管理水平。解决了很多实际困难，也使安全质量隐患排查治理的管理体系越来越完善，越来越健全，更加立体和多维化。

下面以北京地铁6号线一期安全质量隐患排查治理创新管理的具体实施中为例，说明在工程建设过程中隐患排查治理创新管理的实际应用与发展，以及对实际现场困难的解决。

(1)6号线一期工程概况

北京地铁6号线一期是一条贯穿中心城东西方向轨道交通线，西起五路居，东至草房，全线长约29.074km。设站21座，全部为地下站，其中换乘站为11座；最大站间距为4007m，最小站间距为825m，平均站间距为1636m。

(2)6号线一期应用情况与效果

①安全质量隐患常见形式分析

通过开展对地铁6号线一期工程施工现场安全质量隐患排查与治理工作试点，隐患排查与治理工作情况见表3。

a.巡视线路：6号线一期工程(共44个工点)。

b.巡视时间：2011年6月27日~2012年8月26日。

c.发现隐患总数：1260个。

d.隐患告知方式：施工单位人员陪同，当场口头提出隐患，与被检查单位交换意见并提出整改要求。

施工现场安全质量隐患统计表　　表3

编码	安全质量检查类型	各级隐患数目				
		一级	二级	三级	四级	合计
1	施工材料	0	0	11	6	17
2	施工机械与机具	0	60	53	41	154
3	文明施工	0	0	6	76	82
4	临时用电	0	2	46	98	146
5	起重设备吊装作业	0	2	65	13	80
6	三宝、四口	0	17	173	72	262
7	脚手架	0	5	19	37	61
8	模板	0	0	1	0	1
9	明(盖)挖法施工	3	27	40	34	104
10	人工挖孔桩、钻孔桩	0	3	4	3	10
11	矿山法施工	0	2	48	83	133

续上表

编码	安全质量检查类型	各级隐患数目				
		一级	二级	三级	四级	合计
12	盾构法施工	0	0	0	7	7
13	安全管理	0	0	7	11	18
14	质量管理	0	0	2	45	47
15	消防	0	8	8	122	138
16	防汛及冬施	0	0	0	0	0
合计		3	126	483	648	1260

注:起止时间:2011.6.27~2012.8.26。

依据表3统计分析如下:

按照隐患等级分析:隐患总数1260个,其中包含:一级隐患3个;二级隐患126个;三级隐患483个;四级隐患648个。分别占总数的0.24%、10.00%、38.33%、51.43%。如图6所示。

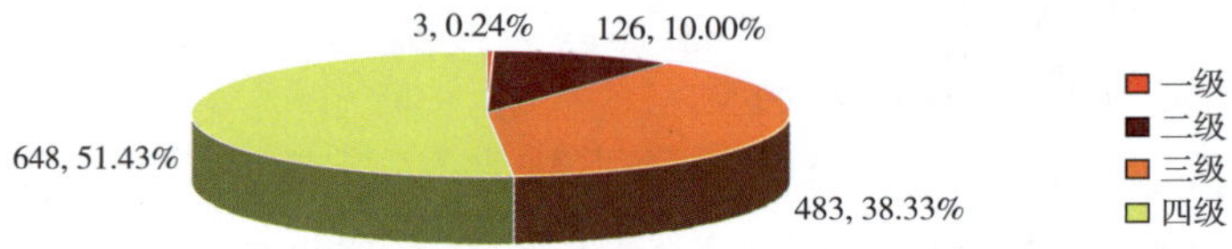

图6 按隐患等级统计图

按照类别分析:在16大类型隐患中出现频次较多的隐患有三宝四口262个、施工机械机具154个、临时用电146个、消防138个、矿山法施工133个。分别占总数的20.79%、12.22%、11.59%、10.95%、10.56%。如图7所示。

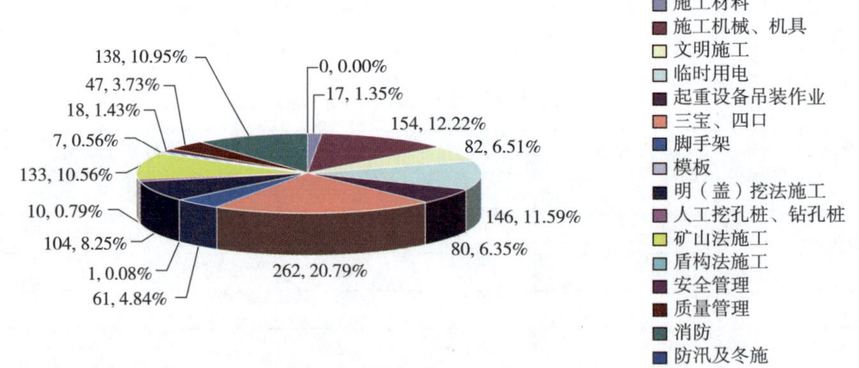

图7 按隐患类别统计图

轨道交通工程施工现场安全质量隐患大多发生在土方开挖、起重吊装、垂直运输、机械操作、临时用电等施工作业过程中,以及洞口、临边和高处作业部位。由于工种集中、交叉作业多、技术能力要求高,如果组织管理不当容易发生施工现场的“五大伤害”,即高处坠落、物体打击、触电、机械伤害、坍塌。此外,施工中还易发生起重伤害、中毒、车辆伤害、火灾、爆炸等伤害事故。

②安全质量隐患突出、频次高的主要原因

安全质量隐患类别有所不同，隐患发生的部位和时间以及表现形式也各有区别，主要有以下几种原因：

a. 施工企业没有真正树立“安全第一、预防为主”的生产方针，安全生产规章制度不健全。没有很好地处理安全与生产、安全与进度、安全与效益的关系。对分包和专业队伍存在以包代管、责任区分不清、督办不力等问题，对施工作业中的安全生产存在侥幸、麻痹、松懈思想。

b. 施工现场安全生产规章制度未得到有效落实，安全生产责任制度不明确。施工作业未按国家标准、规范执行，强制性标准落实不到位。安全防护、安全检查、安全教育、安全措施执行不利，对事故隐患未能及时发现、及时整改，安全管理存在漏洞和死角。

c. 施工现场未按要求编制施工组织设计和专项施工方案。施工方案措施不具体、不全面、不能指导施工。对分部、分项安全技术交底工作重视程度不足，未认真落实各项安全技术、管理措施。

d. 安全教育不到位，工人安全防护知识不足，自我保护意识差，安全操作规程不熟悉。存在违章指挥、违章作业、违反劳动纪律现象。

③常见安全质量隐患排查与治理对策

虽然安全质量隐患种类繁多、情况复杂、各具特点，但隐患排查与治理仍有规律可循。坚持预防为主，牢固树立“隐患是事故之源”的预防理念，全面推进隐患排查与治理体系建设，深入研究隐患治理对策是预防微小事故、遏制重特大事故和大面积坍塌事故，减少一般事故，确保轨道交通工程建设安全快速推进的重要手段与措施。

针对发现的每一项隐患，公司都按照现行的有关安全质量方面的法律法规、标准、规范进行逐项分析，指出违反的条款，提出了具体的整改措施和管理要求，逐项消除隐患，保证了施工过程的安全。

4 安全质量隐患排查治理创新管理实施效果

城市轨道交通安全质量隐患排查治理标准化研究自 2009 年开始，经过 4 年多时间的研究、建设、应用与不断完善，先后在北京市轨道交通 6 号线一期、6 号线二期、7 号线、14 号线、昌八联络线、西郊线等线路中进行了推广应用，梳理了 16 大项共 795 小项安全质量隐患，排查与治理了 7260 项安全质量隐患，从源头控制了安全质量隐患，减少或避免了大量安全质量工程事故，自本项目推广应用以来,因安全质量隐患造成的工程事故呈现逐年下降的趋势,仅 2012 年比 2011 年人员伤亡率就降低了 57%,取得了良好的社会与经济效益。主要表现在:

①完善了隐患管理体系和配套制度,奠定了安全质量管理工作步入科学化、规范化、精细化管理的基础,取得事故防范和安全生产工作的主动权。

②制定了科学、客观的安全质量隐患排查与评估标准,明确了参建各方隐患排查、分析、处置及消除工作程序,保证安全质量管理工作的实效性和闭合性。

③依托隐患管理平台及强大的综合动态数据库,为掌握安全质量管理轨迹,分析、预测、研判和掌控生产态势提供了科学依据。利用无线 PDA 掌上电脑,随时掌握隐患排查治理情况,节省了人力、物力和时间成本,大大提高了效率。

④提高了参建单位自查自报隐患的自觉性和主动性,提供了主体责任落到实处的有力抓手和有效措施。

⑤在国内轨道交通建设领域首次实现了对安全质量隐患排查治理工作的信息管理;该成果为全国第一家由企业自主开发的信息管理系统,为国内同行业进一步优化责任落实、提升安全质量管理水平提供了良好的借鉴作用。

5 结束语

北京市轨道交通建设管理有限公司在建设城市轨道交通的工程中,积极探索安全质量隐患排查治理标准化建设,解决了工程中的实际问题,降低风险,提高效率,实现了更高的轨道交通线路开通水平。同时,公司立足管理创新,发展、完善、丰富隐患排查治理体系,依托其推动“人文、科技、绿色”的轨道交通建设三大理念,为北京市的公共交通做出更大的贡献。

创新安全风险管理体系　建设平安北京轨道交通

北京市轨道交通建设管理有限公司　罗富荣

摘　要:本文着重介绍了北京市轨道交通建设安全风险技术管理体系建立背景、建立过程及文件构成,阐述了轨道交通建设工程安全风险技术管理基本理念和安全风险管理主要过程,论述了轨道交通建设工程安全风险技术管理体系创新内容及应用成效。

关键词:安全;风险;管理;体系

0 安全风险技术管理体系建立背景

近10年来,随着我国社会经济和城市的快速发展,城市交通压力日益凸显,为改善市民出行条件、解决交通拥堵、促进节能减排、推进产业升级换代,大力发展城市轨道交通已成为趋势。目前我国已成为世界上城市轨道交通建设里程最长、建设城市最多、建设速度最快的国家。截至2012年10月,国务院批准了35个城市轨道交通近期建设规划,线路规模达到157条、总里程4384km、总投资超过2万亿元;在建城市26个、线路64条、总里程1643km;全国城市轨道交通运营规模已达到15个城市、62条线路、总里程1792km。

建设周期的刚性约束使建设、勘察、设计、施工、监理等各方都面临巨大压力。以地下工程为主的轨道交通工程具有专业性强、周边地质环境条件复杂、不确定性因素多、工程建设与周边环境相互影响大、施工工法多样、工程风险突出等特点。同时轨道交通工程为城市重大基础设施工程,投资大、涉及面广、社会关注度和公共安全要求高,一旦出事故易引起社会放大效应。

北京轨道交通工程建设所处的工程地质水文地质多样,上层滞水、潜水、承压水、卵漂石、砂卵石、粉细砂、空洞地层造成施工难度加大;周边环境复杂,大量下穿或邻近铁路、城市轨道交通、房屋、桥梁、道路、河湖、市政管线等;建设规模庞大,高峰期10多条线同期建设;施工工法多样,包括明挖、暗挖和盾构各类工法;参建单位众多,高峰期达近千家;由于地处首都,一旦发生安全事故所造成的社会影响巨大。

北京轨道交通大规模建设带来的严峻安全形势对工程安全管理工作提出更高要求,建立健全规范化、系统化、信息化和可操作的北京轨道交通建设安全风险控制技术、管理体系和信息化管理系统,充分动员和发挥各级管理部门和参建单位的作用,整体提高北京轨道交通工程建设安全风险的技术和管理水平,最大程度地降低北京轨道交通工程建设中安全事故的发生显得尤为迫切。

1 安全风险技术管理体系建立及文件构成

1.1 安全风险技术管理体系的建立

北京市政府和各级领导高度重视轨道交通建设安全风险管理工作,为全面提升轨道交通工程的安全风险管控技术和水平,大幅降低工程事故的发生率,2007 年 10 月,《北京轨道交通工程建设安全风险控制及信息化管理平台的研究与应用》课题列为北京市重大科技计划,北京市科委和各研究单位投入专门经费,北京市轨道交通管理公司牵头相关设计、施工、科研、监测、勘察、风险评估等多家工程参建单位、众多人员参加,产、学、研、用紧密结合,取得多项创新和丰硕成果。

公司于 2008 年 10 月下发实施《北京市轨道交通工程建设安全风险技术管理体系(试行)》,并同步研制了施工安全风险监控管理信息平台。自 2008 年 10 月份以来,安全风险技术管理体系和信息平台在公司承建的 10 多条轨道交通线路建设中推广应用,取得了突出的风险管控效果。

近年来随着《城市轨道交通工程安全质量管理暂行办法》(建质[2010]5 号)、《城市轨道交通工程周边环境调查指南》(建质[2012]56 号)、《城市轨道交通工程质量安全检查指南(试行)》(建质[2012]68 号)等规范性文件,以及《城市轨道交通地下工程建设风险管理规范》(GB 50652—2011)、《风险管理原则与实施指南》(GB/T 24353—2009)、《城市轨道交通建设项目管理规范》(GB 50722—2011)、《轨道交通工程施工安全评价标准》(GB 50715—2011)、《城市轨道交通工程安全控制技术规范》(GB/T 50839—2013)、《穿越城市轨道交通设施检测评估及监测技术规范》(DB 11/T 915—2012)等国家、行业和北京市相关技术标准的不断推出,各级政府、领导对工程建设安全管理也提出了更多更高的要求,同时公司内部组织机构与部门职能发生局部调整,体系运行中积累的经验也需要及时总结,国内其他城市轨道交通建设及相关行业领域的风险管理经验可充分借鉴。为做好公司管辖范围内的在建及后续新建轨道交通工程建设的安全风险管控工作,实现公司安全管理总目标,公司组织对 2008 版体系进行全面修编和信息平台升级完善，以增强合规性、全面性和可操作性。2013 年 4 月完成体系修编工作，2013 年 6 月份体系发布实施。

1.2　安全风险技术管理体系文件构成

《北京市轨道交通建设安全风险技术管理体系》文件由安全风险技术管理总文件、安全风险控制技术文件和安全风险管理文件三大部分构成。

安全风险技术管理总文件是纲领性文件，是公司和参建各方开展安全风险管理所遵循的基本准则，对各阶段和各环节安全风险管控工作提出了总体和基本要求。

安全风险控制技术文件是技术支持性文件，涉及岩土工程勘察、环境调查、风险工程分级与设计、环境安全风险评估、地下水控制、工程监测、监控量测控制指标、施工风险评估与控制、洞内渗漏水治理等内容。

安全风险管理文件是管理支持性文件，涉及重大风险工程方案论证、地下水控制管理、盾构施工管理、第三方监测、安全风险咨询、专家巡视、信息平台基础资料录入、视频监控管理、工程预警处置与消警、风险监控信息报送、应急响应等内容。

2 安全风险管理理念

《北京市轨道交通建设安全风险技术管理体系》是贯穿轨道交通工程建设全过程并主要针对土建工程的安全风险技术管理体系，涵盖了各参建主体和安全风险管理关键环节（建设、勘察、设计、施工、监理、监测等），建立了公司、项目管理单位和现场三级风险管理模式，建立了工程自身和周边环境的风险工程分级标准与调级原则，建立了三类（监测、巡视、综合）三级（黄、橙、红）预警、响应及处置体系，强化了环境调查、专项设计、风险评估、地下水控制、预警响应等专项工作，规范了各关键环节技术预审论证或验收的过程预控程序，建立了以勘察设计、施工、监理为主体，依托第三方监测、施工安全风险咨询等第三方力量加强工程建设安全风险管理的模式。在体系建立过程中，遵循了以下理念：

①安全风险管理是工程项目管理和建设安全质量管理的重要组成部分。安全风险管理以安全质量管理为主线，技术风险管控为手段，以满足工程安全及具有可实施性为目标，确保安全、质量、功能、工期、投资目标平衡和统一。

②全员参与，涵盖各参建主体。安全风险管理由建设单位牵头和总体管理，其他参建方共同参与，各方齐抓共管、各司其责，且不替代各参建单位应履行的法律法规责任。严格遵循落实国家、行业和地方法规标准等上位法，作为相对独

立的安全风险管理组织机构和责任体系。

③贯穿工程建设全过程和各建设环节。安全风险管理贯穿可研、勘察、设计(含总体、初步设计和施工图)和施工(细分为施工准备期、施工期和工后)等各阶段;涵盖建设、勘察、设计、施工、监理、监测等的工作方案、成果文件和过程实施等各环节。

④综合考虑风险发生可能性、后果及可接受原则。安全风险评估既有考虑风险发生的可能性,又有考虑风险发生后果(生命财产、环境影响、社会影响、工程损失等)的严重程度。风险评估采用定性和定量相结合的分析方法,注重工程类比和专家评议。风险分级管理根据工程规模、技术经济水平、建设施工管理能力和经验、风险可能造成的后果影响程度等确定;风险的可接受类型和程度根据环境主体、风险损失大小、社会影响因素进行调整。

⑤强调预防与预控。重视规划可研、地质勘察和环境资料、环境条件等设计基础资料的准确、全面;风险控制以预防为主,注重事中控制和突发应急响应,确保实现"三杜绝"的安全管理目标。

⑥注重过程控制,强调动态和闭环管理。对重大风险和工程节点的勘察设计、安全施工及风险监控,强化方案分析论证和过程监控管理;严格遵循 PDCA 循环,实现闭环管理;通过信息的采集、分析、处理,实施对风险的动态监控、提前预告、实时预警、及时响应和跟踪处理等。

⑦以技防为主要手段,重点关注结构安全和周边环境安全。以工程建设全过程各环节的风险控制技术措施为基础,通过相应的管理手段,实施对工程建设安全的风险管理;以本质安全为核心,以结构安全和环境安全为主要对象,重点规避、降低和控制结构失稳、地面坍塌和环境破坏等风险事故的发生。

3 安全风险管理主要过程

3.1 风险工程识别、分级与设计

在岩土工程勘察和环境调查的基础上,在总体设计阶段通过初步识别特、一级风险工程并针对性地进行风险分析和设计,规避和降低由于线位、站位和施工工法等设计不合理可能导致的安全风险。在初步设计阶段通过进一步安全风险识别,基本明确特、一级风险工程,重点对特、一级风险工程设计(包括工程支护结构设计、环境保护措施设计及监控措施设计等)的合理性和安全性审查、论证,以避免设计方案不合理带来的安全风险。施工图设计阶段确保安全风险的全面有效识别和分级的合理性,对环境现状评估和特、一级风险工程安全专项施工图

设计(包括风险控制标准、支护结构设计参数、监测设计方案、工程设计控制措施、环境保护设计方案和应急预案等)的合理性和安全可靠性进行审查论证,以避免由于施工图设计问题带来的安全风险。施工阶段将通过加强施工准备期的施工安全设计交底、地质踏勘、环境核查和空洞普查、安全风险深入识别及风险工程分级调整。

轨道交通工程建设中,考虑新建轨道交通工程与周边环境的接近程度、工程影响分区、周边环境的重要程度和自身特点、新建轨道交通工程工法特点和工程难度、工程地质和水文地质对不同工法的影响程度,对危及工程自身和周边环境安全的风险划分为自身风险工程和环境风险工程。

自身风险工程指因工程本身特点和地质条件复杂性等导致工程实施难度大、安全风险高的轨道交通工程。环境风险工程指因轨道交通工程周边环境条件复杂,轨道交通施工可能导致其正常使用功能或结构安全受到影响的轨道交通工程。

在工程设计、施工阶段,当工程地质及水文地质条件与勘察资料差异较大时、当新建轨道交通工程采用与工程施工安全有关的新技术、新工艺、新设备、新工法施工时或当工程周边环境条件发生改变时,结合新建轨道交通工程风险因素的识别和深入分析,确有需要调整时,进行风险工程分级调整。

3.2　风险工程施工过程监控、预警、响应与处置

在风险工程全面深入识别基础上,通过监测、现场巡视及视频监控对工程作业环境、工程周边环境安全状况进行全面的监控,及时动态评估监控信息、做出预警,相应采取有效的安全风险处置措施,将工程安全风险预控在可以接受的范围之内。

北京轨道交通采用了三类预警,即监测预警、巡视预警和综合预警。监测预警是监测项目的监测数据出现异常启动的预警。巡视预警是通过巡视发现安全隐患或不安全状态而启动的预警。综合预警是根据监测预警、巡视预警综合判断,并通过核查、综合分析和专家论证等形式最终综合确定而启动的预警。根据不同的预警类别、级别,分别采取不同的预警响应、事务处理方式。

4 安全风险技术管理体系创新

(1)系统研究了北京轨道交通工程建设、安全风险、安全事故及建设条件的特点和风险分级、专项评估的基本内容与技术方法,形成一套北京轨道交通工程安全风险管理的基础理论体系。

①全面研究了北京轨道交通工程的建设、岩土条件和周边环境的基本特点，归纳总结了轨道交通工程事故的发生特点及规律和北京轨道交通工程的安全风险特点。

②全面阐述了风险分级原则、风险工程划分、风险因素识别、风险评估技术等，给出了建立一套符合北京安全风险特点的风险分级与评估体系的基本内容和方法，丰富了轨道交通工程安全风险管理的基础理论，为后续研究提出了良好建议、奠定了坚实的基础。

③较科学地诊断了北京轨道交通工程安全风险管理工作现状，提出了将传统的被动生产安全管理转变为生产、质量、技术三位一体和主动风险管理的安全管理理念及北京轨道交通工程安全风险管理的措施与建议。

(2)编制了一套集勘察、周边环境调查、工程设计、工程施工、监控量测、应急预案于一体、贯穿轨道交通工程土建实施全过程的安全风险控制技术保障体系和指南文件。

①系统研究了北京轨道交通不同工法及地质风险勘察与评价、环境调查与安全性评估、风险分级、工程与环境风险管控、监测项目与控制指标等满足设计阶段风险管控所需的关键技术与内容。

②总结提出了针对工程围护结构、支护体系、地质环境的监测项目、控制指标等施工阶段安全风险管控的关键技术与指标体系。

③创建了适合北京轨道交通建设及风险特点、强化三大工法及周边环境安全的巡视与评估预警的新技术、新方法，并进行了规范化、流程化。

(3)建立了一套以技术安全、质量安全为着眼点，生产安全为目标，保障工程安全的北京轨道交通工程安全风险管理体系。

①建立了一套涵盖工程建设全过程与关键环节的三层架构和全员参与的风险管控责任体系。

②构建了一套适合于北京轨道交通风险特点的四级风险标准及围绕其开展全过程、全方位的风险技术管理体系。

③创建了一套保障施工安全的“三三预警与响应的保障体系”(三类预警：监测、巡视与综合；三级告警：黄、橙、红；响应：监控信息报送、预警告警、处置与消警)。

④建立了第三方监测、安全巡视和风险管理咨询的第三方风险管控咨询保障体系。

(4)全面应用计算机技术、网络技术、GIS技术、短信技术、数据库技术、实时监控技术及其软件硬件集成技术，自主研发定制了一套适用于北京轨道交通建设土建工程安全风险管控的信息系统。

①采用了基于网络架构的三层开放式、针对不同用户、多种数据源的安全设计和软件开发解决方案，可扩展性和定制功能强大。

②采用了专网、无线传输、手机短信、流媒体服务器等多种先进的现代化信息采集、传输和大容量储存工具，确保信息流动的顺畅、快捷。

③施工监控管理系统功能全面、内容充实、结构设计开放、易于扩展，支持多种商业数据库接口和图形文件批量导入。能够实时显示工程进度和实现全过程监控和预警。

④盾构子系统能够通过互联网对盾构施工进行远程实时监控和自动预警；通过对盾构/TBM 施工中消耗的材料进行统计分析，进而对施工质量和成本进行控制，国内外盾构/TBM 施工管理中属首创；同时采用光纤作为传输介质研发了隧道内外盾构/TBM 数据实时传输系统，保证了盾构施工数据稳定、实时和快速的传输至地面监控电脑，这种传输方式在国内外属首创。

⑤自动化监测子系统在轨道交通工程领域首次采用 BS 方式管理自动化监测数据，实现了工点的一对多的通信模式，增加了监测点在 GIS 系统中的空间展布、监测数据时程曲线绘制和报警等功能。

⑥视频监控子系统进一步明确了三层管理架构，即总控中心、分控中心、工点控制中心，使资源得到有效利用，同时配备了专职工作人员，完善了管理制度，确保视频监控的有效实施。

（5）搭建了一套集安全风险管理责任机制、专业风险控制技术、远程监控与预警手段、不同施工工法和安全风险监控系统集成的综合性安全风险管理平台。

①平台嵌入了安全巡视、评估预警、信息报送、预警响应和应急处置等轨道交通工程施工安全风险管控技术和工程建设参与各方责任体系与联动机制，实现了轨道交通工程建设安全风险齐抓共管、各负其责的流程化、规范化和标准化。

②平台融合了对轨道交通工程明挖、矿山、盾构等施工工法和工程自身、周边环境和现场安全于一体的安全风险管控，覆盖了轨道交通工程建设全方位全过程的安全风险管理。

③信息系统集成了施工安全风险监控子系统、盾构实时监控管理子系统、自动化监测管理子系统和施工视频监控管理子系统等多种软件集成和软件硬件集成技术。

5 安全风险技术管理体系应用成效

北京市轨道交通建设安全风险技术管理体系已在北京轨道交通13条线路的建设中推广应用,风险工程总数为6632处,其中特级风险工程43处、一级风险工程2082处;二级风险工程2714处;三级风险工程1793处。通过加强体系建设,发挥三级风险管控的组织作用,截至2013年9月底,风险工程已通过4897处,通过率为73.83%。安全顺利通过了一大批重大风险点,包括穿越铁路13处、地铁既有线18处,重要桥梁13处,河湖10处,重要房屋20处。

安全风险技术管理体系的建立和应用实现了轨道交通工程建设信息快速传递、高度共享、全面实时掌控现场状况与安全风险状态、及时决策处置,构成了工程建设各方齐抓共管、各负其责的有效平台和重要手段,通过及时发布各类监测预警、巡视预警和综合预警,显著提高了各单位的风险管控意识,有效控制了工程风险和环境风险,大大降低了事故发生率。建设安全风险总体可控,杜绝了重大事故发生。同时,轨道交通建设过程中对施工周边环境也进行了更充分的保护,避免了建构筑物倾斜、开裂、倒塌,管线破裂、渗漏,地面过度沉降、坍塌等环境破坏事件,对城市生态环境和防灾减灾起到了很好的保障作用;大大降低或避免了建设工期损失,确保了工程的顺利完工,一定程度上减轻了政府部门的公共安全监管压力和对市民生活质量的不利影响,为社会稳定建设做出了贡献。

北京市轨道交通建设安全风险技术管理体系的建立和实践也推动了全国其他轨道交通建设的安全风险管控工作,国内多个在建轨道交通城市如大连、西安、合肥、郑州、南昌等地的政府主管部门或建设单位前来考察与交流,借鉴后不同程度地开展了安全风险管理工作。另外,国家建设主管部门充分借鉴了体系研究成果及其成熟的实践做法,组织编制完成了《城市轨道交通地下工程建设风险管理规范》(GB 50652—2011)等国家标准和《城市轨道交通工程安全质量管理暂行办法》(建质[2010]5号)等行业管理规范性文件,推动了整个轨道交通建设行业安全风险管理进步。